安全技术经典译丛

云安全 CCSP 认证官方指南
(第2版)

[美] 本·马里索乌(Ben Malisow) 著

(ISC)² 北京分会 译

U0397178

清华大学出版社

北　京

北京市版权局著作权合同登记号　图字：01-2020-6238

图书在版编目(CIP)数据

云安全CCSP认证官方指南：第2版 / (美)本·马里索乌(Ben Malisow) 著；(ISC)²北京分会译. —北京：清华大学出版社，2021.7

(安全技术经典译丛)

书名原文：CCSP (ISC)² Certified Cloud Security Professional Official Study Guide, Second Edition

ISBN 978-7-302-58474-2

Ⅰ. ①云…　Ⅱ. ①本… ②I…　Ⅲ. ①计算机网络—安全技术—资格考试—自学参考资料　Ⅳ. ①TP393.08

中国版本图书馆 CIP 数据核字(2021)第 113743 号

责任编辑：王　军
装帧设计：孔祥峰
责任校对：成凤进
责任印制：刘海龙

出版发行：清华大学出版社
　　　　　网　　　址：http://www.tup.com.cn, http://www.wqbook.com
　　　　　地　　　址：北京清华大学学研大厦 A 座　　　　邮　　编：100084
　　　　　社 总 机：010-62770175　　　　　　　　　　邮　　购：010-62786544
　　　　　投稿与读者服务：010-62776969，c-service@tup.tsinghua.edu.cn
　　　　　质 量 反 馈：010-62772015，zhiliang@tup.tsinghua.edu.cn
印 装 者：三河市科茂嘉荣印务有限公司
经　　销：全国新华书店
开　　本：170mm×240mm　　　印　　张：18.25　　　字　　数：389 千字
版　　次：2021 年 7 月第 1 版　　　印　　次：2021 年 7 月第 1 次印刷
定　　价：98.00 元

产品编号：087769-01

译者序

自从 Google 首席执行官埃里克·施密特在 2006 年提出"云计算"概念以来，云计算技术经历十多年的迅猛发展，取得了长足进步。随着大数据、云计算、物联网等技术的日益成熟，推动互联网向各个领域拓展，各大厂商也不断推出各种云计算的产品和服务。

按照 NIST(美国国家标准与技术研究院)的定义："云计算是一种模式，是一种无处不在的、便捷的、按需提供的、基于网络访问的、共享使用的、可配置的计算资源(包括网络、服务器、存储、应用及服务)，可通过最少的管理工作或与云服务提供商的互动来快速配置并发布"。云计算是信息时代的一种创新；具有很强的扩展性和需要性，使用者通过网络可以获取无限的资源，不受时间和空间的限制。云计算利用虚拟化技术可以实现动态扩展，根据使用者的实际需求，灵活地配备相应的资源和计算能力，应用资源也可以通过部署在不同的虚拟化资源上，来提高云计算的操作水平。

新的技术也带来新挑战。在云计算的架构下，云计算开放网络和业务共享场景更加复杂多变，安全性方面的挑战更加严峻，一些新型的安全问题变得比较突出，如多个虚拟机租户间并行业务的安全运行，数据保存在企业外部，与其他公司共用系统和服务，由第三方人员管理维护，支撑云计算的数据中心可能位于另一个具有不同法律体系的国家，需要满足不同的个人隐私保护要求，面临严峻的合规挑战。

紧随云计算、云存储之后，云安全顺势而生。云安全融合了并行处理、网络计算、未知病毒行为判断等新兴技术和概念，通过网状的大量客户端对网络中软件行为的异常监测，获取互联网中的木马、恶意程序等最新信息，实时进行采集、分析和处理。

作为国际性安全行业观察者，(ISC)^2 及时捕捉到这一需求，推出 CCSP(云安全认证专家)课程及认证考试。CCSP 知识体系代表云计算安全知识和经验的业界最高标准，在全球范围内得到广泛认可，认证地位稳步上升。持有该证书，专业人员可证明自己具有扎实渊博的学识和深厚的造诣，掌握了国际公认的高级云安全专业知识，具备规划、设计、运维和服务能力。

本书全面系统地讲述 CCSP 认证考试的所有知识域。(ISC)^2 假定 CCSP 认证的应试者透彻理解信息安全领域的基础知识，并具有一定的工作经验。本书不介绍基础内容，但这些在考试中会出现。如果你尚未通过 CISSP 等认证，最好首先补充学习一些 CISSP 认证的相关资料。另外，即使你暂不准备参加认证考试，但希望全面理解云计算安全相关知识，学习本书也将受益匪浅。

北京爱思考科技有限公司与(ISC)^{2}北京分会专门组织力量将该书翻译出版，希望书中介绍的有关 CCSP 认证考试的内容能指导读者理解和掌握云计算安全知识，也能为 CCSP 考生进行学习和备考提供支持和帮助，非常感谢(ISC)^{2}北京分会主席卢佐华先生，以及张士莹、徐一、张云鹏、王林海、王伏彧、林进峰、李枞恬、杜翔宇、白玉强等诸多分会成员对本书翻译的贡献。

衷心感谢本书英文版的作者和编辑们，是他们的支持和授权，才使这本书的中文版本得以顺利出版，以飨广大安全行业的读者；更要感谢为这本书的出版付出大量艰辛劳动的各位译者，是各位译者的辛勤工作，才使中国读者得以方便地学习 CCSP 中云计算安全的相关知识与经验；最后感谢清华大学出版社在编辑过程中严格把关，提出详尽的修订建议，保证了本书的权威和上乘质量。

最后，预祝所有应试者顺利通过 CCSP 认证考试；衷心希望广大读者通过本书学到 CCSP 知识精髓，并在云计算信息安全领域成就一番辉煌事业！

致　　谢

感谢(ISC)^2，感谢优秀的 Sybex 发行与编辑团队，包括 Jim Minatel、Kelly Talbot、Katie Wisor 和 Christine O'Connor，正是这些杰出人士的辛勤努力促成了本书的出版。

本书献给所有准备参加 CCSP 认证的应试者，我们衷心希望本书能为 CCSP 应试者顺利通过考试带来帮助。

作 者 简 介

　　Ben Malisow，持有 CISSP、CISM、CCSP、SSCP 和 Security+认证，担任 CISSP、CCSP 和 SSCP 认证课程的(ISC)^{2}官方讲师。Ben 在信息技术和信息安全领域工作了近 25 年。曾为 DARPA 编写过内部 IT 安全策略，担任过 FBI 最高机密的反恐情报共享网络的信息系统安全经理，并协助开发了美国国土安全部交通安全管理局的 IT 安全架构。Ben 任教于多所大学和学校，包括卡内基–梅隆大学的 CERT/SEI、UTSA、南内华达学院以及拉斯维加斯公立学校 6 到 12 年级的学生。Ben 出版过多本信息安全著作，也曾为 SecurityFocus.com、*ComputerWorld* 和其他期刊撰稿。

技术编辑简介

    Aaron Kraus 从业之初担任美国联邦政府客户的安全审计员，此后从事医疗和金融服务的安全风险管理工作，这为他提供了更多旅行、探险和品尝世界各地美食的机会。目前，Aaron 在美国旧金山的一家网络风险保险初创公司工作，业余爱好主要有烹饪、调制鸡尾酒和摄影。

前　　言

CCSP (Certified Cloud Security Professional，云安全认证专家)认证满足了不断增长的云安全专业人员的需求。获得这个资格证书并不容易，考试极其困难，认证时间长、环节多。

本书为云安全专业人员参加并通过 CCSP 考试奠定了坚实的基础。对于计划参加考试并获得证书的读者来说，有一点需要再三强调：不能期望仅学习这一本书就通过考试。请参阅前言末尾的"推荐读物"。

(ISC)^2

CCSP 考 试 由 (ISC)^2(International Information Systems Security Certification Consortium，国际信息系统安全认证联盟)管理。(ISC)^2 是一个全球性非营利组织，有以下 4 个主要任务目标：

- 维护信息系统安全领域的公共知识体系(Common Body of Knowledge，CBK)；
- 为信息系统安全专业人员和从业人员提供认证体系；
- 开展认证培训并管理认证考试；
- 通过持续教育，监督对合格认证应试者的持续认证。

(ISC)^2 从其已认证的安全从业者队伍中遴选董事会经营其日常业务，(ISC)^2 支持并提供多项认证，包括 CISSP、SSCP、CAP、CSSLP、HCISPP 以及本书描述的 CCSP 认证。这些认证旨在验证所有行业的 IT 安全专业人员的知识和技能。通过访问 www.isc2.org，可以获取有关该组织及其他认证的更多信息。

知识域

CCSP 认证涵盖 CCSP CBK 6 个知识域的内容，具体如下。

知识域 1：云概念、架构和设计

知识域 2：云数据安全

知识域 3：云平台与基础架构安全

知识域 4：云应用安全

知识域 5：云安全运营

知识域 6：法律、风险与合规

这些知识域涵盖了与云相关的所有安全范围。认证中的所有内容都与厂商和产品无关。每个知识域都提供 CCSP 认证专业人士应该知道的主题及子主题列表。

关于知识域、经验要求、考试程序和考试域权重的详细清单，可以在 CCSP 认证考试大纲中找到: https://www.isc2.org/-/media/ISC2/Certifications/Exam-Outlines/CCSP-Exam-Outline.ashx。

考试资格和要求

(ISC)^2 规定了申请 CCSP 认证必须达到的资格和要求，具体如下:

- 至少累积 5 年全职带薪的信息技术工作经验，其中 3 年必须在信息安全领域工作，1 年必须在 CCSP 考试 6 个知识域中之一的领域工作。
- 获得云安全联盟(CSA)的 CCSK 证书，可替代 CCSP 考试 6 个知识域之一的领域的一年工作经验。
- 获得 CISSP 证书，可替代全部 CCSP 认证对工作经验的要求。

不符合这些要求的考生仍可参加 CCSP 考试并申请(ISC)^2 的准会员资格，准会员有 6 年的时间(从通过考试起)来满足剩余的经验要求。

(ISC)^2 认证会员必须遵守(ISC)^2 正式道德规范，该规范可以在 www.isc2.org/ethics 站点找到。

CCSP 考试概述

CCSP 考试通常包括 125 道选择题，涵盖 CCSP CBK 的 6 个领域，考生必须达到满分的 70%的分数或更高的分数才能通过。

CCSP 考试时间是 3 小时。其中有 25 道题仅用于研究目的，不计分数。尽全力回答每一道问题。因为我们不知道哪些问题计分，哪些不计。不答记零分，答错不扣分; 即使是猜测，也要答完所有考题。

CCSP 考题类型

CCSP 考试中的大多数问题是单项选择题，每题有 4 个选项，其中一个是正确答案。有些问题很直接，例如，要求 CCSP 应试者确认一个技术定义。而其他一些问题，则要求 CCSP 应试者识别一个适当的概念或最佳实践。这里有一个例子:

1. 为了提供更高级别的保护和隔离，将敏感的操作信息放在远离生产环境的数据库中称为_____。

　　A. 随机化　　　　　　　　　　B. 弹性

　　C. 混淆　　　　　　　　　　　D. 令牌化

CCSP 应试者需要选择正确或最佳答案。有时答案很明显，比较困难的时候是在两个好答案之间进行区分并选出最好的。留意对一般、特定、通用、超集和子集答案的选择。还有些情况是，没有一个答案看上去是正确的。这时，CCSP 应试者需要选择错误程度最小的答案。还有一些问题是基于理论场景的，必须根据具体情况回答几个问题。

> **注意：**以上问题的正确答案是选项 D，令牌化。在令牌化管理中，敏感信息放在远离生产环境的数据库中，而令牌(表示存储的敏感信息)则存储在生产环境的数据库中。为了选择正确的答案，读者必须了解令牌化的工作原理，以及如何使用该方法将敏感数据与生产环境隔离开来；这个问题中没有提到令牌或令牌化，因此需要复杂的思考。更简单的一个答案是"数据隔离"，但没有这个选择项。这道题不容易答对。

除了标准的单项选择题格式外，CCSP 考试还包括一种图形拖放方式的题目格式。例如，CCSP 应试者可能在屏幕一侧看到需要拖放到屏幕另一侧相应对象上的项目列表。另一种交互式问题可能包括将术语与定义相匹配，并单击图表或图形的特定区域。这些交互问题的权重值比单选题高，在回答时应特别注意。

学习和备考技巧

本书建议应试者为 CCSP 考试，至少安排 30 天的强化学习。这里整理了一份备考技巧清单，希望对考生有所帮助。

- 花一两个晚上的时间仔细阅读每一章，完成最后的复习材料。
- 考虑加入一个学习小组，与其他考生分享见解和观点。
- 回答所有复习题并参加模拟考试(Sybex 网站为本书提供的)。
- 完成每章的书面实验题。
- 在学习下一部分之前，请务必复习前一天的内容，以确保信息的掌握。
- 学习时注意适度休息，但要一直持续学习。
- 制订学习计划。
- 复习(ISC)^2 考试大纲。

参加考试的建议

以下是一些考试技巧和通用指南。

- 先做简单题。考生可以标记所有不确定的题目，并在完成全部题目后重新检查一遍。
- 首先排除错误答案。

- 注意题目表达中的双重否定。
- 仔细读题，确保充分理解题意。
- 慢慢来，别着急。匆忙会导致考试焦虑和注意力不集中。
- 如果需要，可以上个厕所，休息一下，但是时间要短。考生需要保持注意力。
- 遵守考试中心的所有规程。即使考生以前参加过 Pearson Vue 中心的考试，有些考试的要求也略有不同。

管理好时间。考生有 3 小时回答 125 道考题，平均每道题不到 90 秒，对于大多数题目，答题时间是充足的。

确保考试前一晚有充足的睡眠。考生应带上可能需要的食物和饮料，在考试的时候要把它们存放起来。此外，记得带上需要服用的药物，并提醒工作人员任何可能会影响考生考试进行的健康情况，如糖尿病或心脏病。自己的健康比任何考试或认证都重要。

不能戴手表进入考场。计算机屏幕和考场内都有计时器。考生必须清空口袋进入考场，只能带储物柜钥匙和身份证件。

前往考试中心时，考生必须携带至少一张带照片并有签名的身份证件(如驾照或护照)，并且还必须携带至少一份带签名的身份证件。至少提前 30 分钟到达考场，以确保考试所需物品俱全。请携带考试中心寄来的包含考生身份证明信息的报名表。

完成认证过程

一旦 CCSP 应试者成功通过了 CCSP 考试，在获得新的证书之前还有几件事要做。首先，$(ISC)^2$ 考试成绩会自动传送。在离开考试中心时，CCSP 应试者会收到打印的考试结果说明。其中包括如何下载认证表的说明，认证表中会询问 CCSP 应试者是否已经拥有其他 $(ISC)^2$ 认证(如 CISSP)等类似问题。填写申请表后，CCSP 应试者需要签名并将表格提交给 $(ISC)^2$ 审批。通常 CCSP 应试者会在 3 个月内收到官方认证通知。获得完全认证后，CCSP 应试者可按 $(ISC)^2$ 使用指南的规定，在签名和其他重要的地方使用 CCSP 名称。

内容组织结构

本书以足够的深度涵盖了 CCSP CBK 的所有 6 个领域，为应试者理解这些考试内容提供了基本介绍。本书正文由 11 章组成，内容安排如下。

第 1 章：架构概念

第 2 章：设计要求

第 3 章：数据分级

第4章：云数据安全

第5章：云端安全

第6章：云计算的责任

第7章：云应用安全

第8章：运营要素

第9章：运营管理

第10章：法律与合规(第一部分)

第11章：法律与合规(第二部分)

　　显然本书没有按照知识域或官方考试大纲的顺序来安排章节。而是以叙事风格介绍内容，以线性方式表达概念。

　　每一章都包括辅助应试者学习的部分，和测试应试者对本章知识掌握程度的练习。这里建议应试者先阅读第 1 章，以便在阅读其他章节之前更好地了解主题。

　　注意：想要了解每章所涉及的更详细的知识域主题，请参阅目录和章节介绍。

特色小节

　　本学习指南通过一些特色小节，帮助应试者准备 CCSP 考试以及考试以外的实际工作。

　　真实世界场景：本书提供了一些真实世界场景，通过了解某些解决方案在现实世界的什么地方和什么情况下有效(或无效)以及原因，来帮助 CCSP 应试者进一步透彻理解相关信息。

　　小结：小结是对本章重要观点的快速概述。

　　考试要点：突出了一些可能在考试中以某种形式出现的主题。虽然作者并不确切知道具体考试将包括哪些内容，这部分强调了重要的概念，这对理解 CBK 和 CCSP 考试的测试规范是至关重要的。

　　书面实验题：每章提供书面实验题，将本章提出的各种主题和概念结合在一起。虽然这些内容是为大学(学院)的课堂使用而设计，但也可以帮助应试者理解和阐明课堂以外的内容。书面实验题的答案在附录 A。

　　复习题：每章提供练习题，用来测试应试者对本章讨论基本思想的掌握程度。应试者学完每一章后，回答问题；如果不能正确回答某些题目，则表明需要花更多时间研究相应的主题。复习题的答案在附录 B。

学习建议(注: 译者补充)

　　本学习指南通过很多特色设置帮助 CCSP 应试者完成学习。在每章开头列出了该章涵盖的 CCSP 知识域主题,让 CCSP 应试者快速了解全章内容。每章末尾有小结,然后是考试要点,旨在为 CCSP 应试者提供需要特别关注的快速提示项。最后,有几道书面实验题,这些实验将向 CCSP 应试者展示有关云问题和技术的实例,将帮助 CCSP 应试者进一步深刻理解相关材料。这里给出一些建议,帮助 CCSP 应试者取得更圆满的学习效果:

- 在开始阅读本书前完成评估测试。这会让 CCSP 应试者了解需要花更多时间学习哪些知识域,以及哪些知识域只需要简单复习。
- 在阅读每章内容后回答复习题。如果回答不正确,请返回正文并查看相关主题。不看正文内容做练习题,检验自己的成绩如何。然后回顾复习错题中涉及的主题、概念、定义等,直到完全理解并熟练运用这些内容为止。
- 最后,如有可能,找一个学习伙伴或加入一个学习小组。与其他人一起学习和参加考试可能是一个很好的激励因素,大家也可以相互促进和提高。

请扫描封底二维码获取本书配套的在线学习工具。

推荐读物

　　为了更好地准备考试,除了学习本书之外,考生一定要复习其他资料。作者建议你至少参考以下资料。

Cloud Security Alliance, Security Guidance v4.0:

　　https://cloudsecurityalliance.org/research/guidance

OWASP, Top Ten:

　　https://www.owasp.org/index.php/Category:OWASP_Top_Ten_Project

注意: 本书英文版出版时,2017 年版本的 OWASP 十大威胁是最新版本,但版本差异不大,理解任何版本的概念将有助于研究目的。

NIST SP 800-53:

　　https://nvd.nist.gov/800-53

注意: 本书英文版出版时,"NIST SP 800-53,R4" 是最新版本,但是一个新的版本,预计很快就会推出。

NIST SP 800-37:

https://csrc.nist.gov/publications/detail/sp/800-37/rev-2/final

The Uptime Institute, Tier Standard: Topology:

https://uptimeinstitute.com/resources/asset/tier-standard-topology

Cloud Security Alliance, Cloud Controls Matrix:

https://cloudsecurityalliance.org/artifacts/cloud-controls-matrix-v1-0/

Cloud Security Alliance Consensus Assessments Initiative Questionnaire:

https://cloudsecurityalliance.org/artifacts/

consensus-assessments-initiative-questionnaire-v3-0-1/

Cloud Security Alliance STAR Level and Scheme Requirements:

https://cloudsecurityalliance.org/artifacts/star-level-and-schemerequirements

CCSP Official (ISC)^2 Practice Tests :

https://www.wiley.com/en-us/CCSP+Official+%28ISC%292+Practice+Testsp-

9781119449225

评估测试

1. 企业或个人使用_____，可以通过存储服务提供商在互联网上存储数据和计算机文件，而不是将数据存储在本地物理磁盘(硬盘驱动器或磁带备份)。

    A. 在线备份   B. 云备份解决方案

    C. 可移动硬盘   D. 遮蔽

2. 使用 IaaS(基础架构即服务)解决方案时，_____并非云客户的必然优势。

    A. 不用维护许可证库   B. 计量服务

    C. 能源和冷却效率   D. 所有权成本转移

3. _____重点关注安全和加密，防止未经授权的复制，仅给支付费用的人员分发。

    A. 信息版权管理(IRM)   B. 遮蔽

    C. 位裂   D. 消磁

4. _____是正确的 4 种云部署模型。

    A. 公有云、私有云、联合云和社区云

    B. 公有云、私有云、混合云和社区云

    C. 公有云、互联网、混合云和社区云

    D. 外部云、私有云、混合云和社区云

5. _____是一个特殊的数学代码，允许对硬件/软件进行加密，以及解密加密的消息。

    A. PKI   B. 加密密钥

    C. 公钥-私钥   D. 遮蔽

6. _____列出了 STRIDE 威胁模型的 6 个正确组成部分。

    A. 欺骗、篡改、抵赖、信息泄露、拒绝服务和特权提升

    B. 欺骗、篡改、抵赖、信息泄露、拒绝服务和社交工程弹性

    C. 欺骗、篡改、抵赖、信息泄露、分布式拒绝服务和特权提升

    D. 欺骗、篡改、不可抵赖、信息泄露、拒绝服务和特权提升

7. 描述保证特定发送者实际创建并向指定收件人发送具体信息，以及成功接收的术语是_____。

    A. PKI   B. DLP

    C. 不可抵赖   D. 位裂技术

8. 对于故意销毁用于加密数据的加密密钥的过程，正确的术语是_____。

    A. 密钥管理不善   B. PKI

    C. 混淆   D. 加密擦除

9. 在联合身份管理环境中，谁是依赖方，他们做什么？

    A. 依赖方是服务提供者，他们使用身份提供者生成的令牌。

    B. 依赖方是服务提供者，他们使用客户生成的令牌。

    C. 依赖方是客户，他们使用身份提供者生成的令牌。

    D. 依赖方是身份提供者，他们使用由服务提供商生成的令牌。

10. 使用唯一标识符号/地址替换敏感数据的过程是_____。

    A. 随机化   B. 弹性

    C. 混淆   D. 标记化

11. 以下哪种数据存储类型关联或用于 PaaS(平台即服务)？

    A. 数据库和大数据   B. SaaS 应用程序

    C. 表格   D. 原生和块数据

12. 将应用软件从执行它的底层操作系统中抽象出来的软件技术，是_____。

    A. 分区   B. 应用程序虚拟化

    C. 分布式   D. SaaS

13. _____代表美国为保护股东和公众免遭企业会计错误和欺诈行为而制定的法律。

    A. PCI   B. GLBA

    C. SOX   D. HIPAA

14. _____可以安全地存储和管理加密密钥，并用于服务器、数据传输和日志文件。

    A. 私钥

    B. 硬件安全模块(Hardware Security Module，HSM)

    C. 公钥

    D. 可信操作系统模块(Trusted Operating System Module，TOSM)

15. 什么类型的云基础设施供公众开放使用，并由云提供商拥有、管理和运营？

    A. 私有云   B. 公有云

    C. 混合云   D. 个人云

16. 当使用数据库的透明加密时，加密引擎驻留在_____。

    A. 数据库应用本身   B. 使用数据库的应用中

    C. 连接到卷的实例上   D. 一个密钥管理系统中

17. 根据非数值类别或级别，采用一组方法、原则或规则来评估风险的评估类型是_____。

    A. 定量评估   B. 定性评估

    C. 混合评估   D. SOC 2

18. _____是 CSA CCM(云安全联盟云控制矩阵)的最佳描述。

    A. 一套对云服务提供商的监管要求

    B. 一套对云服务提供商的软件开发生命周期要求

    C. 一个安全控制框架，提供与主要行业公认的安全标准、法规和控制框架之间的映射/交叉关系

    D. 不同安全域中的云服务安全控制清单

19. 当双方发生冲突时，_____是决定审理争端管辖权的主要手段。

    A. 侵权法   B. 合同

    C. 普通法   D. 刑法

20. 选择新的数据中心基础设置时，_____是最重要的安全考虑因素。

    A. 当地执法部门的响应时间   B. 邻近竞争对手设施的位置

    C. 飞机飞行路线   D. 公共基础设施

21. 在云环境中清理电子记录时，_____始终是安全的。

    A. 物理破坏   B. 覆写

    C. 加密   D. 消磁

22. _____不代表网络攻击。

    A. 泛洪攻击   B. 拒绝服务

    C. Nmap 扫描   D. 暴力破解

23. _____利用了在 BIA(业务影响分析)中开发的信息。

    A. 计算 ROI(投资回报率)   B. 风险管理分析

    C. 计算 TCO(总拥有成本)   D. 确保资产收购

24. 软件应用程序由供应商或云服务提供商托管，并通过网络资源向客户提供。_____是对该种托管服务模型的最佳描述。

    A. IaaS(基础架构即服务)   B. 公有云

    C. SaaS(软件即服务)   D. 私有云

25. _____是美国为控制金融机构处理个人隐私信息的方式而制定的联邦法律。

    A. PCI

    B. ISO/IEC

    C. GLBA (Gramm-Leach-Bliley Act)

    D. 消费者保护法(Consumer Protection Act)

26. 安全套接字层(SSL)在保护无线应用协议(WAP)中的典型功能是保护存在于_____的信息传输。

    A. WAP 网关和无线终端设备之间   B. Web 服务器和 WAP 网关之间

    C. 从 Web 服务器到无线终端设备   D. 无线设备和基站之间

27. _____是服务机构的审计标准。

    A. SOC 1   B. SSAE 18

    C. GAAP   D. SOC 2

28. 从云服务器托管商或云计算提供商处购买托管服务，然后转售给自己客户的公司是_____。

    A. 云程序员   B. 云经销商(broker)

    C. 云代理(proxy)   D. VAR

29. 依靠共享计算资源而不是使用本地服务器或个人设备来处理应用程序，可与网格计算相媲美的计算类型是_____。

    A. 服务器托管   B. 传统计算

    C. 云计算   D. 内联网

30. 分析应用程序源代码和二进制代码，通过编码和设计条件查找安全漏洞的一组技术是_____。

    A. 动态应用程序安全测试(DAST)   B. 静态应用程序安全测试(SAST)

    C. 安全编码   D. OWASP

评估测试答案

1. B。云备份解决方案使企业能使用存储服务，将数据和计算机文件存储在互联网上，而不是将数据存储在本地硬盘或磁带备份上。如果主要业务位置受损，导致无法在本地访问或恢复数据(因为基础设施或设备受损)，则云备份具有支持访问数据的额外优势。在线备份和可移动硬盘是其他选项，但默认情况下不能为客户提供无处不在的访问。遮蔽是用于部分隐藏敏感数据的技术。

2. A。在 IaaS 模型中，用户必须维护云环境中使用的操作系统和应用程序的许可证。在 PaaS 模型中，操作系统的许可是由云供应商管理的，而客户需要管理应用程序许可；在 SaaS 模型中，客户才不需要管理许可库。

3. A。信息版权管理(IRM)通常也被称为数字版权管理(DRM)，旨在关注安全性和加密，以防止未经授权的复制，并将内容分发仅限于授权人员(通常是购买者)。遮蔽需要隐藏特定用户视图中的特定字段或数据，以限制生产环境中的数据暴露。位裂是一种跨越多个地理边界隐藏信息的方法,消磁是一种从磁性介质中永久删除数据的方法。

4. B。唯一正确的答案是公有云、私有云、混合云和社区云。联合云、互联网和外部云都不是云模型。

5. B。加密密钥是正确答案：用于加密和解密信息的密钥。加密密钥是支持基于硬件或基于软件加密的数学代码，用于对信息进行加密或解密，并由参与通信的各方保密。PKI 用于创建和分发数字证书。公钥-私钥是指非对称加密中使用的密钥对(该答案对问题来说过于具体；选项 B 更可取)。遮蔽需要隐藏特定用户视图中的特定字段或数据，以限制生产环境中的数据暴露。

6. A。首字母缩略词 STRIDE 中的字母分别代表身份欺骗、篡改、抵赖、信息泄露、拒绝服务和特权提升(或扩大)。其他选项只是对正确内容简单的混淆或弄错。

7. C。"不可抵赖"意味着事务的一方不能否认他们参与了该事务。

8. D。加密擦除的行为是指销毁用于加密数据的密钥，从而使数据很难恢复。

9. A。身份提供者维护身份并为已知用户生成令牌。依赖方(RP)是服务提供者，并使用令牌。其他答案都不正确。

10. D。用唯一标识符代替敏感数据称为标记化，这是通过替换唯一标识符隐藏敏感数据的一种简单且唯一有效的方式。它不像加密那样强大，但可以有效地防止敏感信息被窥视。虽然随机化和混淆处理也是隐藏信息的手段，但它们的表现完全不同。

11. A。PaaS 使用数据库和大数据存储类型。

12. B。应用程序虚拟化将应用程序从执行它的底层操作系统中抽象出来。SaaS 是云服务模型。分区是内存的一个区域，通常在驱动器上。分布式通常表示用于同一目的的多台机器。

13. C。SOX(萨班斯-奥克斯利法案)是应对导致安然破产的 2000 年会计丑闻而颁布的。当时，高层管理人员声称他们不了解会导致公司倒闭的会计惯例。SOX 不仅强制管理人员监督所有的会计实践，而且如果类似安然这种事件再次发生，他们将为此负责。

14. B。硬件安全模块是一种可安全地存储和管理加密密钥的设备。这些可用于服务器、工作站等。常见的类型称为可信平台模块(TPM)，可在企业工作站和笔记本电脑上找到。没有可信任操作系统模块这样的术语，公钥和私钥是与 PKI 一起使用的术语。

15. B。很简单，就是公有云计算的定义。

16. A。在透明加密中，数据库的加密密钥存储在数据库应用本身的引导记录中。

17. B。定性评估是一组基于非数学类别或级别评估风险的方法或规则。使用数学分类或级别被称为定量评估。没有所谓的混合评估，SOC 2 是有关控制有效性的审计报告。

18. C。CCM 交叉引用了许多行业标准、法律和准则。

19. B。当事人之间的合同可以确立解决争端的管辖权；这是决定管辖权的首要因素(如果合同中没有明确规定，将使用其他方法)。侵权法是指民事责任诉讼。普通法是指有关婚姻的法律，而刑法是指违反州或联邦刑法。

20. D。在给出的所有选项中，D 是最重要的。任何数据中心设施都要靠近保障能力强的公共基础设施，如电力、供水和网络连通性，这一点至关重要。

21. C。由于云环境访问和物理分离的因素，可能无法实现物理破坏、覆写和消磁，但加密总是可以在云环境中使用。

22. C。所有其他选项都表示特定的网络攻击。Nmap 是一个相对无害的，用于网络映射的扫描工具。虽然它可以用于收集网络信息，作为开发攻击过程的一部分，但它本身不是攻击工具。

23. B。此外，BIA 收集对风险管理分析和进一步选择安全控制至关重要的资产评估信息。

24. C。这就是 SaaS(软件即服务)模型的定义。公有云和私有云是云部署模型，IaaS(基础架构即服务)不提供任何类型的应用程序。

25. C。GLBA(金融服务改革法案，Gramm-Leach-Bliley Act)针对美国金融和保险机构，要求他们保护账户持有人的私人信息。PCI 是信用卡的处理要求。ISO/IEC 是一个标准化组织。消费者保护法虽然在保护消费者私人信息方面提供了监督，但范围有限。

26. C。SSL 的目的是加密两个端点之间的通信信道。在这个例子中，它是无线终端设备和 Web 服务器。

27. B。SOC 1 和 SOC 2 都是基于 SSAE 18 标准的报告格式。SOC 1 报告财务报告的控制，SOC 2(类型 1 和 2)报告与安全或隐私相关的控制。

28. B。云经销商购买托管服务，然后转售。

29. C。云计算建立在网格计算模型的基础上，通过网格计算可以共享资源，而不是让本地设备完成所有计算和存储功能。

30. B。静态应用程序安全测试(SAST)用于在代码加载到内存并运行之前，审查源代码和二进制文件以检测问题。

目　录

第 **1** 章 架 构 概 念

本章旨在帮助读者理解以下概念

> **警告**：本章是本书其他章节的基础。在阅读其他章节前，先学习本章的知识点是非常有益的。

云安全认证专家(Certified Cloud Security Professional，CCSP)不是一项基础的计算机技能认证或培训，而是面向云计算安全领域的具有一定行业背景的从业人员的专业化认证。(ISC)² 希望那些想要获得这项专业认证的人士，目前已经拥有一定的行业经验，从事信息安全相关工作，并能深入透彻地了解计算机、安全、业务、风险和网络等相关领域的基本知识。(ISC)² 期待参加该项考试的人士，已经持有其他可证明 CCSP 应试者专业知识和行业经验的认证证书，如 CISSP 认证等。因此，本书未涵盖应试者应该掌握的一些基础安全知识，但要注意，CCSP 考试范围会覆盖这些基础的安全知识。如果 CCSP 应试者没有 CISSP 认证背景，最好先学习一些与 CISSP 认证相关的资料，来扩大自己的知识范围。

然而，CCSP 通用知识体系(CBK)中有一些特定的术语和概念，可能是 CCSP 中所独有的观点和用法，与你在日常 IT 运营中所理解的有所不同。因此，本章只是作为指南，在帮助你学习 CBK 及其他知识时奠定基础。

云特征

云计算意味着很多知识内容，但是，以下这些特性已成为被普遍接受的云计算定义的一部分。

- 广泛的网络接入
- 按需自助服务
- 资源池
- 快速弹性
- 可测量/可计量的服务

NIST 在云计算的定义中对这些特性进行了简洁的阐述。

NIST 800-145 云计算定义

NIST 对"云计算"的官方定义是："云计算是一个模型，实现无处不在的、便捷的、可通过网络按需访问的、可共享的、可配置计算资源池(包括网络、服务器、存储、应用及服务)，这些资源可以快速地获取和释放，同时最小化管理开销或与云服务提供商的交互。"

上述特征也符合 ISO 17788 中对云计算的定义(www.iso.org/iso/catalogue_detail?csnumber=60544)。本书、CBK 和考试都会涉及这些内容。

广泛的网络接入意味着可以始终使用标准的方式访问服务。例如使用 Web 浏览器访问"软件即服务"(SaaS)应用程序，而无须考虑用户的位置、计算机操作系统或浏览器等的选择。这通常是通过使用先进的路由技术、负载均衡器、多站点托管(Multisite Hosting)等技术实现的。

按需自助服务指的是这样一个模型：它允许客户自主扩展计算和/或存储，而不需要或很少需要提供商的介入或提前沟通。这项服务是实时生效的。

资源池这个特征允许云服务提供商既能满足云客户的各种资源需求，又保持经济可行性。云提供商的资产投入可以大大超过任何单个客户自己所能提供的，并且可以根据需要分摊这些资源，这样资源就不会出现低效利用(这意味着投资浪费)或超额使用(这意味着服务水平降低)。这通常称为多租户环境，即多个客户共享相同的底层硬件、软件和网络设施。

快速弹性允许客户根据需要增加或缩小 IT 资源占用(用户数量、机器数量、存储大小等)，能满足运营需求的同时又不会产生过剩容量。在云环境中，这可以瞬间完成，而在传统环境中，资源的获取和部署(或释放旧资源)可能需要数周或数月。

可测量/可计量的服务，简言之，意味着云客户仅支付与实际使用的资源相关的费用。这项服务像一家自来水公司或电力公司每月收取客户的水电费。

后续章节会更详细地介绍所有这些概念。

🌐 **真实世界场景**

网上购物

假想年底假日前零售行业销售旺季的需求。这段时间的购物客户数量和交易量都远超平日。这种情况下，在线购物零售商可以在云端托管销售业务并从中受益匪浅。云服务提供商通过分配必要的资源以满足这一快速增长的突发 IT 需求，并对这期间的新增使用量以协商后的价格进行收费。当节日过后销售量下降时，零售商不需要还按较高的价格来支付费用。

1.1　业务需求

IT 部门不是利润中心，而是提供支持的部门。信息安全部门亦如此。信息安全活动实际上会对业务效率造成阻碍(一般情况下，设备和流程越安全，效率就越低)。因此，是组织的业务需求驱动安全决策，而不是安全决策驱动业务需求。

成功的组织会尽可能多地收集与业务运营相关的需求信息。这些业务运营信息有多种用途，包括用于安全领域中的若干方面(本书将列举一些有关业务连续性/灾难恢复工作、风险管理计划和数据分类的案例)。同样，优秀的信息安全从业人员需要尽可能多地理解组织的运营状况。无论信息安全人员的级别或角色是什么，理解组织的运营状况都能帮助安全人员更好地执行安全任务。例如：

- 网络安全管理员必须根据组织业务来确定所需的通信流量类型。

- 入侵检测分析人员必须理解组织在做什么、为什么做、如何做以及在哪里做，以便更好地理解外部攻击的性质和强度，并相应地调整安全基线。
- 安全架构师必须理解组织的各个部门如何在不违背安全规范的情况下提升运营能力。

功能性需求(Functional Requirements)：设备、流程或员工为完成业务目标所需的要素。例如，现场销售人员必须能远程连接到组织的网络。

非功能性需求(Non-functional Requirements)：尽管不是设备、流程或员工完成业务目标所需的、但希望满足的一些附加要素。例如，销售人员的远程连接必须是安全的。

许多组织目前正考虑将传统网络迁移到云端运营。这不是一个容易的决定，这种转型必须能很好地支持业务需求。如前所述，云计算也有各种不同的服务和交付模式，组织必须决定使用哪种服务和模式，才能帮助组织成功地实现业务目标。

1.1.1　现有状态

在云迁移之初，至关重要的是对业务流程、业务资产和业务需求进行切实的评估和理解。如果不能全面准确地掌握业务需求，在云迁移完成后，可能导致组织在新的云环境中出现业务流程失败、业务资产缺失或运营能力下降的情况。

然而，在开始云迁移工作时，组织的首要目标并不是确定使用哪种云服务模型最能够满足业务需求，而是确定组织的业务需求到底是什么。组织必须持有一份完整的资产、流程以及需求清单，在实践中，组织可采用多种方法来收集业务需求数据。通常，混合使用几种方法可防止遗漏。

收集业务需求的方法包括：

- 采访业务职能经理
- 采访用户
- 采访高级管理人员
- 调查客户需求
- 收集网络流量
- 盘点资产
- 收集财务记录
- 收集保险记录
- 收集市场数据
- 收集强制性合规要求

收集到足够的数据后，必须对此进行详细分析。这是业务影响分析(Business Impact Analysis，BIA)工作的起点和基础。

BIA 是对组织内部每项资产和流程进行评估并赋予优先级的过程。正确的分析应当考虑每项资产受损或缺失将对整个组织的作用/影响。分析过程中，应特别注意识别关键路径和单点失败情况。此外，需要确定需要付出多少成本才能合规，即针对组织业务的强制性法律监管和合同的要求。组织的监管法规取决于诸多因素，包括组织所在的地区、组织所在的行业、客户的类型和所处的地理位置等。

　　注意: 资产可以是有形的或无形的。这些资产包括硬件、软件、知识产权、人员和流程等。例如，路由器和服务器就是有形资产。而无形资产(如软件代码、思想表达和业务方法论)常是无法触及的。

1.1.2　量化收益和机会成本

一旦通过业务线和流程清晰地理解了组织所从事的工作，就可以更好地理解组织可能从云计算迁移活动中获得的收益，以及与云迁移活动相关的成本。

显然，目前组织向云端迁移的最大动力是节省成本，这是一个非常重要且合理的想法。下面介绍其中的一些考虑因素。

1. 减少资本性支出(Capital Expenditure，CapEx)

如果组织购买了用于内部环境的某台设备，该设备的容量可能被充分利用，更可能得不到充分利用(能力闲置)。如果容量被充分利用了，很可能会在某个时刻效率低下。例如当对该设备的能力需求稍微提升时，就可能使该设备超出负荷，无法满足突发的使用要求。如果设备没有得到充分使用，那么组织就需要为没有使用的那部分额外能力付费，设备能力的闲置或剩余会产生浪费。实际上，由于设备是一个整体，组织无法购买设备的一半或一部分，因此，除非组织甘冒风险将设备能力利用到接近超载(Overloading)的地步，否则，就一定会为该设备支付多余的费用。

此外，从购买设备中可以实现的税收优惠必须在经营年限中随同该设备/资产的折旧而被计入。对于付费服务(比如云服务)，作为运营支出，整个支付(可能是每月或每季)都可以作为费用抵税。

但在云计算环境中，组织仅需要支付实际使用的资源的费用(不需要考虑处理负载所需的设备或部分设备的数量)，不再有额外的费用支出。这就是前面描述的"可计量"服务特性，组织不需要对这些资产支付额外的费用。由于云服务提供商所拥有的云容量足以分配给云客户，因此，组织总能从容应对需求的增长(甚至是急剧的、快速的、大量的需求)，而不会不知所措(这就是前面描述的快速弹性)。

组织使用托管云服务的一种情况是，在需求增加时，利用托管服务增强内部私有数据中心的处理功能。这种情况称为"云爆发"(Cloud Bursting)。该组织可能拥有自己的私有数据中心，但数据中心无法在高需求(紧急情况、拥挤的假日购物时段等)期间处理快速增长的需求，因此，组织的私有数据中心可根据需要向外部云服务提供商临时租用额外的能力，如图 1.1 所示。

因此，在迁移到云计算环境时，组织可立即实现成本节约(不需要为未使用的资源支付费用)，并避免代价高昂的业务风险(由于业务需求增长，导致服务失败的可能性加大)。

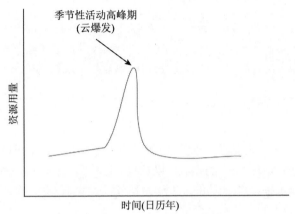

图 1.1   按需分配的弹性特性允许云客户定制资源的使用量

2. 降低人工成本

除了提供专业 IT 服务的公司之外，大多数组织的数据管理能力都不是核心能力，更非可以盈利的业务线。数据管理也是一种非常特殊的 IT 能力，雇用经验丰富且经过相关专业培训的 IT 员工相比其他职能部门的员工更昂贵，为满足内部 IT 环境需求雇用员工是组织的一项重要却不实惠的大型投资。迁移到云端后，组织即便不会大量裁减高薪的 IT 员工，也可在很大程度上降低这些资深 IT 员工的雇用比例。

3. 减少运营性费用

维护和管理内部环境需要花费大量的精力和费用。当一个组织的 IT 系统迁移到云端时，IT 成本将转化为使用云计算服务的日常运营费用，可通过计算来精确支付。因此，成本由合同约定的统一汇总的费率进行计价，而非因为运营活动强度的增加(计划更新、紧急响应活动等)而增加。

4. 转移部分监管成本

一些云服务提供商可能为云客户提供全面的、有针对性的合规服务套餐。例如，云服务提供商可能拥有一组可应用于特定行业客户的安全控制项，以确保满足支付卡行业(PCI)的强制监管要求。任何希望得到该服务套餐的云客户都可在服务合同中约定，而不需要为单一控制项单独付费。云客户可通过这种方式减少一些工作并降低费用，否则，他们可能需要为遵守相关的规章制度而制定一个单独且昂贵的控制框架和安全体系。

提示：后续章节将详细介绍服务水平协议(SLA)或服务合同(Contract)。

这里需要特别注意的是(本书也将反复强调)，根据现行法律，任何云客户都不能将无意或恶意泄露个人身份信息(Personally Identifiable Information，PII)相关的风险或责任转嫁给第三方。

这是非常重要的：如果组织持有任何类型的个人身份信息，就要对该数据的任何违规/泄露承担最终的全部责任，即便是使用了云计算服务且由于云服务提供商的疏忽或遭受攻击所造成的数据违规/泄露。

在法律和经济等各个方面，组织都需要对任何未经计划的个人身份信息泄露承担责任。

注意：无论监管是来自法律还是合同义务，个人身份信息都是法律合规的一个重要组成部分。保护个人身份信息将是我们在云计算安全方面的一项非常重要的考虑因素。

5. 减少数据归档服务/备份服务的成本

异地备份是长期数据归档(Data Archival)和灾难恢复的标准做法。即使一个组织不在云端执行常规操作，为"异地备份"采用云服务也是非常明智且有较好成本收益的选择。但结合使用归档/备份时，将操作移到云端可产生更大的规模效益，这会使组织从整体上节约成本。正如本书后面将讨论的，这也可增强组织的 BC/DR(Business Continuity/Disaster Recovery，业务连续性/灾难恢复)战略。

1.1.3 预期影响

所有这些收益都可以计算出具体的金额。每种潜在的成本节约措施都可进行量化分析。高级管理层从业务专家那里获取这些信息，以平衡潜在的财务收益和云端运营的风险。这个"成本效益"计算由"业务需求"驱动，并考虑安全因素；可供高级管理层决定将组织的运营环境迁移到云端是否合理。

注意：投资回报(ROI)是一个与成本效益度量相关的术语，也是一个用来描述盈利能力比率的术语，一般用净利润除以净资产来计算。

注意：大量风险与云迁移是密切相关的，本书将详细讨论这些问题。

1.2　云计算的演化、术语和模型

　　云计算及其相关技术为我们提供了诸多优势。要将云计算和这些优势结合起来，就必须理解新术语，以及这些术语如何与传统模型的术语相关联。这些新技术及其术语是理解云计算服务模型和部署模型的组成部分。

1.2.1　新技术、新选择

　　15 年前，甚至 10 年前，如果建议组织将数据和 IT 运营交给一个在相距遥远的第三方服务团队，而且这个第三方服务团队组织管理层永远见不到，将被认为是一种绝对不能接受的风险。从信息安全角度看尤其如此：将控制权拱手让给外部供应商的做法是令人望而生畏的。然而，如今已将技术能力和基于合同的信任关系完美结合在一起，使得云计算不仅具有技术吸引力，而且从财务可行性来看，云计算几乎是一种必然的选择。

　　云计算具有一些标志性的特性。本节将定义这些特性，并逐一举例说明。

- **弹性(Elasticity)**：组织可以与云供应商签订合同，而不是不断购买计算机、服务器、数据存储系统和其他资源，并在内部维护其基础设施。云提供商使用虚拟化灵活地将每个资源的所需使用量分配给组织，从而在保持收益的同时降低了成本。它还允许用户从不同的平台和位置访问他们的数据，增加了可移植性、可访问性和可用性。
- **简单化(Simplicity)**：正确的云实现方式应当允许用户无缝地使用服务，而不必频繁地与云服务提供商交互。
- **可伸缩性(Scalability)**：一般来说，对服务的增减比在非云环境中更容易、更快速、更划算。

云客户(Cloud Customer)和云用户(Cloud User)之间的区别

　　云客户是任何购买云服务的人，可以是个人或公司。云用户只是使用云服务的人，可能是作为云客户的公司的雇员或者只是个人。

　　例如，公司 A 从云服务提供商 X 公司购买 SaaS，那么 A 公司是云客户。A 公司的所有雇员都是云用户，因为他们使用了云服务，他们的雇主作为一个云客户，已经购买了 SaaS 供他们使用。

1.2.2　云计算服务模型

　　根据云计算服务提供商提供的服务和云客户的需求，以及服务合同中双方的责任，云计算服务通常使用 3 种通用模型。这 3 种模型包括：基础架构即服务(Infrastructure as a Service，IaaS)、平台即服务(Platform as a Service，PaaS)和软件即服务(Software as a Service，SaaS)，如图 1.2 所示。本节将依次讨论这 3 种模型。

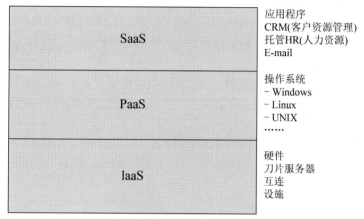

SaaS	应用程序 CRM(客户资源管理) 托管HR(人力资源) E-mail
PaaS	操作系统 − Windows − Linux − UNIX ……
IaaS	硬件 刀片服务器 互连 设施

云计算服务模型

图 1.2　云计算服务模型

 注意：一些基于传统技术的供应商和顾问为使产品更具吸引力，在利用"云"概念方面不遗余力，将这个词融入他们能想到的每个术语中。我们看到诸如网络即服务(Networking as a Service，NaaS)、合规即服务(Compliance as a Service，CaaS)和数据科学即服务(Data Science as a Service，DSaaS)的被滥用的标签，但这些伪 XaaS 大多只是营销技巧；我们将这种情况称为云洗白(Cloud Washing)。不管是考试还是作为安全从业人员，都只需要知道 IaaS、PaaS 和 SaaS 这 3 个服务模型。

1. IaaS 模型

IaaS 模型是最基本的云服务产品，允许云客户在云服务提供商所管理和连接的硬件上安装所有软件，包括操作系统(OS)。

在该模型中，云服务提供商拥有带有机架、机器、线缆和公共设施的数据中心，并管理所有这些基础架构的物理资源。但诸如软件的所有逻辑资源都由云客户自行管理。

从传统的角度看，组织可能认为这是 BC/DR 计划中的"温站"(Warm Site)：完备可用的物理空间、测试正常的网络连接；云客户的组织可使用任何类型的基线进行配置，并加载业务需要的任何数据。

对于希望增强数据安全控制权的组织，或在云端实施有限用途(如 BC/DR 或归档)的组织来说，IaaS 可能是最适用的模型。就客户支付给提供商的费用而言，它通常是最便宜的云服务选项。然而，客户将保留某些功能和需求，例如 IT 人员配置，这可能导致难于真正弄清投入的总体成本。

2. PaaS 模型

PaaS 模型包含 IaaS 模型中的所有内容，另外还加上了操作系统。云服务供应商 (Cloud Vendor)通常提供可供选择的操作系统，以便云客户使用任意或所有的选项。云服务供应商将负责在需要时对系统打补丁，负责管理和更新操作系统，云客户可安装任何合适的应用软件。

PaaS 模型对于软件开发与运维一体化(DevOps)特别有帮助，因为云客户可在相对独立的环境中测试其软件，而不会破坏生产环境的功能，并可在不同操作系统平台上测试软件的适用性。

PaaS 还包括基于云的数据库引擎和服务，以及"大数据"模式的服务，如数据仓库和数据挖掘。供应商提供对后端引擎/功能的访问途径，而客户可以创建/安装各种应用程序/API 来访问后端。

3. SaaS 模型

SaaS 模型除包括前两个模型中列出的所有内容外，还额外添加了软件程序。云服务供应商也负责管理、打补丁了和更新软件。云客户基本上只负责在云服务提供商提供的完整生产环境中上传和处理业务数据。

我们可看到许多不同功能的 SaaS 模型配置案例。例如，Google Docs、Microsoft Office 365 和 QuickBooks Online 都是 SaaS 模型的产品。

云服务提供商负责所有基础架构、计算和存储需求，还提供底层操作系统和应用系统本身。所有这些服务对最终用户是完全透明的，最终用户只看到他们购买的应用。

1.2.3 云部署模型

除了根据服务层次的不同来观察云产品外，还可从所有权的视角观察模型。下面将讲解两组模型各方面的情况。

1. 公有云

讨论云服务提供商时，通常想到的是公有云(Public Cloud)。资源(包括硬件、软件、设施和工作人员)都由云服务提供商拥有和经营，并出售或租赁给任何人(这就是公有云名称的由来)。公有云是多租户环境；多个客户将共享由提供商拥有和运营的基础资源。这意味着公有云中的客户使用的虚拟机可能实际上驻留在同一硬件上，而该硬件上可能托管着另一个由客户的直接竞争对手操控的虚拟机，而且客户无法知道还有其他哪些实体正在使用相同的资源。

公有云服务提供商的案例包括 Rackspace、Microsoft Azure 和 Amazon AWS。

2. 私有云

私有云(Private Cloud) 的典型特征是单个客户具有专用资源；其他客户不会共享底层资源(包括硬件，可能还有软件)。因此，私有云不是多租户环境。

私有云有诸多形式。私有云可以是由作为唯一客户的实体拥有和维护。换句话说，一个组织可能拥有并运营一个数据中心作为该组织用户的云环境。或者，私有云可以是由单个客户拥有的一整套资源(机架、刀片服务器、软件包)，但位于云提供商的数据中心并进行维护；云提供商可能为客户的资源提供物理安全性、一些基本管理服务和适当的公用设施(电源、Internet 连接)。这有时被称为"场地出租"(co-located)环境。

另一个私有云选项是让客户与云提供商签订协议，这样提供商就可以在公有云中为客户提供特定资源的独家使用权。基本上是提供商切割出整个数据中心的物理和逻辑部分，以免客户与任何其他客户共享该部分资源。显然，客户必须为这种类型的服务支付额外费用(高于多租户环境中公有云客户支付的费用)。

3. 社区云

社区云(Community Cloud)是由追求共同目的或利益的多个组织拥有和运营的基础架构和处理能力；不同的部分可能由不同的个体或组织拥有或控制，但这些部分以某种方式聚集在一起，以执行联合的任务和功能。

游戏社区可能被视为典型的社区云。例如，PlayStation 网络涉及许多不同的实体参与在线游戏：索尼托管网络的身份和访问管理(IAM)任务，特定的游戏公司可能托管一系列服务器，运行数字版权管理(DRM)功能并处理某一游戏，而个人用户在自己本地的 PlayStation 上处理任务和存储。在这种类型的社区云中，底层技术(硬件、软件等)的责任权分散在社区的各个成员中。

社区云也可以由第三方代表社区的不同成员来提供。例如，云提供商提供一种 FedRAMP 云服务，仅供美国联邦政府客户使用。任何一家联邦机构都可以订购此云服务(例如农业部、卫生和公共服务部、内政部等)，它们都将使用严格为其专用的底层基础设施。任何非美国联邦机构的客户都不允许使用这个服务，因为非政府实体不属于这个特殊社区。云提供商拥有底层基础设施，但它仅供特定社区用户使用。

4. 混合云

混合云(Hybrid Cloud)显然包含其他模型的各项元素。例如，组织可能希望保留某些私有云资源(例如，组织的用户可远程访问的传统产品环境)，也会租用一些公有云空间(可能是一个用于 DevOps 测试的 PaaS 模型功能，用来与生产环境相区分，从而大大降低系统崩溃的风险)。

1.3   云计算中的角色和责任

参与云计算服务的不同实体包括：

云服务提供商(Cloud Service Provider，CSP)是提供云计算服务的供应商。CSP 将拥有数据中心、雇用员工、拥有和管理(硬件和软件)资源、提供服务和安全，并为云客户和云客户的数据及处理需求提供管理方面的帮助，例如 AWS、Rackspace 和 Microsoft Azure。

云客户(Cloud Customer)是购买、租赁或租用云服务的组织或个人。

云经纪人(Cloud Broker)是从云提供商那里购买托管服务的公司，将托管服务再转售给自己的客户。

云访问安全代理商(Cloud Access Security Broker，CASB)是第三方的实体，通常作为一个中介为云服务提供商和云客户提供独立的身份和访问管理(IAM)服务。CASB 可采取多种服务形式，包括单点登录(SSO)、证书管理和密钥托管(Cryptographic Key Escrow)。

监管机构(Regulator)确保组织遵循规章制度框架。这些监管机构可以是政府机构、认证机构或合同的当事方。法律法规包括健康保险流通和责任法案(Health Insurance Portability and Accountability Act，HIPAA)、格雷姆 - 里奇 - 比利雷法案 (Graham-Leach-Bliley Act，GLBA)、支付卡行业数据安全标准(PCI-DSS)、国际标准化组织(ISO)、萨班斯-奥克斯利法案(Sarbanes-Oxley Act，SOX)等。监管机构包括联邦贸易委员会(FTC)、证券交易委员会(SEC)和委托审查合同或标准(如 PCI-DSS 和 ISO)合规情况的审计师等，这里不一一列举。

1.4   云计算定义

由于云计算的相关定义是理解后续章节的核心，并且是 CCSP 的基础安全知识，因此，本节介绍其中的一些定义。

业务需求(Business Requirement)是云计算迁移决策的驱动因素，也是风险管理的输入项。

云计算 App(Cloud Application)用于描述通过互联网访问的软件应用系统，可能是用户设备上安装的代理或小程序。

云计算架构师(Cloud Architect)是云计算基础架构设计和部署专家。

云备份(Cloud Backup)将数据备份到基于云的远程服务器。作为云存储的一种形式，云备份的数据以一种可访问形式存储在组成云环境的多个分布式资源中。

云计算(Cloud Computing)使用计算、存储和网络资源，并具有快速弹性、计量服务、广泛的网络访问和合并资源的能力。

云计算经销商(Cloud Computing Reseller)从云计算服务器托管商或云计算提供商那里购买托管服务，然后转卖给自己的客户。

云迁移(Cloud Migration)是将公司的全部或部分数据、应用系统和服务从公司内部站点转移到云端的过程。云迁移完成后，这些信息由互联网上的云端服务按需提供。

云可移植性(Cloud Portability)是在一个云服务提供商和另一个云服务提供商之间(或传统系统和云环境之间)迁移应用系统和相关数据的能力。

成本效益分析将业务决策的潜在正面影响(如利润、效率、市场份额等)与潜在负面影响(如费用、对生产的不利影响、风险等)进行比较，并衡量两者是否等效，或者潜在正面影响是否大于潜在负面影响。这是业务决策，而不是安全决策，最好由经理或业务分析师做出。但是，为了做出明智的决定，有关各方必须拥有足够的见解和知识。在安全性方面，CCSP 应告知管理层与每个可选方案相关的特定风险和收益。

FIPS 140-2 是一个 NIST 文档，描述了被美国联邦政府使用的认证和加密系统的过程。

托管服务提供商(Managed Service Provider)是一种 IT 服务，其中客户指定技术和操作程序，由外部人员根据合同执行管理和操作支持。托管服务提供商可能会在该组织的业务位置或云中为该组织维护和管理数据中心/网络。

多租户(Multi-Tenant)是指多个云客户使用相同的云环境(通常是虚拟化环境中的同一主机)。

NIST 800-53 指导文件的主要目标是确保美国联邦政府信息管理系统中的所有信息满足适当的安全要求和控制措施。

可信云计算(TCI)参考模型是云服务提供商的指南。TCI 允许云服务提供商创建一个完整的体系结构(包括数据中心的物理设施、网络的逻辑布局和需要使用这两者的流程)。云客户可以放心和自信地购买和使用云服务。要了解更多信息，请访问 https://cloudsecurityalliance.org/wp-content/uploads/2011/10/TCI-Reference-Architecture-v1.1.pdf。

供应商锁定(Vendor Lock-out)，在由于技术或非技术限制而导致客户可能无法离开、迁移或转移到备用供应商的情况下，将发生供应商锁定。

供应商停业，当客户由于云提供商破产或以其他方式退出市场而无法恢复或访问自己的数据时，就会发生供应商停业。

成功的 CCSP 应试者应该熟悉这些术语。本书将逐一详细讨论这些术语。

基础知识回顾

同样重要的是要记住在本行业中使用的所有安全基本要素。例如，在 CBK、考试和本书中被广泛提及的 CIA 三元组。

- 机密性(Confidentiality)：保护信息免受未经授权的访问/传播。
- 完整性(Integrity)：确保信息不被未经授权的篡改。
- 可用性(Availability)：确保授权用户可在允许的情况下访问信息。

1.5 云计算的基本概念

云计算的一些概念在整个云计算主题的讨论中随处可见。这里介绍这些概念。这些概念包含在本书的各种讨论中，CCSP 应试者应该熟悉这些概念。

1.5.1 敏感数据

每个组织都有自己的风险偏好(Risk Appetite)和保密意愿。无论每个云客户对其数据的敏感性做出何种决策，云服务提供商都必须提供某种方法，让云客户根据数据的敏感程度对数据进行分类，并提供足够的控制措施来确保这些类别的数据分别得到相应的保护。

1.5.2 虚拟化技术

虚拟化(Virtualization)技术使云计算服务成为经济上可行的业务模式。云服务提供商可为各种数量级的云客户和云用户提供服务，允许这些云客户和云用户购买和部署任意数量的主机，从而不会浪费云服务提供商的能力或导致资源闲置。

在虚拟化环境中，云用户可以访问合成计算机。对于云用户来说，虚拟机(Virtual Machine，VM)和传统计算机之间没有明显的区别。然而，从云服务提供商的角度看，虚拟机给予云用户的只是一个软件，而不是一个真实存在的、由云用户专门操作的独占硬件。实际上，在云计算空间的单个主机上，同时运行的虚拟机可能有几台甚至几十台。当云用户注销或关闭虚拟机时，云端网络将捕获云用户虚拟机的快照(Snapshot)，将这个快照保存为单个文件，并存储在云端的某个位置，当云用户再次提出访问请求时，虚拟机可完全恢复到云用户之前注销或关闭时的情景。

通过这种方式，云服务提供商可为任何数量的云客户和云用户提供服务，而不需要为每个新的云用户购买新的硬件设备。规模经济允许云服务提供商以更低的成本和更好的服务，提供云用户所期望的类似于传统网络的基本 IT 服务。

市场上有许多虚拟化产品供应商，例如 VMware 公司和 Microsoft 公司。虚拟化技术可使用多种实现方式。两种基本虚拟化类型是类型 1 和类型 2。这些将在 5.4 节"虚拟化"中进行描述。

1.5.3 加密技术

作为信息安全专家，你应该已经非常熟悉加密技术的基本概念和工具了。在云计算技术服务方面，加密技术起到保护和增强云计算技术安全性的巨大效用，同时也带来了额外的问题与挑战。

由于组织的云数据处于由组织以外的其他人员控制和操作的环境中，因此加密提供了一定程度的安全保证。未经授权人员将不能在访问组织数据时理解这些数据的真实含义。组织可在数据到达云端之前对其进行加密，且只在必要时对其进行解密。

另一个与云运营相关的问题是远程访问。与其他远程访问一样，不管风险多大，远程访问总面临着数据拦截、窃听和中间人攻击的风险。加密技术可在一定程度上缓解这些威胁，从而减轻云客户对这类问题的忧虑；如果数据在传输中被加密，即使数据被截获，也很难被未授权人员理解。

1.5.4　审计与合规

云计算服务为合规和持续审计(On-going Audit)带来了特定的挑战和机会。

从合规的角度看，云服务提供商能为特定监管体系下的组织提供整体合规解决方案。例如，云服务提供商可能有一个现存的、已知的、经过测试的整体解决方案，该方案符合 PCI、HIPAA 或 GLBA 的控制集合和步骤概要。由于试图将合规的难度和所花费的精力从云客户组织转移到云服务提供商一方，这一服务对于潜在云客户非常具有吸引力。

与此相反，持续审计变得更困难。云服务提供商极不愿意开放物理访问的许可，这包括任何对云服务提供商设施的访问或分享网络部署图以及安全控制列表。维护这些内容的机密性可增强云服务提供商的整体安全水平。然而，这些却是审计工作的基本要素。此外，正如接下来介绍的，很难确定某个组织的数据在某一时刻位于云环境中的哪一物理位置，或者哪些设备承载了哪个云客户的数据，因此，持续审计变得更困难。审计需要云服务提供商的合作，而云服务提供商迄今为止，不同意提供达到这一审计目的所需的准入要求。相反，云服务提供商通常会提供他们自己的审计成功的声明(通常以 SSAE SOC 3 报告的形式提供，将在第 6 章和第 10 章中进行讨论)。任何考虑向云迁移的组织都应该与监督它们的监管代理机构进行协商，确定这一有限的审计能力是否足以让监管机构满意。

1.5.5　云服务提供商的合同

云服务提供商和云客户之间的业务安排通常会采取合同(Contract)和服务水平协议(Service Level Agreement，SLA)的形式。合同将详细说明协议的所有条款：每一个参与方负责的服务内容、将采取何种服务形式以及出现问题将如何解决等。SLA 将在一定的时间范围内，为这些服务设置特定的、量化的目标和相应的配置。

例如，合同可能规定："云服务提供商将确保云客户能持续、不间断地访问自己的数据存储资源"。然后，SLA 将明确定义"持续、不间断地访问"意味着"对数据存储的连接中断在每个自然月不超过 3 秒"。该合同还将说明当云服务提供商在给定时间段内未能满足 SLA 时所受的惩罚(通常是财务方面的)："若云服务提供商未达到约定的服务水平,客户的费用将在下一个自然月予以免除。"

上面的简单示例演示了合同、SLA、云服务提供商和云客户之间的关系。本书将根据这里解释的关系,不断引用合同和 SLA。

1.6 相关的新兴技术

有一些新兴和相关的技术值得一提。这些技术已在(ISC)^2 考试大纲中明确列出,因此是 CCSP 候选人应该关注的技术。

- **机器学习和人工智能(AI)**:机器学习和 AI 均指程序和机器可以获取、处理、关联和解释信息,然后将其应用到各种功能中,而不需要用户或程序员直接输入的概念。各种各样的 IT 和云产品和服务声称具有机器学习或 AI 功能。其中包括防火墙、入侵检测/防御系统(IDS / IPS)、防病毒解决方案等。

- **区块链**:区块链是一种使用加密技术和算法传达价值的开放手段。它通常被称为"加密货币"。从根本上讲,这是一个交易账本,所有参与者都可以查看每一笔交易,因此,对过去交易的完整性产生负面影响变得极为困难。区块链可以被看作一种云技术,因为每个记录("区块")都以分布式或基于云的方式分布在所有参与者之间,而与位置、设备类型、权限等无关。

- **物联网(IoT)**:现在似乎每一种产品(如家用电器、相机、玩具、车辆等)都有可能包含网络连接。这些被统称为物联网(IoT)。这些设备的分布式特性(以及它们与网络的连接和放置)使它们具有一些云特征。物联网最显著的安全问题可能是没有适当安全措施的设备可以被破坏并用于攻击。

- **容器**:该术语指的是设备中存储空间的逻辑分段,以创建两个或更多无法直接接口的抽象区域。这通常可以在员工使用私人设备进行工作的自带设备(BYOD)环境中看到。容器区分了两个不同的分区,一个分区用于工作功能/数据,另一个分区用于个人功能/数据。这为雇主/数据所有者提供了额外的保证,即数据不会意外或偶然丢失或被盗。

- **量子计算**:这是一项新兴技术,可以使 IT 系统在二进制数学之外运行。量子计算可以使用亚原子特性(电子自旋、吸引力等)来提供指数级更大的计算,而不是使用电子的存在进行计算(电子以两种状态之一存在:存在或不存在)。这将大大提高机器执行计算/运算的能力。尽管在撰写本文时还不可被商业使用,但这种系统已开始超出理论阶段。

- **同态加密**:同态加密是一种理论现象,不必先解密就可以处理加密的材料。如果实现了这一点,则云客户可以将加密的数据上传到云,并且仍可使用该数据，不必与云提供者共享加密密钥，也不必在过程中以其他方式接受解密。这将使云环境的使用对拥有高价值或敏感数据的客户更具吸引力。

1.7 小结

本章探讨业务需求、云计算的定义、云计算的角色和职责以及云计算的基本概念。本章是概述性的，后续章节将更详细地探讨这些主题。

1.8 考试要点

理解业务需求。始终牢记，包括安全和风险决策在内的所有管理决策都由业务需求驱动。在做出这些决定前，应慎重考虑安全和风险，但安全和风险不得优先于组织的业务需求和运营要求。

理解云计算术语和定义。务必清楚地理解本章中介绍的定义。CCSP 考试内容大多集中在术语和定义上。

能够描述云服务模型。至关重要的是，需要理解 3 种云服务模型(IaaS、PaaS 和 SaaS)之间的差异，以及与每种云服务模型相关的不同特性。

理解云部署模型。理解 4 种云部署模型(公有云、私有云、社区云和混合云模型)的特性以及它们之间的差异也很重要。

熟悉云计算的角色和相关责任。确保理解每个角色的不同和每个角色的职责。后续章节将更详细地探讨这些角色。

1.9 书面实验题

在附录 A 中可以找到答案。

1. 进入 CSA 网站，并下载 https://cloudsecurityalliance.org/artifacts/security-guidance-v4/ 上的"针对云计算关键领域的安全指南"。完成后，花一些时间浏览该站点，自己查看文档。

2. 写下你能想到的可能促使组织考虑向云迁移的 3 个合法的业务驱动因素。

3. 列出 3 种云计算服务模型以及各自的优缺点。

1.10 复习题

在附录 B 中可以找到答案。

1. _____不是通用的云服务模型。

    A. 软件即服务(SaaS)　　　　　　B. 编程即服务(PaaS)

    C. 基础架构即服务(IaaS)　　　　　D. 平台即服务(PaaS)

2. 以下这些技术使云服务变得可行，除了_____。

    A. 虚拟化　　　　　　　　　　　　B. 宽带连接

    C. 加密连接　　　　　　　　　　　D. 智能集线器

3. 云计算供应商通过_____承担合同义务。

    A. SLA　　　　　　　　　　　　　B. 法规

    C. 法律　　　　　　　　　　　　　D. 纪律

4. _____推动了安全相关的决策。

    A. 客户服务响应　　　　　　　　　B. 调查

    C. 业务需求　　　　　　　　　　　D. 公众舆论

5. 如果云客户无法访问云服务提供商，这会影响 CIA 三元组的_____。

    A. 完整性　　　　　　　　　　　　B. 授权

    C. 机密性　　　　　　　　　　　　D. 可用性

6. 云访问安全代理商(CASB)可提供以下所有服务，除了_____。

    A. 单点登录

    B. 业务连续性/灾难恢复/运营连续性(BC / DR / COOP)

    C. 身份和访问管理(IAM)

    D. 密钥托管

7. 加密可用于云计算的以下方面，除了_____。

    A. 存储　　　　　　　　　　　　　B. 远程访问

    C. 安全会话　　　　　　　　　　　D. 磁条卡

8. 以下这些是一个组织可能考虑云迁移的原因，除了_____。

    A. 减少人员费用　　　　　　　　　B. 消除风险

    C. 减少业务费用　　　　　　　　　D. 提高效率

9. 被普遍接受的云计算定义包括下列特点，除了_____。

    A. 按需自助服务　　　　　　　　　B. 不需要备份

    C. 资源池　　　　　　　　　　　　D. 计量服务

10. 玩家是 PlayStation Network 社区云的一部分。_____拥有游戏者家中的 PlayStation 控制台。

    A. 索尼

    B. 整个社区

    C. 制作当时玩家正在玩的游戏的公司

    D. 玩家

11. 云服务提供商停业导致云客户无法恢复数据的风险被称为_____。

    A. 供应商关闭   B. 供应商锁定(Vendor Lock-Out)

    C. 供应商绑定(Vendor Lock-In)   D. 供货路径

12. 以下是云计算的特点,除了_____。

    A. 广泛的网络接入   B. 反向收费配置

    C. 快速扩展   D. 按需自助服务

13. 当云客户将个人身份信息(PII)上传到云服务提供商时,_____最终会为 PII 的安全性负责。

    A. 云服务提供商   B. 监管机构

    C. 云客户   D. 作为 PII 主体的个人

14. 我们使用_____确定组织的关键路径、过程和资产。

    A. 业务需求   B. 业务影响分析(BIA)

    C. RMF 模型   D. CIA 三元组

15. 哪种云部署模型中,组织对硬件和基础架构拥有所有权,这种云仅被组织成员使用?

    A. 私有云   B. 公有云

    C. 混合云   D. 主题云

16. 哪种云部署模型的云由云服务提供商所有,并提供给想要订购的任何人?

    A. 私有云   B. 公有云

    C. 混合云   D. 潜在云

17. 以共同拥有资产为特征的云部署模型被称为_____。

    A. 私有云   B. 公有云

    C. 混合云   D. 社区云

18. 如果云客户想要一个安全、隔离的沙箱以进行软件开发和测试,哪种云服务模型可能是最好的?

    A. IaaS   B. PaaS

    C. SaaS   D. 混合云

19. 如果云客户想要一个可完全操作的环境,需要很少的维护或管理,哪种云服务模型可能是最好的?

    A. IaaS   B. PaaS

    C. SaaS   D. 混合云

20. 如果云客户想要一个裸机环境,以业务连续性和灾难恢复为目的,在其中复制自己的公司环境,哪个云服务模型可能是最好的?

    A. IaaS   B. PaaS

    C. SaaS   D. 混合云

第 **2** 章　设　计　要　求

本章旨在帮助读者理解以下概念

第 1 章中提到了资产清单和业务影响分析(BIA)。需要重申的是：**业务需求驱动安全决策**。对云计算环境而言，这一点既不新鲜也不特别。本章将讨论这些安全决策的诸多来源，以及组织为确定需求而进行的活动。

2.1　业务需求分析

安全永远不会停滞：为恰当地、高效地开展安全活动，安全从业者需要足够多的信息来确定如何处理组织面临的风险，包括：

- 完整的资产清单；
- 每项资产的价值；
- 确定关键路径(Critical Path)、流程和资产；
- 对风险偏好的清晰理解。

2.1.1　资产清单

为保护资产，组织首先要知道什么是资产(Asset)。资产是指组织拥有或控制的任何事物，资产以不同形式存在。

资产可以是有形的，如 IT 硬件、零售清单、建筑物和车辆。

资产也可以是无形的，如知识产权、公共信誉以及与合作伙伴和供应商之间形成的声誉。也可认为员工是一种资产，因为员工可为组织提供技能、培训和生产力。

为保护资产，组织需要知道资产是什么，从狭义上讲，还要知道资产在哪里以及资产能做什么。一旦失去对资产的控制权，将无法保证资产的安全。因此，第一步是创建全面梳理资产清单的安全程序(Security Program)。目前，有许多方法和工具可用来整理 IT 清单，如调查、访谈和审计等，同时，可使用自动化工具来提升资产识别的能力和效率。

2.1.2　资产评估

在识别资产数量、区域和类型的同时，还需要确定资产的价值。组织需要知道资产对组织的固有价值，以及那些支撑这些价值的要素。

 提示：确认需要保护的资产的价值，同时要理解保护它们所需的时间、费用及付出的成本因素，例如，人们不可能为价值 5 美元的自行车配备 10 美元的锁具。

将这个过程称为业务影响分析(Business Impact Analysis，BIA)。组织需要确定每个资产的价值，价值通常用美元货币的形式衡量，资产如果暂时或永久损失会对组织带来影响，同时替换、补救或其他弥补措施也会产生成本。

可使用保险价值、替换成本或其他估值方法评估成本。一般而言，由数据所有者(Data Owner)，即对数据负责的业务线经理确定数据资产的价值。

> **提示**：一般而言，负责特定数据集合的业务经理是该数据的所有者。同时，数据所有者也可以是收集或创建该数据的所属部门的部门负责人。

让数据所有者评估资产价值可能存在风险，最大的风险是数据所有者往往高估其管辖资产的价值。例如，询问组织内哪个部门最重要，通常，这些数据所有者都说自己部门是最重要的。

数据所有者通常被要求在创建数据时定义数据分类和/或分级，这将在第 3 章中讨论。

2.1.3 确定关键性

完成资产清单和资产估值后，高级管理层将使用资产的关键值进行业务影响分析。"关键性(Criticality)"指资产在组织内不存在或无法运行时带来的影响和后果的程度。关键性的覆盖范围包括有形资产、无形资产、特定的业务流程、数据路径甚至关键员工。

🌐 **真实世界场景**

关键性举例

以下是组织资产关键性的示例。

- **有形资产**：某组织是一家汽车销售公司，汽车是公司经营的关键资产。如果汽车由于某种原因而无法售卖，该公司的业务将停滞。

- **无形资产**：某组织是一家音乐公司，音乐作品是公司的关键知识产权。如果音乐的所有权受到破坏(例如，被侵权或失去所有权、加密功能被破解、音乐作品被侵权复制)，该公司将失去存在的价值。

- **业务流程**：某组织是一家快餐厅，速度是其关键竞争力；接受订单、准备和提供食品、收款是经营的关键环节。如果餐厅无法完成这些业务流程(如登录失败导致无法收款)，餐厅也将无法正常经营。

- **数据路径**：某组织是一家国际货运公司，订单与货轮载货量相匹配是经营的关键环节。如果公司不能完成运输协调，或货轮的载货容量不足，该公司将会因为无法提供服务而停止经营。

- **人员**：某组织是一个外科诊室，医生是公司存在的关键因素。如果医生不能为病人治疗，该组织将不复存在。

高级管理层一般具备正确识别关键性的能力。为更好地确定组织安全要素并为其提供建议，安全专家最好具备理解组织业务任务和业务职能的能力。

BIA 的另一个安全功能是用于识别单点失败。如果流程、规程或生产链中存在瓶颈，则完整工作流会因为某一点失败而中断，这个点称为单点失败(Single Point of Failures，SPOF)。对组织而言，SPOF 是严重风险，特别当 SPOF 处于关键路径时，需要立刻识别出来。类似于其他关键因素，产生 SPOF 的原因可能来自硬件、软件、流程或人员。

处理 SPOF 的方法如下：

- 增加冗余，如果 SPOF 将导致服务中断，应立即启用替代品。
- 建立备份流程，发生中断时替代 SPOF。
- 员工交叉培训，使员工能承担多个角色。
- 坚持全面的数据备份，并快捷地恢复数据。
- 为 IT 资产提供负载共享/负载均衡。

在云环境中，云客户会要求云服务提供商在其提供的设施和架构中不存在 SPOF；云计算环境的一大优势是，云服务提供商能提供强大而有弹性的服务，这种服务不会因 SPOF 导致故障。因此，云客户可专注于降低其自身运营层面的 SPOF：访问和使用云端数据。

提示：不是所有 SPOF 都是关键方面的一部分，也并非组织的所有关键方面都包含 SPOF。不要混淆二者。

定量和定性的风险评估

定性风险评估和定量风险评估是两种相似但不同的风险评估方法。两种方法通常采用同一套评估风险的方法、原则或者规则。定性风险评估的结果采用高、中、低这样的类别，而定量风险评估的结果使用 1、2 和 3 这样的数值表示。

2.1.4 风险偏好

再次重申，风险偏好(Risk Appetite)不是新概念，使用云计算服务并没有对风险管理带来明显的改变。风险偏好的概念对整体安全实践非常重要，同时也是 CCSP CBK 的考试内容。

风险偏好是组织认可的、可接受的风险级别、数量或类型。不同组织的差异很大，考虑到众多的内部及外部因素，风险偏好可能随时间的推移而调整。

以下是对风险基础知识的简单回顾。

- 风险是产生影响的概率。
- 风险可被削减，但不能完全消除。

● 组织可接受仍能保持业务持续运营的风险。

● 除了影响健康和人身安全(Human Safety)的风险外，组织可接受高于标准或超过竞争对手的风险，但这些风险必须符合行业标准或合规性要求。

⊕ 真实世界场景

健康和人身安全风险

组织不能接受超出行业标准和已知最佳实践的健康和人身安全方面的风险，接受这种风险是不道德的，事情一旦败露，组织将面临极大的问责，问责会产生更大的风险，这也是组织必须慎重考虑的。当然，也存在例外情况，例如，军队就是例外，军人牺牲和肢体残疾是可预料的结果，也是可接受的风险。

但是，个人可以代表自己接受这种风险。例如，在过去的 100 年中，商业捕鱼一直是美国死亡率最高的行业之一，但并不乏愿意从事这种行业的人。对于工人个人而言，高死亡率的风险水平是已知的，也是可接受的。但是，从组织的角度看，由于致命事故的可能性较高，不能不考虑确保遵守行业最佳实践(例如，安全背心和安全绳索等)，组织也不会因此推卸所有责任。

组织有 4 个主要方法用来解决风险。

风险规避(Avoidance)。这并不是真正处置风险的方法。风险规避是指：因为风险太高，以至于组织无法通过适当的控制机制来弥补损失，而放弃相应的商业机会。该风险已超出组织的风险偏好。

风险接受(Acceptance)。与风险规避相反，该风险在组织风险偏好范围内。因此，组织可继续开展业务，而不需要对该风险进行额外关注。

风险转移(Transference)。风险转移通常以保险形式出现，组织向第三方支付费用，由第三方承担风险损失，支付成本低于风险产生的潜在影响。这类风险通常涉及发生概率很低的事件，但如果该风险真正发生，则会产生很大的影响和后果。

风险缓解(Mitigation)。组织采取措施降低风险的可能性或影响；这通常由安全从业人员采取控制措施/对策来实现。

各项业务活动都涉及风险。组织可以管理风险、减弱风险，甚至最小化风险，但实际运营中，风险因素总是存在的。在实施控制措施缓解风险后，仍然遗存的风险被称为**残余风险(Residual Risk)**。安全任务的目的是根据组织的风险偏好，将残余风险降至可接受的风险水平。

风险偏好是指导组织所有风险管理活动的前提，由高级管理层确定。安全从业人员必须对组织的风险承受能力有透彻的了解，才能正确有效地履行职能。

组织一旦确定业务需求并完成了 BIA，则可在安全工作中重复使用所获得的信息。例如，BIA 的结果可用于风险评估，整体环境中特定安全控制措施的选择，以及 BC/DR 计划的制订。因此，了解组织的关键业务和资产价值，对于完成这些任务至关重要。

2.2　不同类型云的安全注意事项

在传统(非云)环境中，组织的 IT 边界有明确的界线：边界内的一切都属于该组织，包括数据、硬件和相应的风险；边界外的一切都是其他人的问题。组织甚至可指定某个特定位置、园区或设施外的某条线缆，以此来表明哪些地方是自己控制的，哪些是其他人控制的范围。安全专家可在内外部环境的边界上部署防御措施，建立一个非军事区(Demilitarized Zone，DMZ)。

上述传统安全模式在新的云计算环境下并不适用。在云计算环境中，云客户的数据并非存储在云客户自有的硬件基础设施中，而是位于云服务提供商所拥有的云计算环境中，这些云端数据大部分处在云客户的控制范围之外。组织仅具备对云用户运行的程序和机器设备有限的访问权限，对整体云计算环境知之甚少。因此，很难准确知道所处云模型的边界、风险的位置以及它们延伸的程度。

本节将使用云计算边界的概念。请牢记：基于当前的法律和监管制度，**云客户始终对任何数据丢失负有最终的、根本性的法律责任**。即便数据泄露事件是由于云服务提供商的疏忽或蓄意行为导致的，云客户也应承担法律责任。

 警告：如果云服务提供商以某种方式导致服务失效而造成云客户的损失，云客户可要求恢复原状。例如，如果云服务提供商聘请的云管理员非法出售了原本属于云客户的数据访问权，则云客户可以对云服务提供商提出索赔。然而，云客户仍然对所有授权损失负有法律责任，例如，应遵守该云客户所在的司法管辖权下的相关数据泄露通知法律。这个要求并不会因为云客户将业务外包给云服务提供商而终止。

那么在不同的云模型中，这些边界是什么样的呢？

2.2.1　IaaS 注意事项

相对于其他云计算模型，云客户在 IaaS 中担负的责任和具有的权限最大。云服务提供商负责提供建设数据中心所需的建筑和土地，提供网络连通和电源供给，建设并管理运行云客户应用系统和数据所需的硬件设备。云客户负责操作系统及其上的一切，包括应用系统的安装和管理，数据的传输和管理。

在安全性方面，云客户也失去了传统 IT 环境中的一些控制权限。例如，云客户不能选择具体的 IT 资产，因此，采购过程的安全性责任(供应商和供给商)通常被委托给云服务提供商。云客户也可能失去监测数据中心内部网络流量的能力，云服务提供商可能不允许云客户将监测设备或流量传感器放在云服务提供商的基础设施上，云服务提供商也可能拒绝共享自己收集的流量数据。

这增加了涉及安全策略和法律合规的审计的难度。为解决这些问题，使用云计算的组织必然会大幅调整自身安全策略，而且必须找到向监管机构提供必要证明材料的方法。这些需要在迁移到云计算环境之前就确认清楚，因此，强烈建议组织与监管机构建立早期沟通机制。例如，如果监管机构强制要求对数据处理环境进行定期审查，而审计机构如果不能直接审计云端的网络流量和事件日志，那么将如何处理？

然而，在 IaaS 模型中，云客户仍可从软件(包括操作系统)中收集和查看事件日志，从而为数据的使用和安全性提供很好的参考。

2.2.2　PaaS 注意事项

使用 PaaS 时，云客户将失去对环境的更多控制权，因为云服务提供商现在负责安装、维护和管理操作系统。这将进一步要求云客户修改安全策略，并付出更多努力以确保法律法规的合规性。

然而，云客户仍然可以监测和审查软件事件，因为在操作系统上运行的程序属于云客户。更新和维护软件也是云客户的责任。但是，操作系统的更新和管理会由云服务提供商负责，云客户在失去底层操作性和安全性的部分控制权的同时，也将节省更多成本并提高效率。

2.2.3　SaaS 注意事项

显然，在 SaaS 环境下，环境的大部分控制权归属云服务提供商。云客户不再具有硬件和软件的所有权或管理权，只是输入和处理软件系统中的数据。

出于相关考虑，作为一个组织，云客户只承担常规用户在传统环境中具有的角色和责任，即很小的管理权限、具有很少的特权账户而且只担负更少的职权和责任。

在此，再次重申前面提及的内容：云客户仍然承担保护数据的所有法规和合同义务责任，但几乎无法控制数据的保护方式。而云服务提供商现在几乎完全负责所有系统维护、所有安全控制措施以及影响数据的绝大多数策略的制定和实施。

2.2.4　一般注意事项

在所有 3 种云模型中，云客户均放弃了基本的控制措施：**物理访问数据所在的设备**。这可能是一个增加风险并失去保证的严重问题，即任何可物理访问数据位置的人都可在拥有或未得到权限许可的情况下获取数据。

组织是否可实施控制措施，来降低由于这种违规行为而导致的风险呢？当然可以，通过安全措施证明组织满足"应尽职责(Due Diligence)"原则。这些安全措施可包括如下内容：确保云服务提供商对访问数据中心的所有人员进行严格的背景调查并持续监测其行为、确保对数据中心实施严格的物理安全措施、对运行和存储在云上的数据进行加密、通过合同向云服务提供商赋予责任(注意，法律责任仍由云客户承担)。当然，虽然这些控制措施可缓解风险，但由于物理访问导致数据丢失的残余风险仍然持续存在。下一节将进一步讨论这些问题。

值得注意的是，目前业界并没有明确的规定或统一的解决方案；云服务提供商的做法存在很大差异，每个商务合同也都不一样，因此具体的权利和责任取决于云客户和云服务提供商的谈判结果。

2.3 保护敏感数据的设计原则

下面将回顾一些基本的安全架构。这些技术不够详尽，而且仅凭它们并不足以保护组织及其数据，但它们可以用作 IT 基础架构控制的指南。

2.3.1 设备加固

在传统 IT 环境中，DMZ(非军事区，指内部网络连接外部世界的区域)作为一种最佳实践，可使处于其中的设备得到保护；安全专家需要知道并理解，这些设施更有可能被入侵，安全专家需要进行相应的安全加固。

对云计算环境而言，无论是云服务提供商还是云用户，最好都遵守同样的方式。应该像对待 DMZ 中的设备一样对待与云计算相关的设备，这样有助于形成良好的安全习惯并从概念上看待云计算技术。

云服务提供商应确保数据中心中的所有设备都是安全的，包括使用下面的安全措施。

- 删除所有访客账户；
- 关闭所有未使用的端口；
- 不使用默认口令；
- 强口令策略；
- 保护并记录任何管理员账户；
- 禁用所有不必要的服务；
- 严格地限制和控制物理访问；
- 根据供应商的建议和行业最佳实践，对系统打补丁、维护及更新。

这些概念对于安全从业人员来说并非新概念，但这些概念在云环境中仍有重要价值。

云客户的情况类似但也有所区别，云客户必须认识到访问云的方式带来的风险，这些风险通常涉及通过 BYOD(Bring-Your-Own-Device，自带设备办公)方式远程访问云环境。BYOD 在云计算出现之前已经存在，许多已知的安全措施可供使用并能起到良好效果。

例如，云客户应确保其访问云的 BYOD 基础设施中的所有资产都应该满足以下条件。

- 安装一些反恶意软件/安全软件进行保护。
- 在丢失或被盗时，具有远程擦除或远程锁定功能。组织在用户授权后，可以对设备进行远程擦除或远程锁定。
- 利用某种形式的本地加密。
- 多因素身份验证，利用有效的访问控制(密码或生物识别)。
- 正确使用 VPN 访问云服务。
- 使用数据丢失、泄露预防和保护(Data loss, Leak prevention, and Protection，DLP)解决方案。

组织也可考虑在个人用户设备上使用容器软件(Containerization Software)来隔离个人数据与组织信息。

注意：不仅物理设备需要安全加固，虚拟化设备也需要以同样方式进行安全加固。由于云计算的负载均衡和可扩展性高度依赖于虚拟化，因此请牢记，虚拟化实例在运行中和存储时均需要重点保护，保证运行中的数据不被其他实例/用户检测到，保证作为文件存储的可移植虚拟化实例不被攻击者获取。在配置虚拟化设备时，必须采用与保护物理机器相同的方式进行加固。

2.3.2　加密技术

你将在本书中看到有关加密的更多内容；就像在传统 IT 环境中一样，在云服务环境下，各种加密技术也已经融入各类安全实践中。

第 4 章将介绍云数据安全以及相关的加密机制。本章旨在讨论云计算的基本设计需求，应该在如下场景中使用加密。

- 对于云计算数据中心
  - 静态数据，包括长期存储/归档/备份；需要保护的临时存储文件，如虚拟化实例的快照；防止授权人员对特定数据集的未授权访问(例如，保护数据库中的字段，以便数据库管理员可以管理但不能修改/查看数据内容)
  - 安全清理(加密擦除/加密粉碎)
- 对于云服务提供商和云用户之间的通信
  - 创建安全会话
  - 确保传输中数据的完整性和机密性

注意：最终，组织希望能在加密状态下处理云端数据，而不必对云端数据进行解密，这样，永远不会泄露给除授权用户以外的任何人。这种技术被称为同态加密技术(Homomorphic Encryption)，虽然目前这种技术能力尚不成熟，仅处于实验阶段，但 CCSP 专家仍需要深入理解该技术，并认识到实现同态加密技术的可能性。

2.3.3 分层防御

分层防御同样不是新概念，而是再次被应用到云端，也被称为"纵深防御(Defense-in-Depth)"，是指采用多种重叠防护手段以不同方式保护环境安全的实践，这些做法融合了管理、逻辑、技术和物理控制措施。

从云服务提供商的角度看，分层防御应该包括：
- 较强的人员控制措施，如背景调查和持续监测。
- 技术控制措施，如加密、事件日志和访问控制。
- 物理控制措施，如对整个园区、基础设施、数据中心内部的处理和存储区域、机架、特殊设备以及进出园区的便携式介质的相关控制。
- 建立并实施治理，如强安全策略和规范、彻底的审计。

从云客户的角度看，应该包括下列工作：
- 为员工和云用户提供涵盖安全主题的培训计划。
- 通过合同执行安全策略。
- 对 BYOD 资产使用加密和逻辑隔离机制。
- 强访问控制，例如，包括多因素身份验证。

注意：在考虑安全架构和设计时，参考现有的安全指南通常是非常有益的；市面上已存在许多出版物和工具，你完全不必重新研究和发明自己的安全控制措施。下面的信息可能会有帮助：
- 云安全联盟云控制矩阵

(https://cloudsecurityalliance.org/group/cloud-controls-matrix/)
- NIST 的风险管理框架(SP 800-37)

(http://nvlpubs. nist.gov/nistpubs/SpecialPublications/NIST.SP.800-37r1.pdf)
- ISACA 的 COBIT

2.4 小结

本章深入讨论了组织如何确定安全方面的业务需求和关键路径，以及应该如何使用这些安全信息。本章还涵盖各种云服务模型的名义边界，从云客户和云服务提供商的角度分析每种云服务模型的权利和责任。还讨论了保护敏感数据的基本云架构和设计概念。后续章节将更详细地探讨相关主题。

2.5　考试要点

了解如何确定业务需求。理解业务影响分析的功能和目的，以及如何帮助组织确定资产清单、资产价值和关键性。

熟悉每个云服务模型的边界。理解在不同模型下的各方的责任及权限。要认识到，在这些模式中，云服务提供商和云客户的责任和权限在合同中都存在很大的协商空间。

理解如何通过云架构和设计支持敏感数据安全。熟悉如何加固硬件设备、加密和分层防御，以增强对云中数据的保护。知道可以在哪里找到有关云安全设计的框架、模型和指南。

2.6　书面实验题

在附录 A 中可以找到答案。

1. 下载 FEMA 的 BIA 模板，网址为 https://www.fema.gov/media-library/assets/documents/89526。

2. 在组织中选择一个部门进行该练习；可以是你想要的任何东西，不论它是否与 IT 配置或云计算有关。

3. 在练习中选择一项假设的风险/威胁，可以是自然灾害，也可以是恶意者的攻击，或者你喜欢的其他任何场景。

4. 填写业务功能和风险/威胁表单，尽可能使用准确和真实的信息。

2.7　复习题

在附录 B 中可以找到答案。

1. 收集业务需求可帮助组织确定关于组织资产的所有信息，除了_____。
   - A. 完整清单
   - B. 有用性
   - C. 价值
   - D. 关键性

2. BIA 可用来提供以下所有信息，除了_____。
   - A. 风险分析
   - B. 安全获取
   - C. BC/DR 规划
   - D. 安全控制的选择

3. 哪种云服务模型需要云客户自己维护操作系统?

    A. CaaS   B. SaaS

    C. PaaS   D. IaaS

4. 在哪个云服务模型中,云客户只需要维护和更新应用系统?

    A. CaaS   B. SaaS

    C. PaaS   D. IaaS

5. 在哪个云服务模型中,云客户只对数据负责?

    A. CaaS   B. SaaS

    C. PaaS   D. IaaS

6. 云客户和云服务提供商关于云环境中功能和数据的权利和责任。最终在_____确定?

    A. RMF   B. 合同

    C. MOU   D. BIA

7. 在试图提供分层防御时,安全从业者应该说服高级管理层在安全控制措施中包括_____。

    A. 技术控制   B. 物理控制

    C. 行政控制   D. 以上全部

8. _____被认为是行政控制?

    A. 访问控制过程   B. 击键记录日志

    C. 门禁   D. 生物身份认证

9. _____被认为是技术控制?

    A. 防火墙   B. 防火柜

    C. 灭火器   D. 裁员

10. _____被认为是最佳的物理控制?

    A. 地毯   B. 天花板

    C. 门   D. 栅栏

11. 在云环境中,下列各项都应使用加密技术,除了_____。

    A. 长期存储的数据   B. 临时存储的虚拟图像

    C. 安全会话/ VPN   D. 配置文件格式

12. 加固设备的过程应包括以下所有步骤,除了_____。

    A. 改进默认账户   B. 关闭未使用的端口

    C. 关闭不必要的服务   D. 严格控制管理员权限

13. 加固设备的过程应该包括_____。

    A. 操作系统加密   B. 更新系统并打补丁

    C. 使用摄像监控   D. 对员工进行背景调查

14. ＿＿＿＿＿是实验性技术，目的是在不解密加密数据的情况下处理加密数据。

　　A. 同态加密　　　　　　　　　B. 多实例化

　　C. 量子态　　　　　　　　　　D. 美食

15. 组织的风险偏好由＿＿＿＿＿决定？

　　A. 第三方评估　　　　　　　　B. 高级管理层

　　C. 法律法规　　　　　　　　　D. 合同约束

16. 在控制和应对措施到位后，剩余的风险是＿＿＿＿＿。

　　A. 无　　　　　　　　　　　　B. 高

　　C. 残余风险　　　　　　　　　D. 相关风险

17. ＿＿＿＿＿不是处置风险的方法？

　　A. 接受风险　　　　　　　　　B. 逆转风险

　　C. 缓解风险　　　　　　　　　D. 转移风险

18. 为在 BYOD 环境中保护用户设备上的数据，组织应该考虑以下所有内容，除了＿＿＿＿＿。

　　A. DLP 代理　　　　　　　　　B. 本地加密

　　C. 多因子身份验证　　　　　　D. 双人完整性验证

19. 云数据中心中的设备应该是安全的，不受攻击。以下是加强设备的方法，除了＿＿＿＿＿。

　　A. 使用强密码策略　　　　　　B. 修改默认密码

　　C. 严格限制物理访问　　　　　D. 删除所有管理员账户

20. ＿＿＿＿＿最适合描述风险？

　　A. 可预防　　　　　　　　　　B. 持续存在

　　C. 存在利用脆弱性的可能性　　D. 短暂的

第 **3** 章　数据分级

本章旨在帮助读者理解以下概念

✓ 知识域 1：云概念、架构和设计

- 1.3　理解云计算相关的安全概念

  1.3.3　数据和介质脱敏

- 1.4　理解云计算安全的设计原则

  1.4.1　云安全数据生命周期

✓ 知识域 2：云数据安全

- 2.1　描述云数据概念

  2.1.1　云数据生命周期的各阶段

- 2.4　实现数据识别

  2.4.1　结构化的数据

  2.4.2　非结构化的数据

- 2.5　实现数据分级

  2.5.1　映射

  2.5.2　标签化

  2.5.3　敏感数据

- 2.6　设计和实现数据版权管理

  2.6.1　数据版权的目标

  2.6.2　适当的工具

- 2.7　规划并实现数据保留、删除和归档策略

  2.7.1　数据保留策略

  2.7.2　数据删除的流程和机制

  2.7.3　数据归档的流程和机制

  2.7.4　合法拥有

- 2.8　设计并实施数据事件的可审计性、可追溯性以及可问责性

  2.8.2　数据事件的记录、存储与分析

　　与其他所有资产一样，组织应该知道其所拥有的数据资产清单、这些数据的相对价值以及安全保护要求，上述信息对于合理分配安全资源是非常有必要的。

　　本章将讨论如何对数据进行分类(Categorization)和分级(Classification)，理解为什么数据的物理位置非常重要。此外，还将讨论知识产权的概念和实践，以及数据保留和删除方面的各项要求。

3.1　数据资产清单与数据识别

　　上一章讨论了创建资产清单(Inventory)的重要性。创建资产清单的前提是识别组织所拥有的全部数据资产。

3.1.1　数据所有权

　　当我们讨论数据时，首先必须准确确认谁拥有这些数据的合法所有权，并基于所有权分配数据管理责任。在云计算场景中，我们倾向于通过分配角色(Role)来分配数据责任(Responsibility)。大多数情况下，角色有以下几类。

- **数据所有者(Data Owner)** 是收集或创建数据的组织。在组织中，通常会为数据指派一名特定的数据所有者，作为拥有数据权利和责任的个人；这个人通常是创建或收集特定数据集合(Dataset)的部门主管或业务单元经理。从云计算的角度看，云客户通常就是数据所有者。很多国际性条约和框架认为，数据所有者也是**数据控制者(Data Controller)**。

- **数据托管者(Data Custodian)** 指负责日常维护和管理数据的任何个人或实体。数据托管者还应该按照数据所有者的指示来应用恰当的安全控制和流程。在组织内部，数据托管者可能就是数据库管理员。处理是指可以对数据进行的所有操作：复制、打印、销毁、利用数据。**数据处理者(Data Processor)** 是代表数据所有者操作、存储或移动数据的任何组织或个人。从国际法的角度看，云提供商是一个数据处理者。

这里要记住关于数据所有者和数据托管者的权利和责任要点。

- 数据托管者不一定都与数据所有者有直接关系；数据托管者可以是第三方，甚至可能远离整个供应链体系。

- 数据所有者对他们拥有的全部数据负有长期法律责任。即使数据托管者按照数据所有者的要求，已经多次删除了数据，但是一旦发生数据泄露，数据所有者依然需要担负法律责任。

- 数据的所有权、托管权(Custody)、权利(Rights)、责任(Responsibility)和职责(Liability)都与所讨论的数据集合的主体紧密相关，因此，只有在具体场景中，才能最终确认与哪些数据相关联。例如，云服务提供商通常是云客户数据的数据处理者，然而，有时云服务提供商也是自身收集和创建的信息的数据所有者，例如，云服务提供商自己的客户列表、资产清单和计费信息。

3.1.2　云数据生命周期

云数据生命周期如图 3.1 所示。

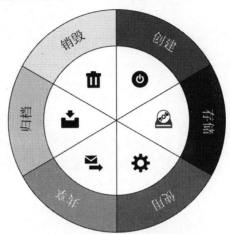

图 3.1　云数据生命周期

深入理解云数据生命周期的各个阶段是非常重要的，既是为了通过 CCSP 考试，也是为了理解数据安全的概念。这一节主要关注第一阶段：创建(Create)。

创建阶段确定数据所有者。许多数据安全和管理责任要求数据所有者在数据生命周期的创建阶段开始数据保护活动。

顺其自然

在整个生命周期中，在考虑云客户以云服务提供商可以各自对哪些方面进行监督时，以图表方式说明数据在各个生产过程中的流动方式非常有用。可以使用传统的面向业务的流程图和折线图来实现，以便直观地描绘流程中的步骤，也可以使用更面向系统的数据流图(DFD)来完成。DFD 在系统/软件工程中非常有用，因为可以在选择技术之前确定功能需求，这就可以避免先选择平台或组件后再通过它们来驱动业务流程。

在基于云的环境中，图表可以使云客户确定，需要在何处添加具体的控制，以及提供商已支持哪些控制(如合同/服务条款中所述)，以及提供商还可以帮助选择和实现哪些控制。

1. 数据分类

数据所有者是理解组织将如何使用数据的最佳岗位。这允许数据所有者合理地分类数据。组织可拥有大量信息的类别(Category)或类型(Type)；这些类别和分类在组织范围中被明确定义并且复用，或者在创建阶段由数据所有者进行分配。

以下是组织分类数据的一些方法。

监管合规(Regulatory Compliance)　不同的业务活动受到不同法律法规的监管。组织可能希望基于适用于特定数据集合的法律法规创建类别。法规可能包括 GLBA、PCI(Payment Card Industry，支付卡行业)法案、SOX 和 HIPAA 等。

业务功能(Business Function)　组织希望针对不同用途的数据设置特定类别。可基于数据在账单、营销或运营的用途来标记数据。

功能单元(Functional Unit)　每个部门或办公室可能有自己的类别，并将其控制的所有数据保存在自己的类别中。

基于项目(By Project)　一些组织可能通过相关的项目来定义数据集合，作为创建独立数据集合的一种手段，进行项目数据分类。

组织如何对数据进行分类实际上是没有限制的。然而，组织所使用的任何分类策略都应在整个组织中统一实施和执行。随机分类(Ad Hoc Categorization)相当于没有实施数据分类。

2. 数据分级

与数据分类一样，数据分级(Data Classification)是数据所有者的责任，发生在云数据生命周期的创建阶段，并根据特定数据集合(Dataset)的特性和组织的整体环境进行分配。数据分级类似于分类，统一实施组织所定义的任何分类或分级形式。

数据分级的类型包括以下几类：

敏感性(Sensitivity)　这是军方使用的分级模型。根据敏感性给数据分配一个级别，这基于未授权数据泄露所导致的负面影响。在这种模型中，分级必须分配给所有数据，即使是不需要保护的数据也是如此；因此，即使不被认为是敏感的数据素材，也必须分配"未分级(Unclassified)"标签。稍后将讨论分配标签的情形。

司法管辖权(Jurisdiction)　数据源或存储站点的物理位置可能对数据如何加工和处理具有重要影响。例如，收集的欧盟公民的 PII 数据会受到欧盟隐私法律的制约，这比美国的隐私法律更加严格和全面。

 注意：个人身份信息(PII)只是许多类型的敏感数据之一。本书很多章节都会对 PII 做进一步的讨论。

关键性(Criticality) 这是区别对组织生存至关重要的数据和无足轻重的信息的基本数据分级处理方式。从前面章节可知，BIA 可帮助组织确定哪些数据素材将采用这种分级方式。

> **注意**：并没有行业规定的、法律强制的数据"分类"与"分级"定义；只有某些具体领域有规定(例如，军队使用美国联邦法律规定的分级结构)。一般来说，这些术语可以互换使用。
>
> 在本书的论述中，将坚持对术语的清晰理解：**数据按其用途分类，按其特性分级**。同样，这不是一个行业标准，(ISC)[2]没有在术语之间划分明显的界线。

3. 数据映射

组织之间(有时甚至部门之间)的数据必须进行规范化和转换，以便对双方都有意义，这通常就被称为数据映射。当在分类工作的环境中使用时，必须进行映射，以便接收系统/组织可以识别在另一个系统/组织中被称为敏感(且需要保护)的数据，从而可以继续进行这些保护。没有恰当的映射工作，分类到特定级别的数据可能会面临不适当的风险或威胁。

4. 分配数据标签

当数据所有者创建、分类和分级数据时，还需要为数据分配标签。标签应表明谁是数据所有者，这通常以办公室或角色命名，而不使用个人名称或身份(出于非常明显的原因，人员可重新分配角色，或离职而转去其他组织)。标签应采用持久的、易于理解的、一致的形式，例如，硬介质副本上的数据标签可能打印页眉和页脚，而电子文件的标签可嵌入文件名和系统命名法则中。标签应该是明显的，并可传达相关的概念，而不应透露标签描述的数据。

根据组织的需要和业务的性质，标签可能包括以下信息。

- 创建日期
- 计划销毁/处理日期
- 机密级别
- 操作指导
- 传播/发布指引
- 访问限制
- 数据源
- 司法管辖权
- 适用的法律法规

⊕ **真实世界场景**

标签的工作机制

标签(Label)可辅助安全工作，很容易表明某些信息的性质以及处理和保护方式。

例如，美国军方和联邦政府采用多种方式给硬介质副本中的分类数据添加标签，包括封页(Cover Sheet)。封页只传达了数据的一个特点：数据素材的敏感度。在军事分类中，这被称为"密级(Classification)"，这一点与本书中使用的含义有些不同。敏感度至少有两种表示方式：使用大字号、粗体字母的类型标题(例如，"秘密"和"绝密")，以及表和标记的颜色(例如，蓝色为机密，红色为秘密，等等)。这以一种非常简单的方式提醒用户(携带或阅读文件的人)在未使用或无人看管的情况下确保素材的安全性。一名在工作日结束时离开办公室的经理，可能对工作区进行最后一次检查，一个留在桌上的红色封页会立即引起经理的注意，提醒这名经理对机密信息进行处理。

当然，这对心存不良的人员也有同样的效果：封页让一些心怀恶意的人员可以立刻知道某些素材的潜在价值：很明显，红色封页比蓝色封页更有价值。

3.1.3　数据识别方法

为确认并准确控制资产清单控制下的数据资产，组织可使用多种工具和技术。术语"数据识别(Data Discovery)"一词可用来描述几种不同的任务；或者意味着该组织试图首次创建其拥有数据的资产清单，或是组织参与电子发现(Electronic Discovery，法律术语 eDiscovery 指如何收集作为调查或诉讼部分的电子证据；第 11 章将深入讨论这一要点)，或指用于识别组织已有数据的趋势和关系的数据挖掘工具(这个任务已成为最新的实用技术)。

1. 基于标签的识别(Label-Based Discovery)

显然，数据所有者在云数据生命周期的创建阶段所创建的标签将极大地支持数据识别工作。使用描述准确和信息充分的标签，很容易就能确定组织控制了哪些数据，以及每种数据的数量。这也是为什么分配标签的习惯和过程是如此重要的另一个原因。

当有针对特定目的的数据识别任务(例如，法院命令或监管要求)时，标签就显得特别有用：如果需要与某项活动相关的所有数据，并且这些数据都已经被分配了标签，将很容易收集和披露所有合适的数据，并且只披露那些合适的数据。

2. 基于元数据的识别(Metadata-Based Discovery)

除了基于标签的识别外，元数据(Metadata)对于数据识别的目的也是实用的。元数据被称为"关于数据的数据"，元数据是关于特定数据元素或集合的特征和特性的列表。元数据通常与数据同时创建，通常由创建父数据的硬件或软件创建。例如，新型数码相机每次拍摄都创建大量元数据，如日期、时间、照片拍摄物理位置和相机类型信息等；所有元数据被嵌入图像文件，并在复制和转移图像本身时同步复制或移动。

因此，数据识别可用与标签相同的方式使用元数据；可针对特定术语扫描元数据的特定字段，可为特定目的收集所有匹配的数据元素。

3. 基于内容的识别(Content-Based Discovery)

即使没有标签或元数据，识别工具也可通过挖掘数据集合内容，进行定位并识别数据的具体种类。这种技术可作为术语搜索的基础，也可使用巧妙的模式匹配(Pattern-Matching)技术。

 注意：内容分析(Content Analysis)也可用于更具体的安全控制以及数据识别；第4章将讨论 DLP 解决方案。

4. 数据分析

目前的技术选项提供了查找和输入数据的其他选择。许多情况下，这些现代工具从环境中已经存在的数据集合创建新的数据源。这些包括以下内容：

数据挖掘(Datamining) 源于"挖掘活动"技术体系的术语。这种数据分析经常使用云计算提供的产品，也称为"大数据(Big Data)"。当组织收集了各种数据流，并可在这些数据源上执行查询时，该组织可检测和分析以前未知的趋势(Trend)和模式，这些是非常有用的。

实时分析(Real-time Analytics) 某些情况下，分析工具可提供在创建和使用数据时，同步使用数据挖掘的功能。这些工具基于自动化方式，可以恰当、高效地执行分析工作。

敏捷商业智能(Agile Business Intelligence) 这是最先进的数据挖掘技术，包括递归、迭代的工具和流程，可检测和识别趋势，即使历史数据和近期数据之间存在较大的差异模型，也是如此。

5. 结构化数据和非结构化数据

根据是否有意义、离散的类型和属性，排过序的数据(例如数据库中的数据)被认为是结构化的。未排序的数据(例如用户"已发送"文件夹中各种电子邮件的内容，可能包括对任何主题的讨论或包含所有类型的内容)都被认为是非结构化的。通常，对结构化数据执行数据处理，操作要容易得多，因为该类数据已被整理并放置到合适位置上。

 注意：无论从应对考试的角度，还是处理组织中可能遇到的安全问题的角度看，都有必要花费更多时间理解数据分析的可选项。

3.2 司法管辖权的要求

全球各地存在各种法律，而且在云端意味着组织可能同时受到多个司法主体的管辖。这可能给组织带来很多额外风险，也会给安全从业人员带来更多麻烦。安全从业人员有责任知道哪些法律影响了组织，要有一条法律合规的总体思路，以确保组织能遵守这些规定。

遗憾的是，云计算的使用在认识和遵守特定司法管辖权的合规方面面临诸多挑战。例如，因为资源是动态分配的，云用户不知道数据的确切物理位置(无论是在数据中心的位置还是地理位置)，任何时候，组织无法知道数据实际存储在哪个物理节点；数据可能跨越市级的限制、州级的限制甚至可能是跨越国界，云服务提供商将管理虚拟化镜像、存储的数据和运营数据(事实上，云服务提供商甚至都不可能随时知道数据在哪个城市、州或特定国家，这取决于自动化和数据中心设计的水平)。

因此，无论是为了应对 CCSP 考试还是保护组织的安全，你都应该熟悉一些法律体系，这些可能会对你负责的数据具有显著影响。第 10 章和第 11 章将详细讨论其中的许多内容，这里简单罗列并介绍一些概念。

美国 拥有强有力的知识产权保护体系，包括严格的、多重的法律框架。美国没有独立的全局性联邦隐私法律；相反，美国更倾向于通过行业相关立法来解决隐私问题(HIPAA、GLBA 等)，或与合同义务(如 PCI)相关。数量众多的、强力的、细粒度的数据泄露公告法律存在于各州和地方政府中，这些法律被政府强制执行。

欧洲 良好的知识产权保护。有大量详尽的、全面的个人隐私保护措施，包括欧盟数据指令(EU Data Directive)和通用数据保护条例(General Data Protection Regulation，GDPR)。

亚洲 亚洲的知识产权保护水平不同。数据隐私保护级别因国家/地区而异。日本在其《个人信息保护法》中坚持欧盟模式，新加坡也这样做。

南美洲/中美洲 多样的知识产权机制。一般使用较宽松的隐私保护框架，但阿根廷是典型的例外，阿根廷援引并使用欧盟隐私保护法。

澳大利亚/新西兰 强有力的知识产权保护。澳大利亚隐私法案(Australian Privacy Act)是非常强力的隐私保护法律，直接与欧盟隐私法规相映射。

注意： 欧盟的隐私法规对于想在欧洲做生意的任何组织来说都是巨大的推动力。为应对考试，CCSP 应试者应该精通最初的指南(欧盟数据指令)和最近更新的法律(GDPR)，以及美国遵守这些法律(安全港计划和隐私保护盾)的机制。这些将在第 10 章和第 11 章中进一步讨论。

3.3 信息权限管理

拥有权限的人来管理信息是信息权限管理(Information Rights Management，IRM)的一部分。DRM 一词在我们的行业中也经常使用，有时也表示"数字版权管理"或"数据版权管理"。表达相似含义的其他术语，还包括 ERM(企业权限管理)及其分支，如 E-DRM。如何定义这些术语，以及如何在给定的过程或工具中使用这些术语，还没有形成最终的国际或行业标准。

简单来说，"权限管理"这个概念，不管前面的修饰词是什么，都需要与组织的其他访问控制机制协同作用，或作为其补充的具体控制措施，来保护某些类型的资产，通常是文件级别的资产。

例如，一个组织可能有一个整体访问控制程序，该程序会要求用户登录他们用于执行操作功能的系统。除了基本访问权限外，用户想要操作的特定内容(例如敏感的财务文件)可能还受到"权限管理"的附加保护，以防止用户删除、修改或复制这些文件。

为便于研究，(ISC)² DCO 赞同使用术语 IRM 来讨论该概念。本书也将使用 IRM。

3.3.1 知识产权的保护

知识产权是一类无形的有价值财产；从字面上理解，就是指智力财产。知识产权受许多法律保护，你应该熟悉这些法律。

1. 版权

创意表达的法律保护被称为"版权(Copyright)"。在美国，版权被授予任何首先表达创意的人。通常，这涉及文学著作、电影、音乐、软件和艺术著作。

注意：奇怪的是，版权不包括著作的名称。例如，你无法复制和出售电影《星球大战》，从理论上讲，你可以撰写、拍摄并贩售一部新电影，也称之为《星球大战》，只要不与任何其他同名的电影内容雷同即可。不过，我们并不推荐这种做法。

版权并不包括思想、具体词语、口号、食谱或公式。这些东西通常可以通过其他知识产权保护形式得到保护；稍后将讨论这些问题。

注意：版权保护创意的有形表达，而不是创意本身的形式。例如，版权保护一本书的内容，而不是印刷版书籍本身的纸张副本；非法复制内容是版权侵犯行为，而偷一本书是盗窃行为。版权属于作者或作者出售及授予权利的人，而不是那些持有书籍实物副本的人士。

版权的保护期限根据著作创建的不同条件而有所不同，这取决于是作者自己独立创作了著作，还是著作是在合同下创造的"雇用工作(Work-for-Hire)"。通常情况下，版权在作者去世后延续 70 年，或是一部雇用著作在第一次出版之后延续 120 年。

创作者独家使用著作，但也有一些例外情况。创作者是唯一合法拥有以下权利的实体：

- 著作的公开发行
- 获取著作利润
- 制作著作的副本
- 制作著作的衍生品
- 著作的进口和出口
- 广播著作
- 出售或以其他方式转让这些权利

这些讨论都已经超出了 CCSP 的讨论范围，但版权的专有权也有例外。

合理使用(Fair Use)，在某些情况下，不需要经过著作权人的许可，也不需要向著作权人支付报酬，这种限制就被称为"合理使用"。合理使用包括以下情形：

- **学术合理使用(Academic Fair Use)**　教师可为教学目的有限地复制或展示受著作权保护的著作。
- **评论(Critique)**　著作可以被审查或讨论，以评估其优点，著作的片段可用于这些评价性审查。
- **新闻报道(News Reporting)**　由于民众的知情权对自由社会是至关重要的，因此，我们放弃了一些知识产权保护以用于报道目的。
- **学术研究(Scholarly Research)**　与"学术合理使用"类似，只是发生在研究人员而不是教师和学生之间。
- **讽刺文学(Satire)**　一种嘲弄讽刺的著作，可使用原始著作的主要部分。
- **图书馆保存(Library Preservation)**　图书馆和档案馆可保留有限数量的原始著作副本，用于长久保存著作主体。
- **个人备份(Personal Backup)**　合法购买著作权许可的个人，可自行制作一份备份副本，如果原件失败，就可以使用副本。显然，这包括计算机程序。
- **身体残障人士版本(Versions for People with Physical Disabilities)**　专门制作残疾人士副本是合法的情形。例如，包括制作盲人用的盲文副本或音频副本。

这些例外使用并非毫无限制；必须考虑许多主观因素，包括可能的商业市场，以及原著的规模、范围和性质。

某件作品受版权保护的事实通常是通过在其上附加版权符号来传达的，有时还带有强调该事实的附加文本。如图 3.2 所示。

图 3.2 版权符号

注意: 版权侵权通常以民事案件处理: 版权所有者必须对其认为非法复制或非法使用著作的人士提起诉讼。然而,某些情况下,故意侵权表现行为可以由政府作为刑事案件进行调查。

不同国家以不同方式看待著作权。虽然创作者在美国自动拥有著作权,但在某些司法管辖权辖区内,著作权属于最先在该司法管辖权辖区注册著作的人。

> 🌐 **真实世界场景**
>
> **数字千禧年版权法案**
>
> 数字千禧年版权法案(Digital Millennium Copyright Act,DMCA)是一项声名不佳的立法,表面上是为数字格式的创意作品提供额外保护,但一般看成为具体目的而设立的法律。同时需要指出,DMCA 的保护方式过于宽泛。DMCA 还对被指控侵犯著作权的人提出举证责任的要求,并要求一旦指控就必须采取控制行动。
>
> 故事的基本梗概是这样的: 好莱坞电影行业使用 CSS 电子加密机制,以防止非法复制 DVD 的内容。有人开发了一个程序,从 DVD 中删除 CSS 加密程序;这个删除程序被称为 DeCSS。电影产业工作者的说客,在美国电影协会及美国录音产业协会的参与下,采用了一些手段和方法,最终说服美国国会通过 DMCA,判定 DeCSS 程序是非法的;这也包括写作、分发、出版反加密的软、硬件,其目的是保护受版权保护的素材(电影和歌曲中的大部分)免遭盗版。
>
> 然而,DMCA 实际执行起来却与初衷大相径庭。按照 DMCA 的规定,"撤除通知(takedown notice)"程序已经发生了 DMCA 滥用行为。在"撤除通知"条款的作用下,只要有人申述,任何 Web 托管服务必须立即停止内容服务并关闭素材主页,这些内容和素材包括受著作权保护的素材或从互联网下载的内容等;直到有人发表能够证明素材是没有版权的或是他们自己的版权,才可以重新上线。"撤除通知"程序可以是随机或恶意的,已经导致明显的"撤除通知"滥用情形。这也是 DMCA 许多意想不到的后果之一。

2. 商标

与版权不同,商标(Trademark)保护适用于特定的文字和图形。商标是组织的代表标识,是组织的品牌。商标是为了保护组织在市场中建立的估价和声誉(特别是在公众中的认知)。

商标可以是组织的名称,也可以是标志、与组织相关的短语,甚至是特定的颜色或声音，或是上述的一些组合。

如果计划拥有一个受法律保护的商标，就必须在司法管辖权辖区进行注册。通常，美国专利商标局(U.S. Patent and Trademark Office，USPTO)是商标注册的联邦实体。进行商标注册的美国专利商标局可使用®符号表示已经注册。美国还提供商标登记、商标注册和国家机构经常使用的™符号。

商标有效期可永久保持，前提是商标所有者一直使用商标用于商业目的。商标侵权案件可进行法律诉讼，由商标所有者向法院提起侵权诉讼。

3. 专利

顾名思义，美国专利商标局也负责注册专利(Patent)。专利是保护知识产权的法律机制，支持发明、流程、素材、装饰和植物生命等各种形式。专利所有者在取得专利的过程中，同时取得专利的生产、销售和进口的独占权利。

专利有效期通常从专利申请的时间起延续 20 年。也有一些延期的特殊规定，是因为获得某些专利的过程可能需要几个月甚至几年时间。基于专利的性质(例如，药品)，还可以获得额外的延期；反之，一些特定名义下营销的药品的独家授予的专利，并不是由 USPTO 授权，而是由 FDA 颁布多个短期授权，多个营销公司联合共同持有。

专利侵权和其他知识产权保护一样，也是在美国联邦法院提起诉讼的。

4. 商业秘密

商业秘密(Trade Secret)是涉及专利素材的许多方面的知识产权：流程、公式、商业方法等。商业秘密也包括一些不可以申请专利的内容，如信息的聚合体(客户或供应商列表便是一例)。

商业秘密在美国也有点像版权，因为在发明创造时对其进行保护，对注册没有任何附加要求。

然而，与其他知识产权保护不同，被认为是商业机密的素材必须是秘密的。这些商业机密素材是不能公开的，是必须采取法律手段保护的秘密。

商业秘密保护是为了预防非法获取；对于任何试图通过盗窃或盗用获取商业秘密的人员，可在民事法庭对其提起诉讼(类似于其他形式的知识产权)，也可在美国联邦法院就这一罪行提起公诉。

然而，商业秘密保护不授予其他知识产权保护所授予的排他性。除了商业秘密的所有者外，任何人通过法律手段声明其发现或发明相同或相似的方法、流程和信息都是正当合法的，在法律上可以自由地利用这些知识为自身的利益服务。事实上，通过合法途径发现他人商业秘密的人员也可以自由申请专利。

与商标一样，只要商业秘密所有者保持从事商业活动，商业秘密的有效期是永远保持的。

3.3.2　IRM 工具特征

信息版权管理(IRM)可以由制造商、供应商或内容创建者在企业中实现。通常，受 IRM 解决方案保护的素材需要某种形式的标签或与素材相关的元数据，以使 IRM 工具能够正常运行。

IRM 的实施情况在技术复杂性和技术上各不相同，以下是一些可应用的 IRM 方法。

基本参考检查(Rudimentary Reference Checks)　内容本身可自动检查使用的副本所有权的合法性。例如，在很多老式电脑游戏中，游戏会暂停运行，要求玩家输入一些特定信息，这些信息只能通过购买游戏的授权副本获得，例如，游戏中附带的一个单词或短语。

在线参考检查(Online Reference Checks)　微软软件包，包括 Windows 操作系统和 Office 程序，通常以相同的方式保护软件所有权，要求用户在安装时输入产品密钥；然后，当系统连接到互联网时，软件程序在联机数据库中检查产品密钥的合法性。

本地代理检查(Local Agent Checks)　用户安装一个参考检查工具，它根据用户的许可检查受保护的内容。目前，游戏引擎常以这种方式工作，安装游戏时需要下载 Steam 或 GOG.com 代理；代理对照在线许可证数据库核对用户的系统，确保游戏不是盗版。

许可介质保持验证(Presence of Licensed Media)　有些 DRM 工具需要在系统中同时使用内容和许可介质，例如磁盘。通常，DRM 引擎在许可介质上安装一些加密信息来标识特定磁盘和许可内容，并允许基于这种对应关系使用内容。

基于持续支持的许可(Support-Based Licensing)　一些 DRM 的实现基于提供支持内容的需要；尤其是生产环境下的软件系统。许可的软件可能允许在需要时随时访问更新和补丁，而供应商可阻止未经许可的版本获得这种类型的支持。

IRM 的实现通常是在文件和对象上加上另一层访问控制(超出企业为业务运营目的使用的层)来保护素材的合法性。IRM 还可用于实现本地化的信息安全策略；例如，特定用户或用户组可能拥有他们创建的所有内容，这些标签特别标记并标识了适当的访问限制信息。

然而，在云计算环境中使用 IRM 也带来了一些挑战，其中包括：

复制的限制(Replication Restrictions)　IRM 往往涉及防止未经授权复制过程，但云计算管理平台需要创建、关闭和复制虚拟主机实例，因此 IRM 可能干扰自动资源分配过程。

司法管辖权冲突(Jurisdictional Conflicts)　云计算技术扩展了物理分界线和逻辑边界；这些模糊不清的界线给数据所有者带来大量未知或不受控制的情况，这可能导致地区性的知识产权限制问题。

代理/企业冲突(Agent/Enterprise Conflicts) 需要安装本地代理的 IRM 解决方案并不总是可以在云计算环境中正常工作；例如，在虚拟化引擎或在自带设备办公(BYOD)的企业中使用的各种平台上，IRM 本地代理可能无法正常运行。

IAM (Identity and Access Management，身份和访问管理)和 IRM 因为访问控制层通常涉及特定内容的 ACL，IRM 中的 IAM 与企业/云端的 IAM 的流程可能发生冲突或无法正常工作。这是一个现实问题，当云端的 IAM 功能外包给 CASB 等第三方时尤其如此。

API 冲突(API Conflicts) 由于 IRM 工具经常需要嵌入内容中，因此，在不同的应用程序(例如，内容阅读器或媒体播放器)中，数据素材的运行可能无法提供相同的性能水平。

一般来说，IRM 应该提供以下功能，这些功能与内容或格式的类型无关：

持久保护(Persistent Protection) IRM 应该一直保护内容的合法性，不论内容位于何处，不论内容是副本还是原始文件，或也不论内容素材的使用方式。保护不应该因生产环境的简单操作而失效。

动态策略控制(Dynamic Policy Control) IRM 工具应该允许内容创作者和数据所有者修改 ACL 和权限，以保护受控数据。

自动失效(Automatic Expiration) 由于某些知识产权法律保护的性质，大量的数字内容并不要求永久保护。当法律保护停止时，IRM 也应该停止保护。许可证书也会过期；无论电子内容存在于何处，在许可期结束时，受保护内容的可访问性和权限也应该同时失效。

持续审计(Continuous Auditing) IRM 应该允许对内容的使用过程和访问历史进行全面持续的监测。

复制限制(Replication Restrictions) 使用 IRM 的目的是限制非法或非授权内容的复制。因此，DRM 解决方案应该在现有的许多复制形式中实施这些限制，包括屏幕录制、打印、电子复制及电子邮件附件等。

远程权限撤销(Remote Rights Revocation) 特定知识产权的所有者在任何时候，都有权撤销这些权利；这种能力可能适用于诉讼或侵权的结果。

3.4 数据控制

除了创建阶段外，组织同样需要保护云数据生命周期各阶段的数据。行业标准和最佳实践要求创建、使用和执行一系列数据管理策略和实践，包括数据的保留(Retention)、审计和废弃(Disposal)。这一节将依次讨论这些问题。

提示：数据管理的每个方面(保留、审计和废弃)都需要一个具体的策略进行处理。当然，也可将这 3 项策略都包含在一个总体策略之下，例如，数据管理方针及策略。要确保每个管理领域可以充分地解决问题，并有足够的粒度；不要让任何单独的子策略(Subpolicy)在质量或全面性上打折，因为组织只是集合了所有需要的治理方面。

3.4.1 数据保留

与安全行业的所有其他工作一样，组织的数据保留(Data Retention)计划应以强力的、一致的策略为基础。数据保留策略应该包括以下内容。

保留期(Retention Periods) 组织应将数据保存多长时间？这通常指为长期存储而归档的数据，即当前生产环境中暂时不使用的数据。保留期通常用年限来表示，由法规或立法确定(见下一项)。数据保留期也可由合同协议授权或修改。

适用的法律法规(Applicable Regulation) 正如刚才提到的，保留期可由法规或合同授权；保留策略应该考虑所有法规。存在法规冲突的情况下尤其如此；该策略还应强调这种差距，并提交给高级管理层，由高级管理层做出如何使用适当的机制来处理和解决这一冲突的决定。例如，各国可对特定种类的数据施加不同的保留期，而组织可能在不同授权期限的国家内运营；该策略应明确说明相互冲突的时期，以及高级管理层确定的保留期解决方案。

保留格式(Retention Formats) 策略应该描述数据是如何实际归档的，说明介质存储类型和处理特定数据的规范标准。例如，某些类型的数据需要在存储时加密。此类情况下，策略应该包括加密引擎(Encryption Engine)的描述、密钥存储和回收过程，并引用适用的法律法规。

数据分级(Data Classification) 组织应当有一个总体的数据分级策略来指导数据的创建者(Creator)、所有者(Owner)、管理者(Curator)和用户(User)；该策略描述数据何时分级、如何分级，还描述各种分级和处理的安全程序和控制(还有发生违规情况时的应对策略)。除了主策略外，数据保留策略还应该包括如何存储和检索不同分级数据的具体说明。

归档和检索程序(Archiving and Retrieval Procedures) 数据存储是有实际用途的。存储的数据可用来纠正错误，可作为业务连续性和灾难恢复(Business Continuity and Disaster Recovery，BC/DR)备份，可实现商业智能为目的的数据挖掘分析。但存储的数据只有在被检索到并以高效的、具有成本效益的方式重新投入生产时才是有用的。

策略应该详细描述将数据发送到存储介质以及恢复数据的过程。策略的这个元素(即详细的流程)可能被包含在附件中；流程可能需要比策略更频繁地进行更新和编辑，并且可以独立保存。

持续监测、维护和执行(Monitoring, Maintenance, and Enforcement) 与本组织的

所有策略一样，该策略应详细列出审查和修订策略的频率、由谁负责、不遵守策略的后果，并说明由组织内的哪个实体负责执行。

　注意：备份是一项非常好的控制措施，很多组织都会定期进行完全备份。然而，这些组织并没有测试"从备份中恢复"活动，因此，并未对必须恢复的情况做好准备，一旦需要恢复，恢复工作可能受阻或失败。测试是非常有用的，某些情况下，还需要遵守强制监管要求，组织应该测试"从备份中恢复"活动，以确保不会发生任何失败。

在云端管理数据保留可能会特别棘手；例如，很难保证云服务提供商保留组织数据的期限未超过保留期(云计算的部分吸引力在于云服务提供商可很好地保留数据，而不是丢失数据；蓄意删除数据是另一个完全不同的问题)。当开始考虑迁移到云计算并与潜在的云服务提供商谈判时，组织应保证云服务提供商能够支持组织的数据保留策略。

　注意：数据保留策略是在数据生命周期的"归档"阶段发生的活动。

3.4.2　合法保留

在某些辖区，"合法保留"这一概念严重影响了组织的数据保留和销毁政策，因为它取代了这些政策。当某个组织被告知某个执法/监管实体正在进行调查或某个私人实体正在针对该组织提起诉讼时，该组织必须暂停所有相关的数据销毁活动，直到调查/诉讼已完全解决。(所有"相关"数据销毁活动都是与所讨论的特定案例有关的活动。组织可以继续销毁与该特定案例无关的数据/材料。)

这通常优先于任何其他现有的组织政策、适用法律、合同协议或动机。例如，在美国，这一概念是由联邦证据规则规定的，该规则要求即使在联邦法律(例如 HIPAA)中，合法保留也必须处于优先地位，即使联邦法律要求在保留期结束时销毁数据。

因此，合法保留可被视为临时的最重要的保留期。

3.4.3　数据审计

与其他所有资产一样，组织需要定期审查(Review)、清点和检查其拥有的数据资产的使用状态和情况。数据审计(Data Audit)是完成这些工作的有力工具。

与数据管理的其他元素一样，组织应有一个数据审计策略。该策略应包括下列项目的详细说明：

● 审计周期(Audit Period)
● 审计范围(Audit Scope)

- 审计责任(内部或外部)
- 审计程序和流程
- 适用的法规
- 持续监测、维护和执行

注意：与所有审计类型一样，组织应特别小心，确保审计人员不向拥有所审计数据(或受这些数据影响)的管理机构的任何人汇报。要避免审计中的利益冲突，使审计具有有效性(Validity)和实用性。

在大多数组织和企业中，审计都以日志为依据。日志有多种形式，如事件日志、安全日志及流量日志等。日志可由应用程序、操作系统和设备生成，用于一般或特定目的(诸如服务器的设备在运行中将顺便收集日志，诸如 IDS 和 SIEM 的设备则将日志记录作为主要任务)。

日志的审查和审计是一项专门任务，由经过特定培训且有经验的人员完成。日志相当简单；现代企业中的大多数软件和设备都可有效地记录组织想要捕获的任何事件(甚至是所有事件)。但阅读和分析这些日志是极具挑战性的。

日志审查和分析通常不是优先工作　大多数组织没有足够的资金雇用能高效地分析日志数据的专职人员。通常，日志审查是其他部门(如安全部门)员工的额外责任。很多额外责任并未履行，因为那些员工的日常性工作很多，无暇处理这些额外任务。

日志审查是索然无味且不断重复的　只能由一类特殊员工审查日志，这些人员能从大量数据中筛选出与正常情况存在细微差别的部分。这不是一项令人兴奋的工作，即便是最优秀的分析师也会因为不断重复变得松懈，而忽略掉某些差别。

日志审查同时需要新手和富有经验的人员　这可能成为一个管理难题：必须安排新手来执行日志审查，这样组织不必承担过多"抵换成本"(也就是说，与日志审查相比，这些新手从事的其他工作并非更有价值，所需费用也非更高)；但是，又需要审查人员经过培训，具有足够经验，能执行一些具有高价值的审计活动。

审查员需要对运营具有一定的理解　如果审查员不能区分什么是授权的活动，什么是未授权活动，他们就不能为业务流程贡献安全价值。

注意：对组织而言，安排人员兼职从事日志审查工作效果较好。如果一个人只做日志分析，没有其他职责，那么重复和无聊可能导致此审计人员漏掉本应注意到的差异。但是，负责审查日志的人员也要足够多地执行审查任务，从而有能力识别基准活动以及背离基准的活动；如果执行审查的次数过少，可能导致分析者忘掉常识和分析技巧。

日志就像数据备份：许多组织都会记录日志；日志很容易设置、获取和存储。面临的挑战是确定日志的审查或审计频率、由谁完成、处理过程等。拥有日志是一码事，而审查所拥有的日志是另一码事。

警告：安全从业者的本能倾向于记录下每一件事；虽然信息安全领域的人士不喜欢数据，但想知道所有事情。这么做有什么问题？记录所有信息会带来额外的风险和费用。此外，海量的日志数据集合造成额外的漏洞，需要进行额外的安全保护；记录所有信息需要庞大的存储系统和空间，以满足大规模的复制需求。

云端的数据审计可能带来一些几乎无法克服的挑战。出于安全、责任或竞争的原因，云服务提供商可能不希望向云客户披露日志数据；或者出于运营或合同原因，可能无法披露。因此，在考虑云迁移时，组织必须再次考虑特定的审计需求，并在与云服务提供商签订的合同中包含此类说明。

注意：数据审计策略是数据生命周期的所有阶段发生的活动。

3.4.4　数据销毁/废弃

在传统 IT 环境中，组织拥有和控制所有基础设施，包括数据、硬件和软件，数据废弃的可选方式是直接和直观的。但在云计算环境中，数据废弃的难度更大，风险更高。

首先回顾一下传统 IT 环境中的数据废弃选项。

介质和硬件的物理销毁技术(Physical Destruction)　任何包含相关数据的硬件或便携式介质都可通过烧毁、熔化、冲击(打、钻、磨等)或工业切碎方式进行销毁。这是首选的数据脱敏(Data Sanitization，又称数据清洗)方法，因为数据在物理上是不可恢复的。

消磁技术(Degaussing)　在数据驻留的硬件和介质上施加超强磁场，有效地使硬件和介质脱磁。消磁技术不适用于固态驱动器(Solid-State Drive，SSD)。

覆写技术(Overwriting)　将随机字符多次写入保存数据的存储区域(特定磁盘扇区)，最后一次写入全 1 或全 0。对大型存储区域而言，这是极耗费时间的。

加密擦除技术(Crypto Shredding 或 AKA Cryptographic Erasure)　这包括使用一个强加密引擎加密数据，然后使用该过程生成的密钥，在另一个不同的加密引擎上加密，此后销毁密钥。

警告：不能通过简单地删除(Delete)数据使硬件和介质脱敏。删除只是一个操作，并不会真正擦除数据本身；删除只是为了处理目的而移除(Remove)数据的逻辑指针。

在云计算环境中，这些数据销毁/废弃选项中有一些是无效或不可行的。因为云服务提供商拥有硬件，而非数据所有者拥有硬件，因此，物理销毁技术通常是不可行的。另一个原因是，很难确定数据具体的实际物理位置，物理定位在任何给定时刻(或历史时刻)都是难点，因此，几乎不可能要求所有组件和介质都进行销毁。基于同样的原因，覆写技术也不是云计算数据脱敏的可用方法。

加密擦除技术是云计算环境唯一务实的数据废弃选项。

如同其他数据管理功能一样，组织需要创建数据废弃策略。这一策略应详细描述以下内容：

- 数据废弃的程序
- 适用的法律法规
- 指导数据销毁过程的清晰指南

当然，组织也非常关心数据残留(Data Remanence)问题，数据残留指尝试各种数据脱敏和废弃后遗留的任何数据。如果正确实施了加密擦除技术，不应该存在任何剩磁；然而，数据素材可能未包括在最初的加密过程中(例如，虚拟机实例处于离线状态，加密后才添加到云环境中)，这种情况下，需要考虑剩磁。与所有加密实践一样，正确的实施过程是取得成功的关键。

 注意： 数据废弃策略是数据生命周期的销毁阶段发生的活动。

3.5 小结

本章主要讨论数据生命周期的数据管理职能，包括数据保留、审计和废弃。本章描述与数据所有权相关的各种角色、权利和责任；也回顾了知识产权概念、保护知识产权的法律，以及 IRM 解决方案的目标和功能。本章讨论了数据资产的盘点，分析数据识别为组织提供的价值。本章谈及数据的若干司法管辖权问题，详情可参阅第 11 章。本章还讨论了云计算带来的一些挑战和风险。

3.6 考试要点

理解数据分析的不同形式。 熟悉数据挖掘、实时分析和敏捷商业智能。

理解与数据所有权相关的各种角色、权利和责任。 了解数据所有者、控制者、处理者和托管者都是谁。理解与每个角色相关的权利和责任。

理解数据分类/分级的目的和方法。 理解数据所有者对所控制的特定数据集合进行分类和分级的原因及方式。

熟悉数据识别方法。了解分配数据标签的方式和时间，并确定分配者。还要了解基于内容的识别，以及数据识别中元数据的使用。

理解数据生命周期。按顺序理解数据生命周期的所有阶段。了解哪些阶段包括数据标签、内容创建、DRM 活动、数据保留、数据审计和数据废弃。

熟悉各种知识产权保护。理解著作权、专利、商标和商业秘密的保护。

理解数据保留、审计和废弃策略应该包含哪些内容。理解多个重要方面，如保留和废弃、保留格式、法律规定。了解每个策略都需要包含维护、审查和执行细节。

3.7　书面实验题

在附录 A 中可以找到答案。

1. 阅读 NIST 加密擦除文献 [NIST SP 800-88(rev.1)]：http://nvlpubs.nist.gov/nistpubs/SpecialPublications/NIST.SP.800-88r1.pdf。

2. 为实验选择一个示例设备。使用显示在 800-88(D.1) 的样本格式，回答你所选择的设备是否适合使用加密擦除技术。

3.8　复习题

在附录 B 中可以找到答案。

1. 所有这些都是数据识别的方法，除了_____。
   - A. 基于内容
   - B. 基于用户
   - C. 基于标签
   - D. 基于元数据

2. 数据标签可包括以下所有内容，除了_____。
   - A. 创建了日期数据
   - B. 数据所有者
   - C. 数据价值
   - D. 数据销毁计划

3. 数据标签可包括以下所有内容，除了_____。
   - A. 数据源
   - B. 交货的供应商
   - C. 处理限制
   - D. 司法管辖权

4. 数据标签可包括以下所有内容，除了_____。
   - A. 保密级别
   - B. 分发限制
   - C. 访问限制
   - D. 多因素身份验证

5. 以下是数据分析模式，除了_____。
   - A. 实时分析
   - B. 数据挖掘
   - C. 敏捷商业智能
   - D. 多次迭代

6. 在云主题中，数据所有者通常是_____。

    A. 在另一个司法管辖区   B. 云客户

    C. 云服务提供商   D. 云访问安全代理

7. 在云中，数据处理者通常是_____。

    A. 分配访问权限的第三方   B. 云客户

    C. 云服务提供商   D. 云访问安全代理

8. 在销毁硬件时，_____方法不可接受？

    A. 烧录   B. 删除

    C. 工业粉碎   D. 钻孔

9. _____不是组织内的所有策略应该包括的。

    A. 策略维护   B. 策略审查

    C. 策略执行   D. 策略转移

10. 云中数据处理最实用的选项是_____。

    A. 熔化   B. 加密碎片化

    C. 冷融   D. 覆写

11. 在以下的知识产权保护中，_____是创意的有形表达。

    A. 版权   B. 专利

    C. 商标   D. 商业机密

12. _____是实用制造方法创新的知识产权保护。

    A. 版权   B. 专利

    C. 商标   D. 商业机密

13. _____保护了一套非常宝贵的销售线索。

    A. 版权   B. 专利

    C. 商标   D. 商业机密

14. _____保护了某种松饼配方秘密。

    A. 版权   B. 专利

    C. 商标   D. 商业机密

15. 对于一个新的电子游戏的标志，_____保护对其进行保护。

    A. 版权   B. 专利

    C. 商标   D. 商业机密

16. DMCA 常被滥用，在_____增加了被告人的举证责任。

    A. 在线服务提供商豁免   B. 禁止解密程序

    C. 撤销通知   D. 木偶塑料

17. 接收新专利申请的联邦机构是_____。

    A. USDA(美国农业部)   B. USPTO (美国专利商标局)

    C. OSHA   D. SEC(证券交易委员会)

18. IRM 工具使用各种方法强制执行知识产权；其中不包括_____。

    A. 基于支持的许可

    B. 本地代理实施

    C. DIP 交换有效性

    D. 媒体现状检查

19. 下列所有地区至少有一个国家拥有保护其公民个人资料的联邦隐私法，除了_____。

    A. 日本

    B. 比利时

    C. 阿根廷

    D. 美国

20. _____不属于 IRM 解决方案应该包括的功能。

    A. 持续性

    B. 自动自毁

    C. 自动失效

    D. 动态策略控制

第4章 云数据安全

本章旨在帮助读者理解以下概念

当组织将数据迁移到云端时，除了确保满足功能需求外，还必须考虑安全方面，如 CIA 三元组、数据保护基本要求、监管约束、纵深防御等(在传统环境中，也需要考虑这些方面)。本章将研究云安全的特定挑战，以及使云环境既可用又可信的必要技术。

4.1　云数据生命周期

一般情况下，应该认为云环境中的数据与传统环境中的数据具有相同的需求和属性。两种环境的数据生命周期有相同的目的，只是在实现细节上有些变化。图 4.1 显示了云数据生命周期的各个阶段。

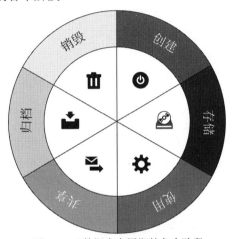

图 4.1　云数据生命周期的各个阶段

在云端，远程用户仍将创建数据(创建阶段，**Create**)。在云环境中，数据存储有短期(**存储阶段，Store**)和长期(**归档阶段，Archive**)之分。将在云端托管的生产环境中操作和修改数据(**使用阶段，Use**)。数据将被传输给其他用户，用于在云环境中协同工作(**共享阶段，Share**)；这是云计算提供的显著优势之一。此外，还需要从生产环境中删除数据并且随后废弃存储介质(**销毁阶段，Destroy**)。

显然，执行这些活动的细节，以及以一种安全的方式从事这些活动，需要技术不断发展以适应任何新环境带来的挑战。

在云环境中，云数据生命周期的每个阶段都需要予以特殊保护。下面依次回顾每个阶段，并分析在每个阶段可能希望采用的特定控制机制。

4.1.1　创建

数据通常由远程访问云环境的用户所创建。根据使用情况，数据可由用户在远程工作站本地创建，然后上传到云端，或者是用户远程操作驻留在云数据中心的数据。

远程创建数据　云用户创建的数据应该在上传到云端之前进行加密。安全从业人员希望防御明显的漏洞，包括中间人攻击和云数据中心的内部威胁。用于此目的的密码系统应具有很高的计算强度(或工作效率)，是被 FIPS 140-2 认可的加密解决方案。组织还应该实施好的密钥管理方法，稍后将介绍这一点。用于上传数据的网络连接也应该是安全的，最好使用 IPSec VPN 解决方案。

在云端创建数据　同样，在云端通过远程操作创建数据，应该在创建时进行加密，避免数据中心人员不必要的访问或查看。同样，密钥管理应该基于行业的最佳实践实施，本章后面部分将详述这一点。

注意： 有时在处理和管理密钥时，会使用术语公钥基础设施(PKI)。PKI 是一种程序、处理程序、通信协议和公钥加密的框架，它能使不同的群体安全地通信。

用于上传数据的连接也应该是安全的，最好使用 IPsec 或 TLS(1.2 或更高版本)VPN 解决方案。

注意： 虽然 TLS 取代了已过时的 SSL 标准，但在许多 IT 环境中仍然使用 SSL，从业者可能还会看到术语 SSL 和所使用的技术。

注意： 无论数据具体来自何处(通过远程访问在云数据中心还是在用户位置)，创建阶段都需要进行第 3 章 "数据分级" 中所述的所有活动：分类和分级；标签，标记和标志；分配元数据，等等。

4.1.2　存储

从云数据生命周期简图中可以看到，"存储" 阶段发生在 "创建" 阶段之后，"使用" 和 "共享" 阶段之前。这表明存储通常指短期存储(而不是 "归档" 阶段，归档显然是长期存储)。

基于组织的目的，存储阶段的活动常被认为几乎与创建阶段的活动同步。也就是说，数据被创建时，将同时被存储。从这个角度看，已经介绍了这时应该发生的活动：静态加密用于减轻云服务提供商内部的威胁，传输加密用于减少移动到云数据中心时的威胁。

4.1.3　使用

在 "使用" 阶段，组织执行活动的机制与传统 IT 系统中相同。云环境中的操作将需要远程访问,因此这些连接都必须被安全保护,通常使用加密隧道方式进行安全保护。

使用阶段的数据安全还需要考虑其他操作方面的问题。当用户连接到云平台时也必须得到保护;在"自带设备办公(BYOD)"环境中,这将需要一个整体的方案,因为安全从业人员永远不能确定用户拥有什么设备。必须培训用户理解云计算带来的新风险,以及用户将如何以安全方式使用技术(例如,分配给用户的 VPN、DRM 和/或 DLP 代理)。数据所有者还应该注意限制修改和处理数据的权限;用户权限应仅限于"执行分配给他们的任务"所需的功能。很多情况下,无论在云环境还是传统环境中,以任何方式篡改数据时,日志和审计跟踪都是重要的控制手段。

在云服务提供商方面,为达到安全使用的目的,需要在实施虚拟化时提供强有力的保护;云服务提供商必须确保虚拟主机上的数据不被同一设备上的其他虚拟主机读取或检测到。此外,正如已经多次提及的(后面还将重申),云服务提供商必须实施人员和管理性控制措施,确保数据中心人员不能访问任何原始客户数据。

4.1.4　共享

尽管全球协作(Collaboration)是云计算提供的强大功能,但使用云计算全球协作的同时,也带来了巨大风险。就像云用户可位于地球的任何地方一样,外部威胁也可位于地球上的任何地方。

前几个阶段实施的许多安全控制措施(如加密文件和通信、DRM 解决方案等)在这里同样有效。组织还必须根据司法管辖权确定共享(Share)限制,可能需要根据监管的规定来限制或防止数据被发送到某些地点。这些约束条件可以是出口管制或进口控制的形式,因此,安全专业人员必须熟悉共享组织数据的所有地区的这两种控制形式。

> ⊕ **真实世界场景**
>
> **出口和进口限制**
>
> 以下是安全从业人员应该熟悉的数据进出口限制:
>
> **国际武器运输条例(ITAR)** 美国国务院禁止国防方面的出口;可以包括加密系统。
>
> **出口管理条例(EAR)** 美国商务部禁止军民两用物品出口(技术可以用于商业和军事目的)。
>
> 以下是安全从业人员应该熟悉的进口限制:
>
> **密码学(各种形式和类型)** 许多国家限制进口密码系统或已加密材料。在与一个有密码限制的国家做生意时,安全专家有责任认识和理解这些本地强制性规定。
>
> **《瓦塞纳协定》** 41 个成员国同意相互通报向非成员国运送常规军事物资的情况。《瓦塞纳协定》不是条约,因此没有法律约束力,但为了保持遵守《协定》,需要所在成员国的组织通知各自的政府部门。

云客户还应该考虑在共享阶段实施某种形式的数据输出监测；这将在本章后面的 4.3.4 节讨论。

4.1.5 归档

这是长期存储的阶段，在规划数据的安全控制时，一定要考虑到这是个较长的时间阶段。

像大多数数据相关的控制措施一样，**密码学(Cryptography)**是一个重要的考虑因素。密钥管理是至关重要的，因为管理不善的密钥会导致数据额外的暴露或全部损失。如果密钥存储不当(特别是与数据一起存储)，将增加损失的风险；如果密钥与数据分开存储但管理不妥或丢失，将没有有效的手段来恢复数据。

 注意：密码学需要注意的一个方面是椭圆曲线加密(ECC)。这种公钥加密方法使用的密钥比传统加密小得多，以提供相同级别的安全性。ECC 使用代数椭圆曲线，这使得密钥更小，可以提供与传统密钥加密中使用的更大密钥相同的安全级别。

长期存储中数据的物理安全性也很重要。在选择存储位置时，需要权衡物理安全方面的风险和收益：

位置(Location)　数据存储在哪里？哪个位置的环境因素(自然灾害、气候等)会带来风险？司法管辖权方面(地方和国家法律)有什么考虑？距离归档位置有多远？应急行动期间(例如，发生自然灾害时)是否可以访问数据？距离是否足够远，以防止突发事件影响生产环境，同时是否足够近，从而在事件发生时可以获取到数据？

格式(Format)　数据是否存储于某些物理介质，如磁带备份或磁存储器？介质是可便携的，需要额外的防盗控制吗？这种介质会受到环境因素的影响吗？需要将这些数据保存多长时间？当需要时，数据还能以生产环境的硬件可以访问的形式使用吗？

 注意：想想过去存储数据的所有古老的介质格式、这些格式的成本和现在要找到能访问这种数据格式的硬件的复杂性：Jaz 磁盘、Zip 磁盘和 Colorado 磁带备份系统，等等。目前使用的格式会很快过时吗？需要将这些数据提取并变成未来的硬件的格式吗？

工作人员(Staff)　在存储岗位工作的人员是由组织雇用的吗？如果不是，云服务提供商是否为了满足组织的目的，而实施了一整套人员控制措施(背景调查、可信调查与持续监测，等等)？

流程(Procedure)　如何在需要时恢复数据？数据是如何定期归档的？多久做一次全备份？增量备份或差异备份的频率是多少？

　　云端的归档阶段活动主要取决于是否在云环境中进行备份，是否为备份和生产环境使用相同的云服务提供商，或者，是否为二者使用不同的云服务提供商。组织必须考虑的因素与传统环境中相同，但也要确定组织在云服务提供商的云环境中能否根据合同条款采用相同的决策。这些活动将如何监测？将如何执行？

4.1.6　销毁

　　第 3 章讨论了传统环境和云环境的销毁(Destroy)选项。经过确认，**加密擦除技术(Crypto-Shredding)**是云环境下目前唯一可行的和彻底的方法。

4.2　云存储架构

　　在云环境中存储数据的方法多种多样，各有优缺点。这些方法既适用于更大的组织需求，也适用于个人用户数据的云存储。

4.2.1　卷存储：基于文件的存储和块存储

　　通过卷存储(Volume Storage)，客户被分配到云端的一个存储空间；这个存储空间被表现为连接到用户虚拟机的驱动器。从客户的角度看，虚拟驱动器的执行方式与连接在实物设备上的物理驱动器非常相似；实际位置和内存地址对用户而言是透明的。

　　卷存储体系架构可采用不同的形式；云计算专业人士之间有大量的讨论，讨论哪种类型的卷更为可取：**文件存储(File Storage)**还是**块存储(Block Storage)**。

　　文件存储(又称"文件级存储"或"基于文件的存储")　数据的存储和显示与传统环境中的文件结构一样，例如，文件和文件夹具有相同的层次结构和命名功能。文件存储架构随着云技术、大数据分析工具和流程变得越来越流行。

　　块存储(Block Storage)　文件存储有文件夹和文件的层次结构，而块存储是一个空白卷，客户或用户可将任何内容放入其中。块存储更灵活，性能更高，但块存储需要大量的管理，可能需要安装一个操作系统或其他应用系统来存储、排序和检索数据。块存储可能更适用于一个卷的情形，存储包含多种形式和类型的数据，例如企业备份服务。

　　卷的存储架构可包括**纠偏编码(Erasure Coding)**冗余技术，这基本上是在云中实现RAID 阵列数据保护解决方案的一种手段。卷存储可在任何一种云服务模式下提供，但往往与 IaaS(基础架构即服务)相结合。

4.2.2 基于对象的存储

顾名思义，在对象存储中，数据被存储为对象，而不是文件或块。对象不仅包括实际的生产内容，还包括描述内容和对象的元数据，以及用于在整个存储空间中定位特定对象的唯一地址标识符。

对象存储体系架构允许进行大量描述，包括前面提到的标记、标签、分类和分级规范。这也增强了索引能力、数据策略执行能力(如第 3 章描述的 IRM)和 DLP(见 4.3.4 节)，促进了一些数据管理功能的集中化。

再次重申，任何一种云服务模型都可包含对象存储架构，但对象存储通常与 IaaS 相结合。

4.2.3 数据库

与传统数据库(Database)一样，云环境中的数据库为存储的数据提供某种结构。数据将根据数据本身的特性和元素进行安排，包括唯一标识数据的主键特性。在云端，数据库通常是数据中心的后端存储，云用户通过浏览器利用在线应用或 API 访问这些数据。

数据库可在任何云服务模式下实现，但数据库最常见的配置是与 **PaaS(平台即服务)**和 **SaaS(软件即服务)**一起工作。

4.2.4 内容分发网络

内容分发网络(Content Delivery Network，CDN)是一种数据缓存形式，通常靠近使用频率较高的地理位置，提供用户经常请求的数据副本。组织为什么想要使用 CDN? 最佳示例是在线多媒体流服务：流媒体服务提供商不是将数据从数据中心横跨大陆传输给不同位置的用户，而将最常被请求的媒体数据副本存放在靠近特定城市地区的位置，在这些位置经常有访问需求，从而可以提高带宽和交付质量。

4.3 云数据安全的基本策略

正如一些技术使云计算成为一个整体一样，还有一些技术和实践使数据安全在云环境中成为可能，从而使云计算变得更加实用和可靠。

4.3.1　加密技术

云计算对加密(Encryption)有着巨大的依赖性，这一点不足为奇；安全从业人员可能已经注意到，到目前为止，本书已多次以不同形式提到过加密技术。

加密技术将用于保护**储存的(Data at Rest)**、**传输中的(Data in Transit)**和**使用中的(Date in Use)数据**。加密技术将用于在远程用户端创建安全的通信连接，这样，云客户企业可保护自己的数据，云服务提供商可确保数据中心内的各个云客户不会意外地访问彼此的数据。

实际上，如果没有加密技术，就不可能以任何安全的方式使用云计算技术。

前面已经介绍了一些加密技术实现细节，后续章节还将在云计算的各个方面继续讨论这一点。本节只关注在云端加密的两个特定主题：密钥管理和同态加密(一种实验性加密实现)，后者可能在云中创建全新的安全和信任水平。

1. 密钥管理

正如前面所提到的，加密密钥的存储方式和位置将以多种方式影响数据的整体风险。关于云计算的密钥管理(Key Management)，这里有一些事情需要牢记并考虑：

保护水平(Level of Protection)　对于加密密钥的保护，必须和被加密数据保持相同的安全水平或使用更高的安全水平。根据组织的数据安全策略，数据的敏感性决定了这个保护水平。自始至终都应该记住，只有当私钥未被泄露时，密码系统的强度才是有效的。

注意：有时数据库使用透明加密，其中数据库的加密密钥存储在数据库本身中。

注意：硬件安全模块(Hardware Security Module，HSM)是一种可以安全地存储和管理加密密钥的设备，可用于服务器、数据传输和日志文件中。如果实施得当，它比在软件中保存和存储密钥要强大得多。

密钥恢复(Key Recovery)　虽然安全人员不应该随意访问用户的密钥，但可能需要在特定情况下为特定用户恢复密钥。这可能是因为用户被组织开除，或者死亡，或者丢失了用户的密钥。需要有获取该密钥以访问数据的技术和流程。通常，这需要一个涉及多个人的流程，每个人只能访问密钥的一部分。

密钥分发(Key Distribution)　为密码系统分发密钥是困难且充满风险的。如果密钥管理过程需要一个安全连接来启动密钥创建过程，如何在没有密钥的情况下建立安全会话呢？通常，利用带外通道传送密钥是更好的做法，然而这种做法也是麻烦与昂贵的。此外，密钥永远不能以明文形式传递。

密钥撤销(Key Revocation)　如前所述，安全从业人员会因为很多原因希望终止用户对企业的访问；因此安全人员需要这样一个流程。

密钥托管(Key Escrow)　许多情况下，由受信任的第三方在安全环境中持有密钥副本是可行的，这有助于完成本节中列出的其他许多密钥管理工作。

外包密钥管理(Outsourcing Key Management)　密钥不应该和密钥所保护的数据一起存储，也不应该允许那些既没有授权也没必要知道该数据的人随时对可用的密钥进行物理访问，因此，在云计算中，最好将密钥存储在云计算服务提供商的数据中心之外的某个地方。一种解决方案是在组织内部托管密钥，但这需要昂贵复杂的基础架构和技术娴熟的员工。这会抵消把企业托管到云服务提供商带来的一些好处(降低成本)。另一种选择是使用云访问安全代理(CASB)。CASB 是第三方供应商，为云客户提供 IAM 和密钥管理服务；利用 CASB 的成本要比试图在组织内部保管密钥低很多，而且 CASB 拥有大部分云客户不具备的核心竞争力。

注意：无论云客户选用 CASB 还是采用其他密钥管理方式，最好的解决办法是不要把密钥存储在云服务提供商处。

2. 同态加密

同态加密(Homomorphic Encryption)是一种发展中的技术，其目的是允许在不需要先行解密的情况下处理加密的数据。这对云计算领域是一个巨大的好处，因为远程用户可在本地加密数据，将数据以加密密文的形式上传到云端，远程访问仍然是加密的，仍在加密状态下操作和使用数据。通过这种方式，云服务提供商(以及云数据中心中的所有人员)和任何试图拦截用户和云之间通信的人将永远不会有机会以明文形式查看数据。

再次重申，同态加密仍处于研究阶段，尚不能在生产环境中使用。然而，无论如何，作为领域中一个有吸引力的发展方向，还是很值得研究的。

4.3.2　遮蔽、混淆、匿名化和令牌化

由于云端的其他用途，安全从业人员可能发现需要对真实数据进行模糊化，改变数据的表现形式。安全从业人员使用本节标题中的术语来描述这项工作。

下面是一些安全从业人员想做的事情的示例：

测试环境　新软件部署到生产环境前，应该在沙箱(Sandbox)环境中进行测试。在执行这类测试时，不应该在沙箱中使用实际的生产数据。然而，为确定系统的真实功能和性能，可使用与生产数据具有某些相同特征和特性的数据。

实施最小特权 最小特权的概念是限制用户仅拥有执行任务所需的许可和访问权限。某些情况下，这可能意味着允许用户访问数据集的元素而不暴露其整体性。例如，客户服务代表可能需要访问客户的账户信息，在屏幕上显示该信息，但该数据可能是客户总账户细节的摘要版本。

安全的远程访问 当顾客登录到 Web 服务时，顾客账户可能以类似于最小特权示例的方式显示某些数据的摘要。屏幕可能显示客户的某些偏好，但你可能不希望显示顾客账户数据的某些元素，例如付款或个人信息，以避免会话劫持、盗窃凭证或偷窥等风险。

那么这些活动是如何进行的呢？下面这些技术可用于对数据进行模糊化，以便在云环境中使用。

随机化(Randomization) 用随机字符替换全部数据或部分数据。通常，和大多数模糊数据一样，你希望保留其他特性(除了显示实际数据)，如字符串长度、字符集(无论是字母还是数字，是否有特殊字符，是否有大写/小写)等。

散列(Hashing) 使用单向加密函数创建原始数据摘要。使用散列算法对数据模糊化后可保证数据不可恢复，也可用它进行完整性检查。然而，由于散列将可变长度的消息转换为固定长度的摘要，因此丢失了原始数据的许多属性。

打乱(Shuffling) 在同一数据集合内用不同的条目来表示数据。因为使用实际的生产数据，这有明显的缺点。

遮蔽(Masking) 用无用的字符隐藏数据；例如，只显示社会安全号码的最后四位数字：xxx-xx-1234。可在前面提到的示例中使用该方法，客户服务代表(或客户)获得对账户的授权访问，但希望隐藏部分数据以获得额外的安全性。

空值(Null) 在显示前从中删除原始数据，或显示空值。

术语**混淆**指的是为了保护数据或数据的子对象而应用上述任何技术使数据的意义、细节或可读性降低。例如，可以使用屏蔽或匿名来混淆数据，这将在本节中进一步讨论。

模糊可以在静态或动态配置中完成。使用静态技术，将创建一个新的(具象的)数据集，作为原始数据的副本，并且只使用模糊的副本。在动态方法中，正如前面所描述的示例一样，数据在调用时是模糊的：向客户服务代理或客户授予访问权，但是在向他们提供数据时，数据是模糊的。

我们可能还想为数据添加另一层抽象，以降低从其他普通元素收集敏感信息的敏感性。例如，即使我们在给定的数据集中模糊了一个人的名字，但如果我们允许访问其他信息，比如年龄、位置和雇主，那么就有可能在不直接访问该字段的情况下确定该姓名。

删除泄密的非特定标识符称为**匿名化**，有时也称为**反识别**。匿名化可能很困难，因为敏感数据在创建时必须被识别并标记为敏感数据；如果用户将数据输入到开放字段(自由输入)，那么确定灵敏度可能并不简单。此外，指示敏感性的标记创建了可能对攻击者有价值的元数据。

令牌化是涉及两个不同数据库的做法：一个数据库中存储的是活动的、实际的敏感数据，另一个数据库存储的则是映射到该敏感数据中每个片段的抽象令牌。在这种方法中，调用数据的用户或程序由令牌服务器进行身份验证，令牌服务器再从令牌数据库提取对应的令牌，然后从生产数据的真实数据库中调用映射到该令牌的实际数据，并将这数据呈现给用户或程序。令牌化会增加流程的开销，但也增加了安全性，并可能减轻组织对加密的需求或依赖(例如，PCI DSS 允许令牌化，而不是对敏感的持卡人数据进行加密)。为了使令牌化能够正常工作，令牌服务器必须具有强大的身份验证协议。通过以下步骤，可以更清楚地了解其工作原理，如图4.2 所示。

(1) 用户 1 创建了一段数据。

(2) 数据通过 DLP/发现工具运行，根据组织的规则来确定数据是否敏感(在本例中，数据是 PII)。如果数据被认为是敏感的，则将数据推到令牌数据库。

(3) 数据被令牌化；原始数据被发送到 PII 服务器，而表示该数据的令牌则存储在令牌数据库中。令牌将原始数据表示为一种逻辑地址。

(4) 另一个用户请求数据。该用户必须经过严格的身份验证，这样系统才能确定是否应该授予该用户访问数据的权限。

(5) 如果用户进行了正确的身份验证，则将该用户的请求放入令牌数据库中。

(6) 令牌数据库查找所请求数据的令牌，然后将该令牌提供给 PII 数据库。原始数据不存储在令牌数据库中。

(7) PII 数据库根据令牌返回原始数据。

(8) 原始数据被传递给请求用户。

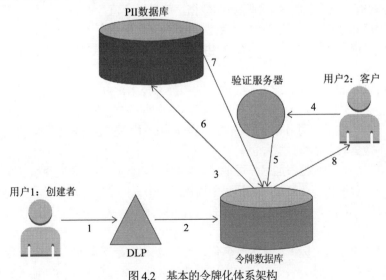

图 4.2　基本的令牌化体系架构

4.3.3　安全信息和事件管理

安全从业人员使用持续监测工具来了解 IT 环境中的系统和安全控制如何运作、检测异常活动以及执行策略。大部分持续监测工作以日志的形式出现：当活动发生的时候进行记录，这些日志有些来自执行监测的专业化设备，有些来自操作系统本身(带有集成的日志功能)。

为更好地收集、管理、分析和显示日志数据，为满足这一目的而开发的一系列专业工具已在信息安全行业流行起来。由于没有公认的标准，存在多种术语名称，如安全信息管理、安全事件管理、安全信息和事件管理，或者是这些名称的组合(包括缩写，如 SIM、SEM 和 SIEM，以及各种发音)。

区分每个名称没什么意义。下面将讨论这个工具系列的常见用途，并将它们统称为安全信息和事件管理(Security Information and Event Management，SIEM)。

SIEM 实施目标包括以下内容。

集中采集日志数据　因为日志可从诸多来源(工作站、OS、服务器及网络设备等)中提取，所以，有一个地方将日志聚集起来进行额外处理是有益的。即使没有其他功能，这里也简化了持续监测环境的人员的活动管理和分析工作。但这样做的确产生了额外风险，把所有日志数据放在一个地点，会使这个地点成为对攻击者非常有吸引力的目标，因此实施的任何 SIEM 都需要额外的安全控制层。

增强分析能力　日志分析是一个索然无味且不断重复的任务，需要特殊的技能和经验，不适合作为全职任务(分析师整天盯着相同的数据集和数据源，日复一日，会对活动习以为常，从而产生松懈；而不经常观察从环境中获取的数据的分析员往往不熟悉基准，因而不能识别异常行为)。一些可解决日志分析问题的方法是使部分过程自动化。除了其他功能(例如基于大型数据集的高级趋势检测)，SIEM 工具还应当具备这种能力。但有一件事情要记住，大多数自动化工具将无法识别一组特定的攻击模型，即"低频缓慢"型持续威胁(高可持续性渗透攻击，APT)，这种威胁可能持续数周或数月的时间，而且没有显著的指标，因此可能会与背景环境互相掩盖，自动化分析工具将无法发现。

仪表盘　管理层通常不熟悉 IT 功能，更不理解 IT 安全。SIEM 往往提供了一些图形化的输出显示，让管理者可更加简明直观地迅速掌握环境情况。

自动响应　一些 SIEM 包含自动预警和响应功能，可根据策略和环境进行编程。

警告: 像日志一样，当专业安全人员查看 SIEM 产生了什么信息时，SIEM 才是有用的；仅有执行安全功能的盒子固然好，但只有相关人员获得 SIEM 所提供的信息时，SIEM 才能真正为组织提供价值，不然 SIEM 只是被破坏的环境的另一块创可贴而已。

4.3.4 出口的持续监测(DLP)

另一组流行工具是进行出口的持续监测，指的是数据离开生产环境时检查它们。这些工具通常被称为 DLP，DLP 可代表"数据丢失、泄露预防和保护(Data loss, Leak prevention, and Protection)"等术语的任意组合，统称为 DLP。

像 SIEM 一样，DLP 解决方案一般有几个主要目标。

额外的安全性　DLP 可作为纵深防御战略中的另一个控制，也可作为降低数据意外泄露或恶意披露可能性的最后一个机制。

策略执行　当用户(无意或有意地)执行违反组织策略的行为时，用户将被 DLP 警告。

加强持续监测　可设置 DLP 工具，为组织的持续监测套件提供更多日志流。

法律法规合规　DLP 解决方案可识别特定类型和种类的数据，并可相应地控制这些数据的传播，以便更好地遵守强制监管规定。

注意：DLP 解决方案通常可连接到 IRM 工具，从而允许对知识产权进行额外控制。

DLP 工具可以多种方式运行，但一般就是识别数据、监测活动和执行策略。

识别数据任务可以是自动化的、手动的，也可以是两者的组合。该工具可搜索组织的整个存储卷和生产环境，把数据和已知模板相匹配；例如，DLP 可搜索长度为 9 个字符的数字字符串，以检测社会安全号码。DLP 还可用于云数据生命周期"创建"阶段，对数据所有者指定的数据进行分类、分级，以及分配标签和元数据。DLP 也可使用关键字搜索组织已知的、目的敏感的特定信息。

持续监测任务可在网络出口处(在传统系统中，出口为 DMZ；在云环境中，则为面向公众的设备)实施，也可在生产环境中处理数据的所有主机上实施。后一种情况下，DLP 解决方案通常包括安装在用户工作站上的本地代理。

执行机制有多种。当用户执行违反策略的活动时(例如，发送包含本组织认为敏感的数据的电子邮件附件)，DLP 可设置为向管理人员或安全人员报警。如果组织重点防止意外泄露(而不是恶意活动)，DLP 可能只是警告用户。但当用户发送的电子邮件包含敏感数据，并确认真正发送时，DLP 的动作将更严厉，可能阻止用户发送附件、锁定用户邮箱账户，并向管理人员或安全人员报警。该组织可根据组织的需要调整 DLP 的动作行为。

然而，在云环境中实施 DLP 相当困难而且费用高昂。一方面，云服务提供商可能不允许云客户对数据中心环境拥有足够的访问权限(管理权限和安装所需系统的权限)，这使得配置和使用难以成功。另一方面，使用 DLP 会显著增加处理开销，所有的持续监测和控制功能都有处理成本。

4.4　小结

本章讨论云环境中的数据生命周期，以及每个阶段的具体安全挑战。研究了可能在云端实现的不同数据存储架构，以及哪种服务模型最适用于哪类数据存储架构。讨论了密码学，包括密钥管理的重要性和难点，以及将来使用同态加密的可能性。列举了几个案例来说明为什么要遮蔽原始数据，为什么只在操作过程中显示所选部分；还讨论了执行该任务的各种方法。回顾了 SIEM 解决方案，讲述实施 SIEM 的原因和方式，并讨论与使用 SIEM 相关的一些风险。最后讨论数据输出的持续监测，讲述 DLP 工具的工作方式，以及在云环境中部署 DLP 解决方案时可能遇到的具体问题。

4.5　考试要点

理解与云数据生命周期的每个阶段相关的风险和安全控制。每个阶段都有自身的风险，这些风险通常与特定的安全控制集或类型相关。

理解进出口限制如何影响信息安全领域。应该熟悉 ITAR 和 EAR。

理解各种云数据存储架构。能区分文件存储、块存储、数据库和 CDN。

理解云中实现加密的原因和加密方式。理解密钥管理的基本要素，特别要知道，加密密钥不应该与被加密的数据存储在一起。了解新兴的"同态加密"技术，以及如何在将来使用同态加密在不必先解密的情况下处理加密数据。

熟悉模糊数据的处理方法。了解数据遮蔽、隐藏、匿名和标识化等不同技术。

熟悉 SIEM 技术。理解实施 SIEM 的目的，以及与使用这些解决方案相关的挑战。

理解出口持续监测的重要性。熟悉 DLP 解决方案的目标、DLP 的实现方式，以及云客户在云数据中心尝试实现 DLP 所面临的挑战。

4.6　书面实验题

在附录 A 中可以找到答案。

1. 下载 ISACA 关于 DLP 的白皮书并阅读。www.isaca.org/Knowledge-Center/Research/Researchdeliverables/Pages/Data-Leak- Prevention.aspx

2. 总结上述白皮书中的图 1 所列出的操作风险，篇幅不超过一页。

4.7 复习题

在附录 B 中可以找到答案。

1. 以下所有术语都用来描述模糊原始数据，使得只有一部分数据是为了操作目的而显示的方法，除了_____。

    A. 令牌化   B. 数据发现

    C. 混淆   D. 遮蔽

2. SIEM 解决方案实现的目标包括以下各项，除了_____。

    A. 日志流的集中化   B. 趋势分析

    C. 仪表盘   D. 性能增强

3. 实施 DLP 解决方案的目标包括以下所有内容，除了_____。

    A. 执行策略   B. 弹性

    C. 数据识别   D. 减少损失

4. DLP 解决方案有助于阻止由于_____造成的损失。

    A. 随机化   B. 无意泄露

    C. 自然灾害   D. 设备故障

5. DLP 解决方案可帮助阻止由于_____造成的损失。

    A. 恶意泄露   B. 性能问题

    C. 错误的策略   D. 电力故障

6. 可能在先不解密的情况下处理加密数据的实验性技术是_____。

    A. AES   B. 链路加密

    C. 同态加密   D. 一次性密码本

7. 恰当地实施 DLP 解决方案的正确功能需要_____。

    A. 准确的数据分类   B. 物理访问限制

    C. USB 连接   D. 物理存在

8. 令牌化需要两个不同的_____。

    A. 双因素身份验证   B. 数据库

    C. 加密密钥   D. 人员

9. 数据遮蔽技术不能提供_____。

    A. 安全远程访问   B. 执行最少权限

    C. 在沙箱环境中测试数据   D. 对特权用户的身份验证

10. DLP 可与_____相结合，以加强数据控制。

    A. IRM   B. SIEM

    C. Kerberos   D. 虚拟机管理程序

11. 美国国务院对技术出口的控制是_____。

    A. ITAR(国际武器贸易条例)

    B. EAR(出口管理条例)

    C. EAL(信息安全产品测评认证级别)

    D. IRM(信息版权管理)

12. 美国商务部对技术出口的控制是_____。

    A. ITAR(国际武器贸易条例)

    B. EAR(出口管理条例)

    C. EAL(信息安全产品测评认证级别)

    D. IRM(信息版权管理)

13. 在云中存储的加密数据的加密密钥应该_____。

    A. 至少 128 位长

    B. 不在同一个云服务提供商处存储

    C. 分成几组

    D. 产生冗余

14. 密钥管理的最佳实践包括以下所有内容，除了_____。

    A. 有密钥的恢复过程

    B. 维护密钥安全

    C. 以不同的渠道进行密钥分发

    D. 确保多因素身份验证

15. 应当使用_____保护密钥。

    A. 以至少与它们能解密的数据一样高的安全防护级别

    B. 保险库

    C. 警卫

    D. 双人完整性

16. 在制定数据归档的计划和策略时，我们应该考虑以下所有内容，除了_____。

    A. 档案位置　　　　　　　　　　B. 备份过程

    C. 数据的格式　　　　　　　　　D. 技术的即时性

17. 数据生命周期的各个阶段的正确顺序是_____。

    A. 创建、存储、使用、归档、共享、销毁

    B. 创建、存储、使用、共享、归档、销毁

    C. 创建、使用、存储、共享、归档、销毁

    D. 创建、归档、存储、共享、使用、销毁

18. 云环境中提供 IAM 功能的第三方是_____。

    A. DLP　　　　　　　　　　　　B. CASB

    C. SIEM　　　　　　　　　　　　D. AES

19. 采用文件层次结构来管理数据的云存储架构是_____。

    A. 基于对象的存储　　　　　　B. 基于文件的存储

    C. 数据库　　　　　　　　　　D. CDN

20. 将数据复制到较高需求的位置附近进行缓存的云存储体系结构是_____。

    A. 基于对象的存储　　　　　　B. 基于文件的存储

    C. 数据库　　　　　　　　　　D. CDN

第**5**章 云端安全

本章旨在帮助读者理解以下概念

本章将讨论云计算环境中涉及的各项权利和责任，云服务提供商与云客户之间应该分配的各种权限和责任，每个云平台和服务带来的具体风险以及云端使用的 BC/DR 策略。

5.1 云平台风险和责任的共担

因为云客户和云服务提供商处理的数据属于云客户(至少在某种程度上是这样)，他们将共担与该数据相关的责任和风险。简单来说，这些风险和责任将写入双方之间的服务合同。不过，这个合同将需要经历一个复杂的审议和谈判过程。

虽然云服务提供商和云客户之间将共担风险和责任，但未经授权和非法的数据被披露的最终法律责任仍归属于拥有数据的云客户。根据合同条款，云服务提供商可能在财务上承担全部或部分责任，但最终法律责任属于云客户。这个观点将在本书中反复提及，也会在 CCSP CBK 中反复说明。

举个例子来说明这意味着什么以及如何影响云客户。假设由于云服务提供商的失职，属于云客户的个人身份信息(PII)在未经授权的情况下泄露。为便于论证，还假设合同规定，由于这种失职而导致的财务损失由云服务提供商承担。

根据泄露事件发生地的司法管辖权和 PII 的司法管辖权(即被泄露 PII 的人员所具有公民身份/居住的州或国家)，法规可要求云客户(即数据所有者)承担政府、数据主体或两者的特定财务损失。云客户可能最终从云服务提供商那里获得相应补偿(由于合同和过错)，但政府不会向云服务提供商寻求赔偿。政府将向云客户寻求损失赔偿。政府会向云客户(而非云服务提供商)发出禁令和指令。此外，根据司法管辖权和违规情况，云客户的办公人员(而非云服务提供商的办公人员)还可能面临监禁处罚。

此外，即使云客户受到云服务提供商接受承担财务责任而提供的保护，法律影响也并不是云客户要面临的唯一负面影响。云客户可能受到负面宣传、用户信心丧失、市场份额下降、股价下跌(如果云客户已上市)以及保险费用增加等负面影响。因此，云客户应该意识到，涉及损害赔偿和责任归属的钱款只是风险的一个方面，这对云客户而言是非常重要的。

最重要的是要清楚，即使云服务提供商的失职是由于疏忽或恶意造成的，云客户始终对自己拥有的数据负有最终法律责任。这是一个相当大的风险负担，特别是因为它比我们通常所在的安全行业所面对的标准要高得多。

也就是说，云服务提供商和云客户仍然需要回到合同规定的特定责任和义务条款上来。某种程度上，这将受到服务性质以及云客户购买的服务和模式的驱动。图 5.1 对各类组合进行了通用的渐进式描述。

需要再次说明的是，这不是约定俗成的，只是用于合同谈判的指南。

由于两个观点的存在，这里会存在一些分歧。云服务提供商和云客户最关心的是两个不同的事情。云客户关心数据；云端的数据中心的生产环境是云客户的生命线；违规、失职和可用性缺失是对云客户影响最大的事情。另一方面，云服务提供商主要关心数据中心的安全和运营，这是云服务提供商的核心竞争力，是云服务提供商生存和维持盈利能力的方式。

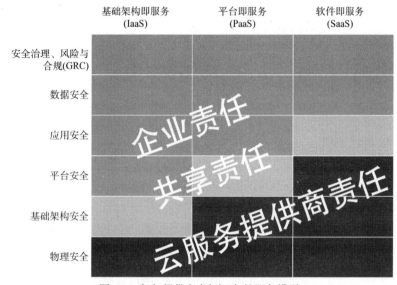

图 5.1　客户/提供商责任矩阵(按服务模型)

因此，云客户会寻求对其数据的最大控制，并试图深入了解数据中心运营能获取的所有管理权利。云客户想要强制推行策略、获取日志数据，并对数据中心的性能和安全性进行审计。

云服务提供商会尽可能限制云客户的访问。云服务提供商不希望受到任何控制，拒绝被深入了解，并避免披露可能用于恶意目的的任何信息，其中包括用于保护数据中心的安全控制列表、程序与实时监测设备及数据。某些情况下，云服务提供商甚至可能不想透露数据中心的实际物理位置，他们认为保密有助于安全。

这就会在谈判中产生对立的态势。双方必须清楚地意识到他们想要寻求的是什么结果，以及获得这些结果的最佳手段。许多情况下，由于云服务提供商了解数据中心的功能和设计，因此云服务提供商会更具优势，在对交易结果的已知和预期方面比大多数云客户要做得好。一般来说，新接触托管服务(特别是云计算)的组织可能无法准确地了解要在谈判中要求什么。因此，缺乏云运营核心技术能力、不熟悉云运营的组织，在最初考虑云迁移以及与云服务提供商进行谈判时，建议考虑求助于外部顾问。

> **云客户、云服务提供商以及相似的术语**
>
> 　　本章特别讨论云客户(雇用云服务提供商管理其数据的公司、个人或其他实体)和云服务提供商(受雇提供服务、平台和/或应用以帮助管理云客户数据的公司)。在现实世界中，你还可能看到诸如数据使用者、数据所有者、数据控制者、数据提供商、数据托管者和数据处理者之类的术语。这些术语都用来描述谁拥有数据和谁处理数据，这些通常都指代云客户和云服务提供商，都是我们将在讨论中用到的术语。

5.2　基于部署模型的云计算风险

　　为准备云迁移和必要的合同谈判(也为了熟悉 CCSP CBK 的相关内容)，有必要讨论每种云部署模式(私有云、社区云、公有云及混合云)。

5.2.1　私有云

　　私有云是只有一个客户的分布式计算环境[与更常见的多租户环境(以公共云为代表)相反]。私有云可以由一个组织实现(运行自己的数据中心，并向其员工、供应商和客户提供云服务)，也可以由提供商托管。

　　在某些情况下，提供商将拥有包含私有云的硬件，托管在提供商的数据中心中。客户将获得对特定硬件组的独家访问权，其他客户不会在这些特定的设备上托管他们的云。在某些情况下，客户实际上是在提供商的数据中心(通常称为 co-lo 或托管中心)内部拥有托管的硬件。

　　对于那些会受到严格监管的行业或需要处理大量敏感信息的客户组织来说，私有云可能是一个更合适的云选择；私有云允许客户指定更详细的安全控制和总体治理级别。当然，这比公有云模型更加昂贵(就支付给提供商的费用而言)，并且会阻碍云的弹性/可扩展性 (理论上可以有无限容量，但实际上私有云的能力上限将取决于客户环境中的专用组件)。所有私有云运营者将面临以下风险。

- **人员威胁**　包括无意和恶意的威胁。如果使用托管提供商/数据中心，提供商的管理员将处于客户控制之外。
- **自然灾害**　所有的部署和服务模型仍然容易受到自然灾害的影响。
- **外部攻击**　这些攻击可以有许多形式，如未经授权的访问、窃听和拒绝服务攻击/分布式拒绝服务攻击等。
- **监管不合规**　与公共云模型相比，虽然客户在私有云模型中对配置和控制有更多的控制权，但监管仍然会强制执行。
- **恶意软件**　这可能被视为外部或内部的威胁，具体取决于感染的来源。

这些风险都不是私有云特有的，但拥有更大程度的控制和特殊性可以为客户在对抗这些风险时提供更大程度的保证。

5.2.2 社区云

在社区云形态中，在组织之间共享和分散资源。基础设施的拥有和/或运营方式包括：共同的、单独的、集中的、跨社区的或这些选项的任意组合。

这种部署模式带来了好处，但也相应地引入了下述风险。

- **通过共享所有权获得弹性**　由于网络所有权和运营分散在用户之间，这样的环境更可能在大量节点受损的情况下幸存下来，而不影响其他节点。然而，这引入了额外风险，因为每个节点都有自己的入口点，任一节点中的漏洞都可能导致对其他节点的入侵。这当然意味着几乎无法实现(且很难执行)统一的配置管理，也无法获得统一的基线。分散式的所有权也带来了策略和管理方面的分散式决策。
- **成本分担**　社区成员分担基础架构的开销和成本，然而，访问和控制措施亦是如此。
- **不需要对性能和监测进行集中化管理**　这样做可消除集中化管理带来的许多负担，但也失去了质量标准统一的集中化性能和安全监测所带来的可靠性。

🌐 **真实世界场景**

在线游戏作业——一个社区云

在线游戏是社区云模型的一个很好的例子。每个玩家都有自己的设备(控制台或电脑)。个人玩家负责设备的购买，维护设备，建立/维护到互联网的连接。每个玩家也可以在任何他们想要的时候自动断开他们自己的设备(如果他们愿意，甚至可以毁掉自己的设备，因为他们完全拥有这个设备)。

然后，通常游戏设置中会涉及一个集中的标识和访问管理(IAM)节点。某些实体(如微软或索尼)为每个玩家验证身份/权限；该实体对 IAM 功能拥有完全控制权/所有权，并且必须为创建/维护该节点付费。单个玩家登录到集中的 IAM 节点，以便访问共享的游戏环境。

最后，通常还有另一个不同的实体，那就是游戏主机；它们运行服务器来处理经过验证的玩家之间的在线交互。这些后端游戏主机由游戏主机(通常是游戏制造商或分销商)全资拥有和维护。

每个实体都对自己的组成部分和参与社区负责；每个人都是自愿参加的，可以随时离开。根据参与者在交互中的角色，在参与者之间共享所有权、处理和存储。

5.2.3 公有云

这是 CCSP CBK 最关注的部署模式，也是最可能为最大数量的云客户提供最大收益的模式。在公有云中，一家公司向任何想要成为云客户的实体(无论是个人、公司、政府机构或其他组织)提供云服务。

公有云中同样存在许多在私有云中存在的风险：人员威胁(无意和恶意)、外部威胁、自然灾害等。基于与社区云相似的原因，其中一些风险能在公有云中得到消除，例如，分布式基础架构、共享成本费用以及对管理能力要求的降低。但这些好处也给公有云带来了额外风险，组织将失去控制、监督、审计和强制执行能力(即私有云能提供的能力)。

此外，还必须考虑公有云带来的一些独特风险。见下面的讨论。

云服务供应商绑定

将生产环境的控制权和数据转交给外部方时，组织会开始对该云服务提供商产生依赖性。将数据从云服务提供商的数据中心移出的费用和麻烦可能给组织造成损害，如果组织在合同期限结束前选择这样做，损害将更大。在某种意义上，这使组织成为云服务提供商的人质。同时，只要云服务提供商认为时机合适，云服务提供商就可以降低服务水平和/或提高价格。需要重点强调的是，这并不是常见的事情。我们并非暗示云服务提供商恶意诱骗客户，执行对客户不利的操作。然而，依赖性确实带来了这种可能性，依赖性是一种风险。

云服务供应商绑定(也称为云服务提供商绑定)也可能由其他情况引起。例如，如果云服务提供商使用专有数据格式或介质来存储信息，则云客户可能无法将数据移到另一个云服务提供商。如果合同规定，云客户选用另一个云服务提供商时会受到惩罚，那么合同本身也可被视为一种绑定形式，并对云客户造成不必要的负担。另外，云服务提供商绑定也可能是由某种监管限制引起的，这种限制导致组织很难找到能满足特定监管要求的其他云服务提供商。

为避免绑定，组织在考虑迁移时必须考虑可移植性。我们使用术语"可移植性(Portability)"来描述将数据从云服务提供商的数据中心转移出来(无论是转移到另一个云服务提供商，还是转移到私有云)的难易程度。

组织可以采取几种措施增强其数据的可移植性。

- **确保有利于移植的合同条款**。在迁移开始阶段与云服务提供商建立初步协议时，组织就要提早考虑退出策略。云服务提供商环境是否有打折的试用期？对于提前转移(中止合同)的惩罚是什么？合同期限结束时，将数据转移到另一个云服务提供商是否存在任何合同方面或执行方面的困难？可参见下面的真实世界例子"歧义是可怕的！"

- **避免专有格式** 除非原始数据可在另一云服务提供商的站点以可用格式进行恢复，否则不要与云服务提供商签约。这可能涉及在转移数据之前使用某种形式的转换，如果客户选择转移，那么转换应该是简单且廉价的。
- **确保转移没有物理限制** 确保离开时，前云服务提供商的带宽足以转移组织的整个数据集合，新的云服务提供商可处理这个量级的数据导入。
- **检查监管限制** 应有多个云服务提供商可处理组织的特定合规性需求。如果需求非常独特且具有限制性(例如，组织是用信用卡付款的医学院，将需要同时遵守 FERPA、PCI 和 HIPAA)，那么云服务供应商的数量可能是非常有限的。

🌐 真实世界场景

歧义是可怕的

这是一个关于公有云服务提供商的案例，合同中规定了一组每月最大上传/下载量的参数，如果任何一个月内超出这些限额，则需要计算额外费用。这是十分常见的，云服务提供商常建立费率，提供适当的资源来满足客户的常规需求，同时允许云爆发。

在合同的其他方面，合同期结束时的离开条款也很详细，包括云客户将其数据从云服务提供商迁离的时间(30 天)。然而，合同并未规定当客户选择离开时，从云服务提供商的空间转出数据的一个月期间，月度使用限额是否有效(以及超出这些限额后如何收费)。

在过渡期间，这些限制看上去不应该执行。否则，云客户怎能正常地离开云服务提供商？假设云客户最大限度地使用该服务，在一年的合同期内每月上传 x 字节数据，则合同结束时存储在云服务提供商数据中心的数据有 $12x$ 字节(每月限额的 12 倍)。如果这些限额仍存在，那么最后一个月内，云客户为转移 $12x$ 字节，将面临庞大的额外费用。

我们永远不要假定任何事情，特别是在制订合同时。因此，这是一个需要在双方签署前，作为合同的修正或补充、以书面形式解决和达成一致的问题。

云服务供应商锁定

另一个与组织失去对数据和生产环境控制相关的情景被称为云服务供应商锁定(或云服务提供商锁定)。锁定的原因可能是云服务供应商被收购，或出于任何原因停止运营而造成云服务提供商无法提供服务。这种情况下，我们关注的是云客户能否继续方便地访问和恢复数据。

我们无法对发生云服务供应商锁定的所有可能原因进行规划。但我们要意识到这种可能性并制定相应的决策。选择云服务提供商时，我们可能考虑的一些因素包括：

- **云服务提供商生命周期。**云服务提供商从业多久了？他们是市场领导者吗？这可能会比其他方面更难评估，因为 IT 是一个极不稳定的领域，新进入者不断涌入，而中坚公司往往在没有任何警告的情况下退出。特别是大规模技术和服务是近年才发展起来的领域，更容易产生重大和意外的动荡。

- **核心竞争力**。云服务提供商可提供组织所需的东西吗？他们能否满足所有服务要求？他们有员工、资源和基础设施来满足组织的需求以及其他云客户的需求吗？一个衡量云服务提供商的实力和合适性的标准是：云服务是该公司的核心业务还是附属业务？

- **司法管辖权的适用性**。云服务提供商在哪个国家、哪个州？这个问题必须包括公司的特许地点和运营地点。数据中心在哪里？其长期存储和备份能力在哪里？组织的数据是否会跨越边界和边境？组织使用此云服务提供商后还能满足所有适用的法规吗？

- **供应链的依赖性**。云服务提供商是否依靠其他任何实体(包括上游和下游)获得关键能力？是否存在必需的供应商、销售商和公用事业设施，一旦缺少，云服务提供商将无法工作？这方面的调查难以进行，除非获得关于云服务提供商的相当数量的披露信息。

- **立法环境**。哪些待定的法规可能影响组织使用该提供商？这可能给云客户带来最大的潜在影响，是最难以预测的。

不是如果，而是何时

有人认为，在考虑云服务供应商锁定时，云服务提供的历史事件记录应该是一个重要的甄别因素。如果一个特定云服务供应商过去被证明易受破坏、遭到攻击或多次故障，这应该成为其未来生存能力的征兆。这可能不是衡量云服务供应商是否合适的最有用方法。相反，一个遭受过安全事件的云服务供应商可能正是你应该考虑的。简单地说，每个人都曾在某种情况下露出破绽，每个系统都会发生故障，每个组织都会遇到安全问题。信息安全专家不应该期待零故障率的环境，应该寻找一个容错的环境。云服务提供商如何应对这些事件？他们做了什么？他们没有做什么？市场(和他们的客户)如何回应云服务提供商的处理？相对于那些声称从未有过安全问题的云服务提供商，安全专家可从云服务提供商过去处理的安全问题中了解到更多东西。

多租户环境

进入公有云意味着进入多租户环境，不会有云服务提供商将一个组织作为唯一客户(事实上，组织应对任何想以这种方式提供服务的云服务提供商保持警惕，这类云服务提供商的规模难以扩大，也不会盈利)。因此，公有云存在其他部署模式不存在的特定风险，这些风险包括以下几点。

- **利益冲突** 管理组织数据和系统的云服务提供商的人员不应该同时与组织的任何竞争对手有关联，即便这些竞争对手也是这个云服务提供商的云客户。云服务提供商应该小心避开这种情况。CISSP CBK 讨论了用于这个目的的信息流模型设计：Brewer-Nash 模型。

- **特权提升**　授权用户可能尝试获取未经授权的权限。这可能包括其他组织的用户。一个获得非法管理权限的用户可能控制那些处理其他客户的数据的设备。

- **信息泄露**　多个云客户通过相同的基础设施处理和存储数据，属于一个云客户的数据可能被另一个云客户读取或接收。即使原始数据未发生这种情况，一个云客户也可能检测到关于另一个云客户的活动迹象的信息，例如，云客户处理数据的时长等。

- **法律活动**　数据中心内的数据和设备可能在刑事调查中被传唤或查封作为证据，或用于诉讼目的中调查的一部分。这是任何云客户都关注的问题，因为特定资产中可能不仅包含以调查/诉讼为特定目标的数据，还可能包含属于其他云客户的数据。换句话说，你的数据可能被查封，因为它与作为执法或原告为目标的另一个云客户的数据在同一个硬件设备中。

> **Brewer-Nash 模型**
>
> 虽然 Brewer-Nash 模型未包括在 CCSP CBK 中(它在 CISSP CBK 中)，但理解它是有用的。它借助数据流的"职责分离"和"最小权限"概念来防止利益冲突。
>
> 由于云管理员的性质，Brewer-Nash 可能是与云计算最相关的模型；在云数据中心内部，为云服务提供商工作的云管理员可对该设施支持的每个云客户进行物理(也可能是逻辑)访问，这可能包括同行业直接竞争的客户。这会带来利益冲突，也是造成腐败的潜在途径。
>
> 可通过正确使用 Brewer-Nash 模型，减少利益冲突可能性、制定支持和实施模型的策略来解决这些问题。

5.2.4　混合云

混合云当然包括组成混合云的各种部署模式具有的全部风险。如果组织准备迁移到混合云，就要考虑前几节讨论的所有风险，这些都适用于所选的特定混合云。

5.3　云计算风险的服务模型

云迁移和契约协商的另一个考虑是每个云服务模型固有的风险。最常见的云服务模型包括基础架构即服务(IaaS)、平台即服务(PaaS)和软件即服务(SaaS)。除了特定于每个服务模型的关注点之外，服务模型还继承了与它们一起使用的部署模型的风险。这篇报道绝不是详尽的或规定性的，只能作为一种手段来通知读者和刺激考虑可能的安全活动。

5.3.1 IaaS

在 IaaS(基础架构即服务)模型中,云客户可以最大限度地控制其资源,这可降低对云服务提供商的依赖度或缺乏对环境的深入了解等问题的担忧。然而,IaaS 模式仍存在风险,尽管这些风险通常并不是这种形态所特有的。

人员威胁 再次重申,恶意或疏忽的内部人员(为云服务提供商工作)可能给云客户造成严重的负面影响,主要原因是他们可以物理访问数据中心内云客户数据所在的设备。

外部威胁 这些包括恶意软件、黑客攻击、拒绝服务攻击、分布式拒绝服务攻击和中间人攻击等。

缺乏特定技能 由于环境中的大量事项需要云客户自行管理,所有访问将通过远程连接,云客户的管理员和员工要在 IaaS 中提供运行和安全功能将面临巨大压力。组织需要具有足够多接受过云环境相关培训的、经验丰富的人员;否则,业务运营将面临相当大的风险。

5.3.2 PaaS

PaaS(平台即服务)模式除了包含 IaaS 模型中的风险外,还具有其他风险。这些风险如下所示。

- **互操作性问题**。由于操作系统将由云服务提供商管理和更新,因此当环境有新的调整时,云客户的软件可能会正常工作,也可能无法正常工作。
- **持续的后门**。PaaS 模型通常用于软件开发和开发运维(DevOps),因为云客户可在云环境的基础架构(硬件和操作系统)上安装任何软件(生产或者测试平台)。这个模型很适合作为新应用的测试平台。它可通过对真实企业所有系统的结构化抽取来模拟生产环境,并通过远程访问功能和可将测试发布于多个操作系统的条件在多个不同平台上测试界面。DevOps 带来所有这些好处的同时,也带来重大风险:最终产品发布后,开发人员留下的后门。后门用于高效编辑和测试用例,以便开发人员不必从头开始运行程序,即可查找要解决的特定功能。然而,如果被恶意方发现和利用,后门也可作为攻击媒介。之前的开发工具会成为日后的零日漏洞。
- **虚拟化**。大多数 PaaS 产品都使用虚拟化操作系统,因此,此模型必须考虑与虚拟化相关的威胁和风险。
- **资源共享**。云客户的应用程序和实例将在其他云客户使用的同一设备上运行,有时会同时运行。必须考虑信息泄露和侧信道攻击的可能性。

5.3.3 SaaS

PaaS 和 IaaS 模型具有的所有风险仍然会在 SaaS(软件即服务)环境中存在,SaaS

具有的额外风险如下。

- **专有格式**。云服务提供商可能以自己拥有的唯一格式收集、存储和显示数据。这可能导致云服务供应商绑定，降低可移植性。
- **虚拟化**。在 SaaS 环境中，虚拟化风险会加剧，会发生更多的资源共享和多租户情况。详情可参考下一节。
- **Web 应用安全**。大多数 SaaS 产品依赖于浏览器访问，具有某种应用编程接口(API)。Web 应用中的潜在弱点会形成各种风险和威胁。

5.4　虚拟化

本书一直在讨论虚拟化的重要性。本节将说明在云环境中使用虚拟化的相关风险。虚拟化中的大部分风险只能通过云服务提供商实施的控制措施来缓解，因此云客户必须依赖合同规定来实施和执行。

- **攻击虚拟机管理程序**。攻击虚拟化实例只能导致成功攻破一个虚拟化工作站的内容，恶意人员可能转而尝试渗透虚拟机管理程序，虚拟机管理程序充当虚拟化实例和它们所在主机资源之间的接口和控制器。

  有两类虚拟机管理程序，分别称为类型 1 和类型 2。类型 1 也称为裸机或硬件虚拟机管理程序，直接驻留在主机上，通常作为可引导软件。类型 2 是软件虚拟机管理程序，它运行在主机设备支持的操作系统上。

  攻击者更喜欢类型 2 的虚拟机管理程序，因为它们具有更大的攻击面。他们可以攻击虚拟机管理程序本身、底层操作系统或直接攻击机器，而对于类型 1 的攻击则仅限于虚拟机管理程序和机器。操作系统比虚拟机管理程序更复杂，可能含有更多漏洞。

- **客户机逃逸**。设计或配置不当的虚拟机或管理程序可能允许用户突破限制，离开自己的虚拟化实例。这称为客户机逃逸或虚拟机(VM)逃逸。已成功完成客户机逃逸的用户可能能够访问同一主机上的其他虚拟化实例，并查看、复制或修改存储在其中的数据。更糟的是，用户可能访问主机本身，因此能影响机器上的所有实例。最糟的情况是被称为主机逃逸(Host Escape)，用户不仅可以离开自己的虚拟化实例，而且可以离开主机，访问网络上的其他设备；这种情况的可能性不大，因为它只会由硬件、软件、策略和人员操作(或这些的有效组合)中一些相当严重的问题引起，但这是一种必须考虑的风险。

- **信息泄露**。这是由于失效或故障引起的另一种风险。一种可能存在的情况是，可通过同一主机上的其他实例，全部或部分地检测到一个虚拟化实例所执行的处理操作。这种风险的有害之处是，能利用的泄露信息甚至不需要是本身的原始数据。它可能只是提示受影响实例上正在发生的处理操作。例如，可能检测到受影响实例上发生了某种操作，并且该操作持续了一段特定时间。这种特定进程的信息可告诉恶意人员关于实例上的安全控制类型或正在进行什么样的操作。这可给攻击者带来一个优势，因为它们有助于将可能的攻击向量列表缩小到仅在那种场景下起作用的攻击向量，或者可以洞悉到成功攻击所能获取的信息类型。

- **数据查封**。法律活动可能导致主机被执法机构或原告律师没收或检查，即使组织不是执行目标，被没收或检查的主机中也可能包括属于组织的虚拟化实例。

可将云数据中心视为类似于传统企业环境中的 DMZ(非军事区)区域。由于云端的所有内容都可远程访问，因此，可将其认为或多或少地暴露于互联网中。不同于私有网络的分隔边界，云环境下可能存在更多连接通道，或者可能被认为根本就没有特定边界。

在下面的章节中将讨论特定云平台的威胁，以及有助于增强云环境使用信心的措施。

5.4.1 威胁

虽然，云环境中的许多威胁与传统操作中所面临的威胁相同，但它们可能以更新颖的方式呈现或构成更大风险。本节将研究私有云、社区云、公有云和混合云模型的威胁。此处的内容并不详尽，也不是规定性的，只能作为一种手段来提示读者和刺激考虑可能的安全活动。

- **恶意软件**。从互联网下载或上传到内部网络的恶意软件可能导致各种问题，包括数据丢失、设备失去控制和操作中断等。在 SaaS 环境中，这不太可能发生，因为客户没有能力安装软件。

- **内部威胁**。这些可能是部分员工或其他被授予访问权限的个人(例如，合同承包商和维护人员)的恶意或意外活动造成的结果。

- **外部攻击者**。组织以外的实体可能因为经济利益、黑客主义、政治目标及感到不满等原因而攻击网络。这些攻击可采取多种形式，施加各种影响，包括拒绝服务攻击、分布式拒绝服务攻击、数据泄露和法律后果、syn 泛洪、暴力攻击等。

- **中间人攻击**。这是描述攻击者将自己置于发送者和接收者之间进行攻击的俗语。它可通过采取简单的窃听方式来获取数据，或可能是一个更先进的攻击，例如，攻击者扮演通信的参与者之一，以进一步获得控制/访问或修改数据流量的能力，将虚假信息或有害信息引入通信。与所有网络仅限于内部用户访问的传统形态相比，私有云的远程访问能力增加了对于这种威胁的暴露。

- **盗窃/丢失设备**。再次强调，远程访问的便捷性与增强的操作能力也带来了额外的威胁。在自带设备办公(BYOD)环境中，用户设备的丢失或被盗尤其可能导致对私有云未经授权的访问和利用。
- **监管违规**。法律法规几乎影响所有的 IT 运营，但私有云增加了组织无法维护合规性的风险。信息传播机会及效率的提高也增加了违反相关法律法规的可能性。
- **自然灾害**。所有运营都受自然灾害的影响，没有任何地理区域能免受这种威胁。有所不同的只是物理位置。物理位置和气候决定了诸如飓风、洪水、火灾、龙卷风、地震、火山爆发、泥石流等灾害的类型和频率。灾难至少以两种方式影响私有云：灾难可能袭击组织的数据中心本身，或是可能袭击为数据中心提供服务的公用设施(如网络服务提供商、电力提供商等)。
- **失去策略控制**。由于所有权分布在社区云中，通常无法实现集中的策略颁布和实施。
- **失去物理控制**。这里再次重申，分布式所有权不仅意味着成本降低，也意味着控制力度的下降。物理控制的缺失意味着物理安全性的降低。
- **审计访问权限不足**。与失去物理控制相关联的是，在分布式环境中进行审计可能也是不切实际或不可能的。
- **流氓管理员**。这是一种更具威胁的内部威胁形式。公有云会带来比基本访问具有更大权限的内部人员以恶意或不负责任的方式行事的可能性。由于公有云服务提供商将管理你的系统和数据，因此，危险分子或粗心的员工可能以网络/系统架构师、工程师或管理员的身份出现，与传统环境中的相应用户相比可能造成更多损害。
- **特权提升**。这是内部威胁类别的另一个延伸。这个类型的威胁是当授权用户为了恶意或操作原因而尝试提高他们的访问/许可级别时发生的情况(不是所有提升特权的尝试都是恶意的，有些用户愿意违反政策，以增加自己执行任务的能力，或者避免繁杂的规则)。这种威胁的可能性在公有云中大大增加，因为用户面对的不是一个治理方式，而是至少两个治理方式——他们自己的组织和相应的提供商。这可能导致请求修改或授予额外访问权限的延迟，从而导致用户尝试绕过策略。
- **合同失效**。较差的合同可能导致供应商绑定、不利条款、缺乏必要的服务以及其他风险，这应该被视为一种威胁。

注意：虽然自然灾害仍会影响公有云架构，但公有云实际上也可以提供一些对于自然灾害的防护，在一定程度上免受自然灾害的影响。事实上，迁移到公有云形态的优点之一，就是利用云服务提供商提供的快速复制、定期备份、分布式、远程处理和存储数据所带来的安全性。

5.4.2 对策

下面将讨论一些可采取的对策，以解决前面提到的各个云部署模式中存在的各种威胁。覆盖的范围并非详尽无遗或规范性的，只是使读者了解一种手段，并进一步激发读者对可能的安全活动的思考。

- **恶意软件**。可在主机设备和虚拟化实例中部署基于主机和基于网络的反恶意软件和代理程序。可为所有用户提供有关恶意软件进入云环境的方法以及如何进行防护的具体培训。不间断地持续监测网络流量和基线配置，可检测到可能受感染的异常活动和性能下降。需要定期更新和打补丁，还可在每次虚拟机启动时对其进行自动检查。

- **内部威胁**。在聘用前，应进行积极的背景调查，简历/参考性材料的确认以及技能知识测试。对于现有员工，应当采用人员管理策略，包括全面和定期的培训，强制休假和岗位轮换，在财务和运营的适当场景下使用双人操作模式。包括职责分离和最小权限的可信赖工作流策略。可使用物理和电子的主动监测程序。对于不需要直接使用原始数据的所有人员，所提供的数据应进行遮蔽和混淆处理。出口监测应包括数据丢失、泄露防范以及保护技术。

- **外部攻击者**。对策包括加固设备、虚拟机管理程序和虚拟机，使用可信赖的安全基线、缜密的配置变更管理协议和强健的访问控制措施，甚至还可外包给云访问安全代理商(CASB)之类的第三方。此外，组织需要了解自己是如何被主体感知到的，这也是很重要的；这类数据可用于威胁评估和识别，并提供一些预测能力，能比被动式威胁处理更及时地响应。威胁情报服务能提供这种能力。

🌐 **真实世界场景**

"保护"与"安全"

2011 年，George Hotz 发布了一个漏洞，这个漏洞可使 PlayStation 3 所有者突破游戏机的内部控制机制并完全控制该设备。在 Hotz 发布该漏洞后，Sony 公司起诉了他。Sony 公司的行为是可以理解的。Sony 公司旨在通过避免 PlayStation 用户违反 DRM 解决方案并侵权来保护品牌。Hotz 的立场同样合理。Hotz 声称，应该允许设备所有者以任何他们认为合适的方式使用设备，以可能被恶意人员滥用作为理由对这样的功能进行防护不应该用于限制那些根本没有这种意图的人。

尽管 Sony 公司有权捍卫其知识产权，但人们认为这次法律行动是被滥用的。Sony 公司是一家拥有庞大资源的跨国巨头，惩罚性地纠缠一个资源有限且没什么恶意的个人。黑客团体 Anonymous 认为 Hotz 是一个值得支持的人，并对 Sony 公司的行为表示不满。一名声称代表 Anonymous 的黑客对 Sony 公司的 PlayStation 网络(PSN)进行了为期 3 天的攻击, 导致 7 700 万 PSN 用户账户信息的泄露(在当时, 是已知的最大的泄露事件)并导致游戏服务的关闭。根据 Sony 公司在新闻报道中的陈述, 最终的攻击造成超过了 1.71 亿美元的损失, 包括收入损失、法律费用和客户赔偿。

很难想象, 失去对 PlayStation 设备的基本控制对 Sony 公司造成的损失远高于黑客造成的损失。当然, 这种行为绝不表明对 PSN 的非法攻击是正当的。然而, Sony 公司未能了解公众对其立场和行为的看法, 使 Sony 公司面临比试图阻止"越狱漏洞"更大的威胁。在处理安全问题时, 即使组织在法律和道德上是正确的, 但客观且全面的视角有助于减轻无意中导致的风险升级。

最终, Sony 公司和 Hotz 达成了庭外和解, 相关条款未对外公开。

- **中间人攻击**。减轻这种攻击的一种方法是加密传输中的数据, 包括身份验证活动。你还可使用和实施安全会话技术。

- **社会工程攻击**。务必加强培训! 使用激励计划(可能包括一次性奖金和荣誉)来鼓励抵御了社会工程攻击的人员, 并将他们的注意力转移到办公室的安全。

- **因设备的盗窃/丢失而造成的数据丢失**。对策包括: 加密存储资料以减少被盗的危害, 严格的物理访问控制, 限制或关闭 USB 功能(甚至物理破坏 USB 端口), 详细和全面的库存控制和监测, 以及便携式设备的远程擦除或自毁能力。

- **违反监管**。雇用知识丰富、受过培训并具有相关技能的员工。在规划和管理系统时, 听从法律顾问的建议。实施 DRM (数字版权管理)解决方案。根据需要使用加密、混淆和遮蔽等技术。

- **自然灾害**。云服务提供商应确保数据中心(包括网络服务提供商和公用设施)的所有系统和服务的冗余性。云客户可使用同一个云服务提供商、另一个不同的云服务提供商或离线方式作为灾备。有关此主题的进一步讨论, 请参阅下一节。

- **失去策略控制**。应采用强有力的合同条款, 确保云服务提供商遵守至少与客户自己拥有和控制企业一样有效和完整的安全计划。应由云客户或可信的第三方执行详尽的审计工作。

- **失去物理控制**。可使用列表中有关"内部威胁""设备的窃取/丢失"以及"失去策略控制"条目列出的所有保护措施。

- **审计访问权限不足**。如果云服务提供商拒绝允许云客户直接审核基础设施, 则云客户必须依靠可信的第三方。如果云服务提供商限制查阅完整的第三方报告, 那么云客户必须坚持在合同上体现保护, 尽可能将安全问题的更多财务责任转移给云服务提供商, 包括额外的惩罚性损害赔偿。

- **流氓管理员**。对策包括列表中"内部威胁"条目列出的所有控制措施, 以及针对所有特权账户和人员的附加物理、逻辑和管理控制措施, 包括对所有管理活动进行完整和安全的记录、机架锁闭、对设备物理接入的监测、实施视频监视和对特权人员进行持续的财务监测。

- **特权升级**。应使用身份验证工具和技术实施全面的访问控制。对策还包括安排受过培训、技能熟练的人员经常对所有日志数据进行分析和审查，并结合使用 SIEM、SIM 和 SEM 解决方案。
- **合同失效**。为防止供应商绑定/锁定，云客户可能考虑完全的异地备份，由云客户或信任的第三方供应商进行保护和保管，以便在严重到无法满足合同的情况下依靠其他云服务提供商进行重构。
- **法律查封**。法律行动(无论是检察或诉讼的目的)可能导致未宣布或意外的损失或披露组织的数据。组织可能会考虑对云中的数据进行加密，或者可能使用数据分散(将数据分散到多个逻辑/物理位置)。修订后的 BIA 应该考虑到这种可能性，组织需要考虑对云中的数据进行加密。

 注意：虚拟机自省(VMI)是一种无代理的方法，通过检查物理地址、网络设置和已安装的操作系统等内容，确保虚拟机的安全基线不会随时间变化。这可以确保基线不会被无意或恶意篡改。

5.5　灾难恢复和业务连续性

已经有不少书专门来讲这个话题了，本书这部分内容没办法涵盖它的方方面面。本书特别关注的是 BC/DR 中最适用于云计算环境的部分，尤其是 CCSP CBK 和考试中涉及的内容。下面介绍云平台相关的 BIA(业务影响分析)关注点，以及云服务提供商和云客户建立 DR 和 BCM 时需要共同承担的计划和责任。

5.5.1　云特定的 BIA 关注点

迁移到云服务体系架构时，组织希望重新审视现有的 BIA，并考虑采用新的 BIA，或至少对云相关的特定关注点、云所带来的新风险和机会进行部分评估。一些潜在的影响应该已包含在组织原有的 BIA 中，但在云计算环境中，这些可能更重要，并具有了新的形式。例如，失去网络服务提供商在传统模式中确实会影响组织运营，但云迁移后失去连接可能产生更有害的影响。与传统的 IT 环境不同，在无法连接到云服务提供商的情况下，在云端进行运营的组织将无法缩减本地计算规模。

新出现的潜在 BIA 关注点包括但不限于以下内容。

- **新的依赖关系**。在云迁移后，组织的数据和操作将以全新方式依赖于外部方。组织不仅需要依靠云服务提供商来满足组织的需求，还需要依赖云服务供应商的所有下游和上游相关方，包括云服务提供商的供应商、供给商、公用设施和人员等。BIA 还应考虑云服务提供商无法满足服务要求的可能性，以及云服务提供商的相关实体可能存在的类似问题。

- **监管失败。**云中数据的分发效率和易用性增强了潜在的违规可能性，因为用户和云服务管理员都以新方式分发和传播数据。云服务提供商也会成为不满足法律法规要求的另一个潜在问题点。即使你的组织在内部完全符合规定，云服务提供商也可能无法或不愿遵守你的策略。无法满足监管的可能原因包括对个人身份信息(PII)/电子个人健康信息(ePHI)的保护不足，从而无法符合GLBA 法案、HIPAA 法案、家庭教育权利和隐私法案(FERPA)或萨班斯-奥克斯利法案(SOX)等的要求。他们也可能以不充分的合约形式出现，例如，版权许可的违规。BIA 需要分析这种情况下可能产生的影响。

- **数据泄露/无意泄露。**云计算放大了现有风险的可能性和影响：内部人员和远程访问。此外，由于违反个人身份信息的全部法律责任不能转移给云服务提供商，云客户必须重新评估未经授权的泄露的潜在冲击和影响，特别是立法要求的数据泄露通告方面的成本。在更新的业务影响分析中，还应考虑信息泄露带来的潜在不利影响，包括但不限于：对外泄露不利的内部通信和报告，失去竞争优势，对客户、供给商和供应商的商誉产生负面影响，甚至导致合同违约。

- **云服务供应商绑定/锁定。**对于涉及迁移到云端的任何操作，BIA 应将这类风险考虑在内。前期应该已经有了关于这部分的很多数据，因此不需要在 BIA中再重新创建。绑定和锁定问题应该已经在组织首次考虑迁移时作为成本效益分析的一部分进行了分析。

5.5.2　云客户/云服务提供商分担 BC/DR 责任

云客户与云服务提供商之间所要进行协商的范围将是广泛的，涉及服务需求、策略实施、审计能力等。讨论中绝对应该包含的要素之一是有关业务持续性(BC)/灾难恢复(DR)的条款，这包括如何以及在哪里进行，过程的每个部分由谁负责等。本节将对在这些谈判中应该考虑的 BC/DR 方面进行说明。

备份数据/系统的逻辑位置

为 BC/DR 使用云备份一般有 3 种方法。为便于论述，本节将数据和系统的复制(Replicate)都称为"备份"。为 BC/DR 使用云备份的基本方法包括以下几个。

- **私有架构，云服务作为备份。**如果组织维护自己的 IT 架构和职能(以私有云或非云网络环境的形式)，BC/DR 计划可包括使用云服务提供商作为备份。与云服务提供商协商的内容必须包括：定期上传的带宽费用(通常将每月上限作为限制因素)、备份频率、组织使用的备份模式(完整、增量或差异)、备份数据中心数据和系统的安全性以及网络服务提供商费用等。这种模式下，云客户应确定故障的切换时间点，即客户可决定什么时候触发紧急情况，什么时候正常(内部侧)操作会停止，将备份侧作为正式工作的网络。这可能涉及一个正式声明，这个声明包括通知云服务提供商，以及在危机事件期间几乎肯定需要的额外费用。容灾切换可能采取的形式是将云服务作为远程网络(在 IaaS、PaaS 或 SaaS 模型下)，或可能需要将云备份数据从云端下载到另一站点进行应急操作。云客户与云服务提供商之间应该协商确定如何以及何时启动下载，该过程会需要多长时间，以及将数据恢复到正常操作的方式和时间。

- **云端运营，云服务提供商作为备份**。云端运营的一个具有吸引力的优势是云数据中心(特别是对市场领先的云数据中心)的弹性和冗余。云服务提供商可提供备份解决方案作为其服务内容的一部分，一个位于其他物理位置用于防范灾难级事件的数据中心作为备份。在这种场景中，将完全由云服务提供商负责确定备份物理位置、备份配置以及评估和宣布灾难事件。云客户在容灾切换过程中可能会有一些极少量的参与，但这更属于例外而不是常态。这种情况下，业务持续性/灾难恢复活动(包括容灾切换)通常对云客户来说是透明的。而且，如果这个服务特性作为正常云端运营的一部分提供，那么 BC/DR 通常不会有额外成本。

- **云端运营，第三方云备份服务提供商**。这种情况下，正常运营由云服务提供商托管，但应急操作需要容灾切换到另一个云服务提供商。云客户可选择这种模式，以分散风险，增加冗余度，主动降低云供应商绑定/锁定的可能性。这可能是需要最复杂协商过程的 BC/DR 模式，因为它涉及所有三方之间的统筹和协调，相关角色和责任必须明确和彻底地划定。这种模式下，主要云服务提供商和云客户都会参与紧急事件的评估和宣布，容灾切换需要共同参与。特别是在紧急事件期间，由于合作和沟通非常困难，这一过程可能会遇到障碍。云客户还必须与主要和备份云服务提供商协商本列表中第一个模式("私有架构、云服务作为备份")中的所有条款。通常，这也将是一种相对昂贵的方案，云备份服务提供商不会与主要云服务提供商提供的其他服务一起捆绑计算费用，容灾切换和应急操作都将需要额外费用(但是，如果由于紧急事件的处理未能满足 SLA 要求，那么主要云服务提供商的赔款可能抵消一部分增加的费用)。

声明

灾难事件的通告是 BC/DR 进程的一个关键环节。云客户和云服务供应商必须在事故发生前决定谁将被授权做出这一决定，以及明确的通告过程。

在云客户组织内，这个权力应该正式分配给特定的一个办公室或一个人，另外，为防止主要负责人无法联系到或无法开展工作，应该同时设置一个副职或备用者。主要负责人和备用者都应该接受详细的应急操作培训，其中应包括对组织具体 BC/DR 计划的广泛而深刻的理解。被授予该权力的人员应由高级管理层授权，具有宣布紧急情况并启动容灾切换流程的充分能力。

组织应该有一个预警系统来评估即将发生的灾难情况。某些类型的意外事件可能无法预计，但对于能预计到的这些可事先发出通知。组织应准备在事件发生之前进行容灾切换，以保持运行的连续性。云客户和云服务提供商必须就启动容灾切换的正式通知形式达成一致，但在正式宣布最终决定和公布之前，他们可以建立预备性沟通的初步计划安排。

如果云服务提供商必须进行一些容灾切换活动，合同应规定在收到通知后必须完成的时间(例如，在正式通告后 10 分钟内)。如果容灾切换是自动的并由云客户完全控制，那么也应在合同中明确说明。

应急事件结束，恢复到正常活动也同样需要正式通知。提早进行业务恢复操作可能导致灾难范围的扩大或数据及资产的丢失。与紧急事件的声明一样，恢复到正常业务也应由客户组织内的特定实体负责，做出决定的人员应充分了解其内在的风险和影响。该动作的相关过程也应在合同中说明。

 注意： 在与安全实践相关的所有事件中，尤其是在灾难情况下，人员健康和人身安全是任何计划或流程中的首要关注点。

测试

备份是一个值得赞赏的做法，可满足相关法律法规的要求，以及履行一些"应尽关注(due care)"义务。但是，仅创建备份是不够的。如果在实际危机事件发生之前，组织从未尝试使用这些备份，那么组织将无法确保这些备份能按预期正常运行。

必须执行容灾切换测试(并恢复到原来的正常操作)以确认计划和流程的有效性。它还可以锻炼所涉及的人员的技能，增加额外的培训机会。当然，测试本身是正常服务中的一个中断，不能掉以轻心，测试包含风险和成本。

大多数行业指南规定，这种测试至少每年进行一次。取决于组织的性质及其运营情况，每年所需演练的次数可能更多。

BC/DR 测试需要与云服务提供商进行协调。这应该在所计划的测试之前进行。应注意确定和分配参与者的具体责任，对于在容灾切换或故障恢复期间所发生的问题，应在合同中详细说明所有相关责任。

5.6　小结

本章重点讨论云客户和云服务提供商在管理风险以及 BC/DR 活动中需要共同分

担的责任，以及各自不同的责任。还探讨了与每种云计算模式(私有云、社区云、公有云、混合云、IaaS、PaaS 和 SaaS)相关的具体风险，以及处理这些风险的详尽对策。最后讨论构成云攻击面的一些潜在威胁和漏洞。

5.7 考试要点

理解云客户与云服务提供商之间如何分担职责。理解本章开头图 5.1 所示的概念，每一方的职责很大程度上取决于其所提供的服务数量。

理解每种类型的云平台具有的相关风险。你可能不需要记住列表，但应该充分理解相关内容，来确定哪些风险与哪个特定平台相关。

深入理解云计算中使用的安全对策。这里需要再次强调，死记硬背可能不是理解这类重要内容的最佳方式，但作为一个从业者和学习者，你应该对每种潜在的风险和威胁有一定程度的理解，并理解用于降低这些风险和威胁的特定安全控制。

理解云环境下的 BC/DR。除了要注意与传统环境 BC/DR 计划和活动的相似点，还要特别注意云环境下云客户与云服务提供商之间所需的更复杂安排，以及合同在这方面的重要意义。

5.8 书面实验题

在附录 A 中可以找到答案。

1. 在线找到两个云服务提供商，查阅他们发布的实时或定期完整备份策略(特别是 BC/DR 环境的策略)，最好是服务合同的示例文件。

2. 用不到一页的篇幅比较两种产品，具体讨论每种产品如何处理备份带宽、定价结构，并分析是否适合将数据移植到另一个云服务提供商。

5.9 复习题

在附录 B 中可以找到答案。

1. _____描述将数据从一个云服务提供商转移到另一个云服务提供商(或从云中移出)的易用性和效率。

    A. 移动性(Mobility)   B. 弹性(Elasticity)

    C. 混淆(Obfuscation)   D. 可移植性(Portability)

2. _____不属于通常可用于 BC/DR 活动的模型。

    A. 私有架构，云服务作为备份

    B. 云服务提供商，备份来自同一个云服务供应商

  C. 云服务提供商，备份来自另一个云服务提供商

  D. 云服务提供商，备份来自私有提供商

3. _____不属于保护云运营免遭外部攻击的对策。

  A. 持续监测异常活动

  B. 详细和广泛的背景调查

  C. 硬件设备和系统，包括服务器、主机、虚拟机管理程序和虚拟机

  D. 定期和详细的配置/变更管理活动

4. _____并非用于增强云数据的可移植性，以尽量减少供应商绑定的可能性。

  A. 避免专有的数据格式

  B. 在云运营中广泛使用 IRM 和 DLP 解决方案

  C. 确保转移没有物理限制

  D. 确保有利的合同条款以支持可移植性

5. _____用于降低云环境下远程访问时设备丢失或被盗的风险。

  A. 远程自毁开关　　 B. 双重控制

  C. 混合　　 D. 安全港

6. _____不是在云迁移后审查 BIA 时需要考虑的。

  A. 云服务提供商的供货商　 B. 云服务提供商的供应商

  C. 云服务提供商的公用设施　 D. 云服务提供商的经销商

7. 云迁移后，BIA 要考虑影响数据泄露的新因素。其中一个新因素是_____。

  A. 法律责任不能转移到云服务提供商

  B. 许多州都有数据泄露通知法

  C. 泄露可能导致专有数据的丢失

  D. 泄露可能导致知识产权的丢失

8. 在哪种云计算模式下，云客户对数据和系统的控制最多，云服务提供商的责任最小？

  A. IaaS　 B. PaaS

  C. SaaS　 D. 社区云

9. 云迁移后，应更新 BIA，以包含与云运营相关的新风险和新影响的审查；这个审查应该包括分析供应商绑定/锁定的可能性。对这种风险的分析不一定要从头重新开始，因为有关这一分析的许多材料可从_____获得？

  A. NIST

  B. 云服务提供商

  C. 组织在决定云迁移时进行的成本效益分析

  D. 开源提供商

10._____不是由糟糕的谈判产生的云服务合同可能导致的不利影响。

   A. 供应商绑定   B. 恶意软件

   C. 不利的条款   D. 缺少必要的服务

11. 由于多租户问题，公有云模型有一些其他云服务模型中不存在的风险；_____是例外。

   A. 由于合法查封而导致的丢失/泄露风险

   B. 信息泄露

   C. DoS/DDoS

   D. 特权提升

12. _____不是保护云运营以免受内部威胁的对策.

   A. 积极的背景调查

   B. 加固边界设备

   C. 技能和知识测试

   D. 广泛和全面的培训计划，包括初次、定期和复习课程

13. _____不是保护云运营免受内部威胁的对策。

   A. 主动物理监测

   B. 主动电子监测

   C. ISP 冗余

   D. 对于不需要知道原始数据的所有人员，遮蔽和混淆为其提供的数据

14. _____不是保护云运营免受内部威胁的对策。

   A. 全面的合同保护，以确保提供商对其人员具有极高的信任度

   B. 在云服务提供商自身人员疏忽或恶意的情况下对云服务提供商的财务处罚

   C. 数据防泄露(DLP)解决方案

   D. 可扩展性

15. _____不被包含在保护云运营以免受内部威胁的对策中。

   A. 职责分离   B. 最小特权

   C. 利益冲突   D. 强制休假

16. _____不是使用云运营解决 BC/DR 的优点。

   A. 计量服务

   B. 分布式、远程处理和数据存储

   C. 快速复制

   D. 云服务提供商提供定期备份

17. _____不是可用于降低"特权提升"带来的危害的方法。

   A. 广泛的访问控制和身份验证工具及技术

   B. 由经过培训的技术人员频繁地分析和审查所有日志数据

C. 定期和有效地使用加密销毁工具

D. 使用自动化分析工具，如 SIM、SIEM 和 SEM 解决方案

18. 恶意攻击者更喜欢攻击哪类虚拟机管理程序？

A. 类型 1　　　　　　　　　　B. 类型 2

C. 类型 3　　　　　　　　　　D. 类型 4

19. _____用于描述因云服务提供商停止运营导致无法访问数据的情况。

A. 关闭　　　　　　　　　　　B. 供应商锁定

C. 供应商绑定　　　　　　　　D. 遮蔽

20. 由于"平台即服务"模式常用于软件开发，_____是该模式下应始终牢记的漏洞之一。

A. 恶意软件　　　　　　　　　B. 便携式设备的丢失/盗窃

C. 后门　　　　　　　　　　　D. DoS/DDoS

第**6**章　　# 云计算的责任

本章旨在帮助读者理解以下概念

合同化的云计算环境不同于其他运营模式，也不同于其他托管的 IT 服务。在云计算环境中，数据所有者表面上拥有被存储和处理的数据，但并未真正控制数据的存储和处理方式，也不能管理具体由谁来处理数据。也许最有趣的是，数据所有者实际上并没有物理访问这些信息所在的物理位置和设备的权限。云客户负有根据法律标准和规定来保护信息的责任和义务，却往往无法强制执行实际的保护手段和安全措施。这是一个非常奇怪、不合常理的情形。

很难想象出一个相同的场景。较相近的一个场景是金融代理投资，投资人将钱交给管理资金的投资经纪人，经纪人用他们认为最恰当的方式进行投资，用任何他们认定最有利的安全措施来保护资金。但投资人无法控制资金的流向，也无法控制具体的安全措施。投资人可能在不同的经纪人之间选择，试图找出那个能提供最佳保护措施的经纪人，但很可能发现不了太多差异，更不用说签署能制约经纪人业务的合同条款了。根据所用的投资工具种类，投资人可能无法得到避免经纪人渎职和玩忽职守的保证，并且，很多类型的资金管理投资项目并没有保险。

即便监管违规的根本原因是云服务提供商的错误行为，云客户仍对导致的 PII 损失负责吗？金融代理投资的类比可能有点牵强，但以下说法仍是正确的：如果有人把钱给你，让你替他们投资，你又把钱交给第三方，如果第三方弄丢了它，你仍然要为损失的钱负责。在这方面，云客户从他们的客户那里接收价值资产(以 PII 的形式)，然后将其交给第三方(指云服务提供商)，因此仍要对与这些资产相关的负面结果负责。

由于这种新颖的分工模式，以及云计算本身就是一个新领域，在云环境中，还不像金融行业那样存在缜密的保护和支持，且细节还在整理之中。或许最重要的是，判例法曾影响并塑造了金融行业，过去几百年里，已据此审判和裁定数千个金融案件；然而，这尚未在 IT 和信息安全领域发生，而且在未来一段时间内可能都不会发生。

因此，云客户、云服务提供商、最终客户、监管机构、政府以及信用公司之间的关系，还没有以一种便于理解的方式，就如何处理异常事件得到固化并编纂成文。事实上，也许可以说，目前在这一领域，还不知道什么是"正常"情况，什么是"不正常"情况。

本章将探索这些关系目前的一些形式，分析每个相关方的意愿和期望的运营方式。还将研究包括第三方在内的各个角色，介绍一些使这些关系运作起来的合同方面的要素；并讨论一些技术，特别是应用程序接口(API)。

6.1　管理服务的基础

由于目标有分歧，云客户和云服务提供商之间存在一定的对立关系。云客户希望能用最低的成本，换取最大的计算能力和信息安全性。云服务提供商则希望尽量减少提供的服务(如计算能力和信息安全能力)，同时获取最大利润。

这些目标之间很明显存在冲突，因此合同和 SLA 谈判至关重要。幸运的是，也有很多重叠之处使双方的关系得以保持稳定并使双方都获得好处。不允许安全漏洞是云服务提供商的最大利益所在；不断重复出现的安全缺陷会影响产品/品牌的市场，使云服务提供商面临持续不断的诉讼，从而降低利润。提供优质服务和超出云客户预期符合云服务提供商的最大利益，因为这样能吸引更多云客户，并增加市场份额。

灰色区域是存在风险的地方，双方必须建立明确的义务和责任描述，以保护自己和利益相关方。如图 6.1 所示；该图与图 5.1 相同，为便于查看，这里再次列出。正如本书反复提到的，服务模型/平台的类型影响每一方的权利，也影响任务的性质和范围。

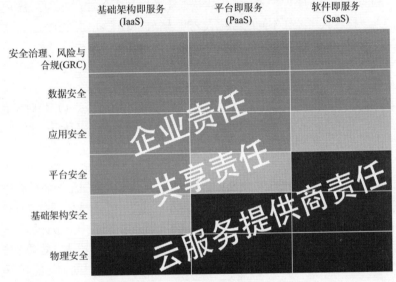

图 6.1　基于服务模型的职责划分

6.2 业务需求

云客户的首要目标是满足业务需求；这可能包括提高效率、满足监管需求，以及确保紧急情况下能力的持久性，当然始终都涉及成本的降低。或许，个别云客户是非营利性实体，对利润最大化不那么感兴趣；但整体而言，最大限度地减少开支并最大限度地提高生产效率仍符合所有利益相关方的利益。

行业和特定组织不同，业务需求也不同。业务是所有决策关注的重点，它驱动着其他所有考虑事项(包括安全)。为确定什么是业务需求和什么不是业务需求，高级管理者可使用业务影响分析、风险分析和资产清单等流程中创建的工件(Artifact)。为将这些需求转化为云合同元素、SLA 和操作功能，云客户组织的高级管理人员可听取内部人员和外部人员提出的指导意见。

当业务需求转换为功能需求时，可按合同条款和 SLA 进行校准。这些不同相关方之间的法律协议要素规定了每一方特定的责任和期望，以及相关的定价。

业务需求：云服务提供商的角度

云服务提供商有什么样的业务目标和运营要求？这些目标如何实现？简单地说，可用两个简短答案来回答这个问题：实现盈利，并确保满足所有客户需求(以合同和 SLA 的形式)。更具体的解释是：建立云服务提供商的数据中心和设备，保证物理机房和系统架构的安全，以及完成数据中心的逻辑设计并确保安全运行。

1. 云服务提供商的职责：物理机房

云服务提供商需要一个数据中心为其云客户提供服务。数据中心的物理机房将包括数据中心基础设施所在的园区、基础设施内部的物理组件以及支持和连接它们的服务。

云服务提供商必须做出的第一个决策是要自建还是购买用于放置数据中心的基础设施。与所有决策一样，每个选项都有其优势和风险。

如果是自购地产并构建全新的数据中心，云服务提供商就可以全面支配该设施，确保它完全符合目标。对设施的设计有更多的控制权有助于云服务提供商更好地控制对财产和建筑物的物理访问，也有助于优化数据中心内系统的性能。然而，这往往比购买或租赁现有设施昂贵得多。还需要一个长期的计划以保持增长和发展，这又通常涉及购买一块比第一个数据中心最初所需的面积更大的土地，因为要考虑未来随着业务的增长而增加容量的需要。

当然另一种选择是购买或租赁现有的基础设施，按照云服务提供商的需要对其进行改造。虽然短期内成本较低，但可能涉及直接购买所没有的一些限制。例如，如果房产是租赁的，所有者可能不会同意云服务提供商(作为租户)想要做出的所有更改。即使该房产是云服务提供商所有，其他外部力量也可能限制他们所期望更改的范围和类型；城市中尤其如此，因为分区限制和市政建筑规范可能会十分严格且详尽。

注意：为避开在城市中建立物理机房的限制，一种常见的方式是将数据中心设置在偏远的乡村。这些地区通常对开发的限制较少，而且地产本身往往便宜很多。然而，云服务提供商必须考虑在偏远地区开展业务可能需要的额外成本，如为连接和电力服务创建的稳健的、冗余的公共设施连接。

无论云服务提供商选择哪种方法，都必须考虑物理位置本身的其他方面，例如，与客户的距离、吸引合适的人员到该地点工作的能力，以及该地遭受自然灾害和内乱的倾向。

不管决策是自建还是购买，云服务提供商必须在数据中心里面安装所需的物理设备。虽然不同云服务提供商的云计算数据中心内设备的具体制造商可能不同，但大多数情况下都有一些共同特性，包括以下几点。

保证硬件组件的安全。由于云环境中普遍使用虚拟化，因此必须正确配置硬件设备，以确保管理程序、虚拟机和虚拟操作系统的安全。这应该包括配置每个硬件组件上的特定 BIOS 设置，遵循云服务提供商和制造商的指导，在每个设备上安装集中式虚拟化管理工具集。另外，如果使用了加密流程，应确保硬件的设置符合 TPM(Trusted Platform Module，可信平台模块)标准；TPM 标准规定如何专门为加密功能使用处理器。

 注意：理论上，云数据中心组件通常将内部物理设备分为 3 组：计算、存储和网络。计算节点是主机，用户将在此处理运营数据。存储节点是安全存储数据的地方，无论是短期的还是长期的。网络是用于连接其他节点的所有设备，如路由器和交换机等硬件设备，以及连接这些设备的电缆。

管理硬件配置。就像操作系统基线(见稍后的讨论)一样，应该建立每类特定设备的安全配置模板；只要将此类新设备添加到环境中，就应该实施安全配置模板。硬件配置基线应以安全方式保存，并通过正式的变更管理流程(包括任何需要的补丁和更新)保持最新状态。不论作用是什么，这都适用于每个节点，包括计算节点、存储节点、网络设备以及用于连接和监测每个节点的任意设备。

将硬件设置为可记录事件和事故。虽然不同设备或不同客户对捕获哪些系统事件的粒度和特性要求可能不同，但云服务提供商应该确保为每个设备保存足够多的数据，以备将来需要时使用(包括事故调查和取证目的)。事件数据应该足以确定发生的事件和每个事件所涉及用户的身份(也称为属性)。

根据客户需要确定计算组件组成。一些云客户可能不适合使用多租户环境，希望专门给他们分配数据处理和存储设备。虽然在云数据中心使用独立主机并不常见，会增加服务费(云服务提供商必须在同一个数据中心内独立于其他云客户来部署和管理这些设备和数据集)，但大多数云服务提供商会提供这一选项。与给特定客户分配独立主机不同，集群主机将提供可伸缩的管理优势；如果云客户选择多租户环境，将可显著节省成本。必须配置和支持独立及集群主机(包括确保组件本身以及支持组件的相关服务的冗余性)，以保持高可用性。

配置安全的远程管理访问。云服务提供商和/或云客户很可能只有访问硬件才能执行一些管理功能。这种访问通常采用远程连接形式，因此需要特定的安全控制以确保只有授权的用户才能获准执行操作。远程访问的安全性增强可能包括：为访问连接实施会话加密，对远程用户和管理员进行强验证，以及加强对具有管理权限的账户的日志记录。

2. 云服务提供商职责：保证逻辑架构的安全

除了保护硬件组件外，云服务提供商还必须确保逻辑架构要素受到同样的保护，包括以下几点。

安装虚拟操作系统。云服务提供商必须确保安装在数据中心(在虚拟或硬件主机上)的虚拟操作系统以安全方式进行配置和安装。此外，因为在环境中部署了虚拟操作系统，应同时安装虚拟化管理工具，以确保云服务提供商能监测虚拟环境的性能和安全性问题，并能执行配置策略。这对于创建和维护安全的管理程序配置特别重要，脆弱的虚拟化管理程序可能允许恶意人员访问并攻击大量的虚拟资产和生产数据。

各种虚拟化元素的安全配置。除了在数据中心使用的有形硬件外，任何虚拟元素也必须以安全方式配置，从而降低潜在风险(如数据泄露和恶意聚合)。这不仅限于虚拟主机和操作系统，还应该包括任何虚拟化网络或存储资产。

3. 云服务提供商职责：保证网络安全

当然，除了确保硬件和逻辑配置的安全外，云服务提供商还必须确保网络架构和网络组件是安全的。这常涉及许多与传统的非云环境相同的策略和方法，以及一些云专用的组合方式。以下是这两个知识域的简要概述。

(1) 防火墙

防火墙是基于某些条件对通信进行限制的工具。防火墙可以是硬件或软件，或两者的组合。防火墙可以是独立设备，也可集成到其他网络节点(如主机和服务器)。哪些流量是允许的、哪些是不允许的，以规则形式确定(如哪些服务或协议是允许的，应该使用哪些端口，来自哪里的流量是允许的，流量什么时候是允许的，等等)，或使用行为感知算法(让防火墙"学习"，使其了解对于环境和用户而言哪些行为是正常的，并能发现与正常基线的偏差)，或进行状态检查(防火墙理解协议中预期的对话模式，并识别偏差)，甚至进行内容检测。

(2) IDS/IPS

入侵检测系统 (Intrusion Detection System，IDS)和入侵预防系统(Intrusion Prevention System，IPS)在监控流量方面与防火墙非常类似。IDS 和 IPS 也可使用定义的规则集、基于行为的算法、内容或状态检查来探测异常活动。IDS 和 IPS 之间的显著区别是：IDS 通常只报告可疑的活动，提醒响应者(如安全办公室)；而 IPS 除了发送警报，还可在识别到可疑活动时采取防御措施(如关闭端口和服务)。在现代环境中，大多数解决方案都能满足这两种需要。

(3) 蜜罐技术

蜜罐(Honeypot)是通过吸引攻击者来探测、识别、隔离和分析攻击的工具。蜜罐通常是一个包含无用数据的虚拟样机，并被部分加固和配置，看起来像真实生产环境的一部分。当攻击者渗透蜜罐并尝试恶意活动(如安装 rootkit 或其他恶意软件，提升特权或禁用功能)时，安全团队可监测并记录攻击者的行为。这些信息可用于实际生产环境中的防御目的，或者作为诉讼和起诉的证据。

(4) 漏洞评估

漏洞评估(Vulnerability Assessment)对网络进行扫描来探测已知漏洞。当然，漏洞扫描可自动完成，以扩展用于任何大小的网络。漏洞评估的一个不幸的缺陷是，它们只会探测到要寻找的已知漏洞；也就是说，不在扫描项内的任何现存漏洞都不会被发现。漏洞评估不能阻止攻击者发现系统中的未知漏洞并利用这些未知漏洞来攻击系统。这些攻击形式通常被称为零日攻击(Zero-Day Exploit)。

(5) 通信保护

必须确保各节点之间的连接安全性，也必须确保数据中心与全球各地之间的连接的安全性。如前所述，可采用多种方式保护传输状态数据(Data in Transit)。

加密　数据可加密后通过网络，降低未经授权的人(可能是外部攻击者，或者是恶意的内部人员)获取原始明文数据的可能性。如果网络流量得到足够强的加密，即使被捕捉到，也不会泄露敏感数据。远程连接也可加密，为用户访问提供同样的保护。当然，加密带来了成本：处理开销随着加密数据量的增多而增加，还有其他一些安全控制(如 DRM、DLP 和 IDS/IPS 解决方案)可能因无法识别流量内容而不能正常运行，而且密钥存储始终是个问题。

虚拟专用网络(VPN)　在不受信任的网络(如 Internet)上创建一个安全通道有助于避免中间人攻击(如窃听和拦截敏感数据)，如与加密结合，效果尤其好。

强身份验证　与数据中心安全的其他方面一样，身份验证模式(如使用稳固的令牌，以及要求多因素身份验证)可降低未授权用户获得访问权的可能性，并限制授权用户只能进行被许可的活动。

真实世界场景

随着虚拟化、云专用的逻辑配置和软件定义网络(SDN)的广泛使用，本章讨论的云数据中心的每个元素(硬件、逻辑配置和网络要素)最可能通过一个集中的管理和控制接口进行管理，通常被称为"管理平面(Management Plane)"或"控制平面(Control Plane)"。这个接口为负责设计、监视、管理和解决云计算数据中心问题的云管理员、云分析师和云架构师提供了大量控制能力。管理平面可用于在数据中心的每个物理、逻辑和网络领域执行各项任务。例如：

- **物理环境**　应用、探测和执行硬件基线配置。
- **逻辑环境**　调度任务、优化资源分配、维护和更新软件与虚拟硬件。
- **网络系统**　所有网络管理任务(除了直接的物理过程，如将电缆连接到设备)。

当然，管理平面也构成了一个重要的风险中心以及潜在的单点故障。云服务提供商必须努力确保管理平面配置的正确性和安全性，且每个方面都有足够的冗余以保证服务不会中断，还要确保为管理平面实施极强的访问控制，以减少可能的破坏或入侵企图。

4. 云服务提供商的职责：控制的映射和选择

就像任何 IT 基础架构所有者或运营商一样，不管云数据中心选择何种设计和架构，云服务提供商都必须根据相关的管理框架和计划采取适当的安全控制措施。这一点尤其适用于(但不限于)对个人身份信息的监管。

发布的政府法规应该对数据中心运营的各个方面(物理、逻辑、管理、人员、无形资产和有形资产)的适当控制措施的选择提供指导。所有安全策略都应该基于此指南，所有控制都应该根据适用于数据中心及其云客户的特定规则和标准来选择。

本书讨论了许多类型的法律法规和适当标准。云服务提供商必须了解哪些适用于数据中心和云客户(在物理位置和运营方面)。例如，每个物理地点都将受到相关法律的司法约束。"物理位置"包括数据中心所在的位置，以及每个云客户的位置。

例如，云数据中心在帕克城，云客户在奥马哈和伊代纳，那么云数据中心将受犹他州的数据泄露法律和隐私法的约束,受内布拉斯加州和明尼苏达州的隐私法的约束，还受这些城市的隐私和数据保护法规的约束。

除了物理位置外，云数据中心的运营类型将决定哪些规则适用(因而需要哪些控制)。例如，处理医疗信息的云客户会受 HIPAA 的影响，而处理信用卡交易的客户则受 PCI 规则的约束，同时涉及二者的云客户则需要足够的控制来满足两种需求。

几乎所有相关法规都有可用的(而且通常是免费的)指导和矩阵。一个用于云环境的典型例子是 CSA CCM(Cloud Security Alliance Cloud Controls Matrix，云安全联盟云控制矩阵: https://cloudsecurityalliance.org/group/cloud-controls-matrix/)，本书其他地方会详细介绍。这个矩阵将必要的控制和控制组映射到具体合同和法规，非常实用。

6.3　按服务类型分担职责

参照图 6.1，回顾云环境的哪些部分将被分配给哪一方。当然，图中描述的是一般的云客户-云服务提供商关系，并非强制性的。

6.3.1　IaaS

由于云服务提供商只托管硬件和公共设施，因此它们唯一的责任是公共设施和系统的物理安全。双方将分担基础架构的安全责任。不可否认，这对云服务提供商影响较小；云客户要安装操作系统，而操作系统会明显影响底层系统的安全性，因此云客户将负责这方面基础架构的安全。此外，云客户将对其他所有安全方面负责。

6.3.2　PaaS

在 PaaS 模型中，云客户将在由云服务提供商加载和管理的操作系统上安装程序。云服务提供商可能提供多种操作系统，使云客户可以确保多个平台间的互操作性。如果预计最终用户会在异构环境中工作(例如，在 BYOD 配置中，用户通过多种设备的不同 Web 浏览器访问系统)，这将非常有用。

因此，在 PaaS 中，云服务提供商仍将对设备和硬件进行物理安全控制，但也将负责保护和维护操作系统。云客户仍有义务负责其他所有方面的安全。

6.3.3 SaaS

可以预期，在 SaaS 模式中，云服务提供商必须像前面两种模式一样维护底层基础架构和操作系统的物理安全，但也必须保证应用的安全。这种情况下，云客户只需要负责剩余的特定安全方面：分配云用户对数据的访问和管理权限。

云客户是名义上的数据所有者，将始终拥有谁有权查看和使用数据的最终控制权(那些对承载数据的主机有物理访问权的人除外，他们属于云服务提供商这一方)。任何情况下，这都不会划归为云服务提供商的管辖范围。即使提供访问权限和账户的任务以合同形式转给云服务提供商，云客户仍然在法律上和道德上负责数据本身的安全。

6.4 操作系统、中间件或应用程序的管理分配

在 PaaS 和 SaaS 模型中，云服务提供商和云客户都或多或少必须共享软件系统的一些控制措施。例如，在 PaaS 模型中，云客户会在托管系统上更新和修改他们安装的软件(有时是设计的软件)，并进行管理。云服务提供商可能在这个过程中扮演一定的角色，可能需要相应地调整硬件设施以允许一些新功能，这些职责只能由云服务提供商承担。此外，云服务提供商可能还需要确保安全控制仍然有效，并提供更新的覆盖范围。

操作系统基线配置和管理

也许创建安全云环境最有用的实践之一是像传统方式一样，创建操作系统的安全基线配置。

操作系统本身就是一个巨大的攻击面，如果配置有误，会为恶意攻击者提供许多潜在的攻击途径。对主机本身而言，安全环境中的操作系统也应该被加固，即以安全方式进行配置。下面列出加固操作系统的一部分事项：

- 删除多余的服务和库
- 关闭未使用的端口
- 限制管理员访问
- 确保删除默认账户
- 确保启用事件/事故日志记录

如果手动操作每个操作系统来加固安全配置，工作量将很大。因此，最好创建一个模板：操作系统安全基线。每当部署一台新机器时(在虚拟环境中，每当创建一个新用户镜像时)就复制该基线。可通过自动化工具完成该过程。还可用这些自动化工具或类似的工具持续检查环境，以确保当前所有的镜像和机器的操作系统都符合安全基线。持续监测工具检测到任何与基线不同的配置时，都应该进行相应处理(可能包括修补或重新安装/回滚整个操作系统配置)。

偏离基线也可能有正当理由。一些特殊应用和云用户可能要求对其业务任务的基线进行调整。这种情况下，这种偏离应该通过变更/配置管理流程得到正式批准，并限制用于必要的场景、操作系统实例和机器上。配置管理持续监测工具也应该进行相应调整，资产清单也应该同步更新。完成这些工作后，特例情况将不会不断触发警报，云管理员也不会应用错误的基线配置。

在云环境中，虚拟化的使用和多个完全不同的云客户同时存在是相当普遍的；为满足云客户的特定需求，捕捉(和恢复)任何云客户和虚拟机的操作系统的能力是很重要的。复制和备份 Guest 操作系统的方法有很多，例如，获得虚拟镜像的快照、用软件工具在虚拟机上安装可获得快照的代理，以及集中化的无代理配置管理解决方案。需要在同一个或其他虚拟机复制特定操作系统时，云客户可从备份处复制已保存的配置。云服务提供商和云客户需要协商，并确定操作系统配置的备份频率以及在哪些系统上进行备份。

注意： 虚拟机在不使用时可以另存为文件；无法将补丁程序应用于这些文件，因此需要对照配置版本检查从存储中取出并投入生产的任何 VM，以确定在存储环境时是否有补丁程序应用于环境。

注意： 所有备份(不仅仅是操作系统配置)都需要进行测试。组织必须从备份中还原，以确保备份方法正常工作，确保备份捕获了所有需要复制的内容以及备份的完整性。如果未执行还原，则可以认为该备份不存在。

除了维护操作系统外，基线管理和配置管理对于其他应用同样重要。云服务提供商和云客户需要确定谁负责创建安全配置模板，以及执行版本控制活动。

应用程序的版本控制包括遵循云供应商的建议、使用必要的补丁和升级、确保与传统环境剩余部分的互操作性并记录所有变更和事件。为在整个环境中保持一致性，对当前的软件状态进行足够的跟踪以保证业务连续性和灾难恢复(BC/DR)，以及完成任何必要的取证和发现活动，文档将起到重要的支持作用。

> **采集大众意见的好处**
>
> 为云环境选择应用和 API 时，云客户可能尝试使用来自从未合作过且完全不了解的厂商的软件，因为这些软件可提供更多价值(比如特定功能)或极低的价格。使用来源未经证实的软件显然有风险：未知的和未经测试的软件可能包含漏洞和攻击媒介，而这些漏洞和攻击媒介原本可在正规安全的开发或采购流程中得到控制。
>
> 降低这种可能性的一种可能方法是采集大众的意见，基于其他用户(当前的和过去的)对特定软件的体验结果的优劣做决定。云客户还可更进一步做出决定，来选择信任的开源程序，而不是专有程序。更可能的情况是，与那些使用了严格测试方法的、来源已知的专业开发的软件相比，开源软件已被更多的人从更多角度进行了审查。利用社区的力量进行评估也是一种强大的手段。

除了对软件设置的版本控制外，维护第三方软件的正确文档和许可也很重要。大多数商业软件都受版权保护(尽管有些软件包是免费软件或共享软件，或具有其他发行保护，例如 copyleft)，并且在组织内仅应使用经过授权的许可版本。安全办公室通常还承担软件托管人的职责，维护所有许可证/许可的库/记录。

6.5 职责分担：数据访问

当然，在所有模型中，云客户(以及他们的用户)需要有访问数据的权限和修改数据的能力。这在一定程度上需要分享管理能力，无论如何都应该是最低限度的分享。例如，数据也许在数据库中进行处理，而数据库管理员可能受雇于云服务提供商或云客户，或者两个组织中都有数据库管理员，他们就可能有分享或重叠的职责。

数据所有者(云客户)始终保留保护数据的根本责任，因此将成为对该数据集授予访问权限和许可的最终仲裁者。这可通过多种方法实现：直接管理用户标识和授权流程；将任务通过严格的指示和指定的验证流程以合同形式转给云服务提供商；或将职责外包给第三方，如云访问安全代理(CASB)，后者将代表云客户执行管理任务。

下面列举一些有助于实现每种方法的过程示例。

6.5.1 云客户直接管理访问权限

如果保持对这些职责的控制权，那么云客户将配置、管理并删除用户账户，而不必与云服务提供商合作。这可由云客户组织内部的管理员执行，远程访问云主机设备上的操作系统，并手动操作访问控制系统(如更新 ACL)。当需要为新用户创建账户时，整个操作程序就会被启动、执行，并在云客户的组织内完成。

在 IaaS 中总有这种场景，因为云服务提供商不负责监管和控制操作系统。然而，PaaS 和 SaaS 的情况会更复杂，因为云服务提供商有义务(并收取费用)来完全控制操作系统和软件。将访问权限的管理移交给云客户需要极大的信任和大量的额外控制措施，而且几乎可以肯定的是，这种做法会因为特定目的而受到限制。

必须在云客户和云服务提供商之间的合同和 SLA 中，清楚、详细地说明这个流程的各个要素。

6.5.2　云服务提供商代表云客户管理访问权限

在这种类型的设置中，任何新用户必须直接或通过云客户组织中的某个联系人向云服务提供商提交请求。云服务提供商需要遵循预先确定的流程联系客户来验证请求是否合理正确，然后创建账户并分配相应权限。

6.5.3　第三方(CASB)代表客户管理访问权限

之前例子中的一些职责和权限由 CASB 承担。用户将请求发送给 CASB 或本地管理员，CASB 验证账户然后分配适当的访问权限和许可。

6.6　无法进行物理访问

云服务提供商没有任何理由允许云客户对包含云客户数据的设施和设备进行物理访问。事实上，云服务提供商有充分的理由来防止这种情况发生。首先云客户的可信级别不同，其次越多的人了解数据中心的物理位置、安全控制和布局，数据和运营面临的风险就越大。

从云客户的角度看，这既有好处又有挑战性。好处在于拒绝物理访问增加了云客户对云服务提供商的信任(所有云客户都只有有限的访问权限)。挑战性在于，云客户只能依赖云服务提供商的安全声明，却无法对其可靠性进行验证和核实。

6.6.1　审计

在传统环境中，审计起着重要的作用。审计可用于确定控件选择正确，控件运行正常且组织符合给定的标准或要求。以下是审核术语和概念的简要概述：

- **内部审核**　审核(环境审核)由组织的员工执行。审核结果(通常是审核报告)可以由管理层以调整控制选择/实施或作为尽职调查的证据(某些客户/监管机构通常要求)。
- **外部审计**　外部审计是由组织外部的审计员执行的，通常是持证/特许会计师(会计师事务所)。外部审计所带来的其他好处超出了内部审计的范围。外部审计师被认为(通常是对的)独立于目标组织，不屈服于内部压力和政治，并且具有更可信赖或可信的观点。与内部审核一样，外部审核的结果可以仅由管理层用作决策过程的一部分，也可以出于营销/监管目的而在组织外部共享。在 IT / 信息安全领域中，外部审计通常采用漏洞扫描和渗透测试的形式。

- **审计准备**　通常，在开始审计之前就协商审核项目的参数(工期，物理/逻辑位置等)。限制是在审计中检查哪些办公室，工件，系统等。这称为审计范围。(范围界定有时用作动词，范围界定审计意味着 "确定组织的哪些方面将被包括在内。")这是整个审计过程的关键部分，因为制定范围可以确定影响、价格以及审计结果的实用性。

- **审计过程/方法**　通常，审计并非详尽无遗，即并非对目标的每个方面都进行了详细的检查。详尽的审计是不切实际和昂贵的，并且所产生的影响要比实际价值更大。相反，审计人员将检查环境的总体数量(在范围界定声明中进行描述)，选择合适的样本量，然后验证样本中性能/控件的配置/控件/效用。如果样本适当地代表了总体，则认为审计结果对总体而言是有意义的。有不同类型的审计(因此，有不同类型的审计人员)。不同的审计根据期望的目标/人群(财务、IT 和/或安全审核等)，采用不同的工具/技术。

- **审计结果**　审计人员收集调查结果，报告预期结果与实际环境之间的差距，并将这些调查结果提供给客户/目标客户。审计人员可能会注意到缺陷，并将这些缺陷归类(例如，需要立即关注的 "重大" 发现或可以在正常运营过程中解决的 "常规" 发现)。通常，审计师不应为缺陷建议解决方案，因为这会使审计师扮演顾问/顾问的角色，这是利益冲突(审计师必须保持公正，包括确保目标组织的最终成功)。审计人员发现严重缺陷或不足之处时，可能只会发布带有 "资格" 或 "保留" 的审核报告，并指出审计人员认为组织的审核方法或所审核的业务流程存在实质性或根本性问题。

在传统的客户/供应者关系中，客户希望在供应商的位置并使用从供应商直接获取的数据/材料，对供应商进行审计(或按照客户的要求和监督，由客户选择的审计人员进行审计)。

不过，云服务提供商会不愿意允许客户的审计人员对其设施进行物理访问，而且大多数情况下，审计人员甚至无法访问执行合理审计所需的数据流和文档。对于那些需要遵从法规要求并为利益相关方提供审计结果的组织(包括监管机构)而言，这尤其令人不安。

注意：对云服务提供商的设施缺乏物理访问，也意味着云客户无法采用首选的方法来降低数据剩磁风险并确保数据的安全销毁(例如，对主机设备、硬盘和介质的物理销毁)。其他章节讨论了目前最好的替代方案(例如，加密擦除技术)，这里不再重复。

　　云客户可能得到的是由云服务提供商自行完成的审计，这种审计由许可的和特许的审计人员报告给云客户和公众。当然，云服务提供商只会在有利情况下发布这些审计，希望公众进一步认可云服务提供商的服务可靠性和可信性，从而提高客户满意度和市场份额。但云服务提供商不希望对安全控制措施进行详细审计，原因与他们不希望允许物理访问一样：安全控制措施审计揭示了控制措施配置的一些细节，而这将为恶意参与者提供攻击路线图。

　　相反，云服务提供商可能发布一个审计保证声明，通过审计师以正式形式来说明：审计已执行且发现结果适合于云服务提供商的操作目的。这是一个正式认可(Seal of Approval)声明。

　　目前，这通常采用 SOC 3 审计报告的形式。CCSP 应试者和专家应深入研究 SOC 系列报告和它们的预期目的，因为这份材料对于考试和实用目的都很重要。

　　SOC 系列报告是由 AICPA (American Institute of Certified Public Accountants，美国注册会计师协会)创建的 SSAE 报告格式的一部分。在许多行业，这些都被公认接受，尽管它们专用于确保遵守 SOX 法案，却管辖着公共上市公司。

　　有 3 种 SOC 报告类别：SOC 1、SOC 2 和 SOC 3。每种报告类别都用于一个特定目的；此外，还有进一步的子类别报告。

　　SOC 1 报告是严格用于审计公司财务的报告工具，因此与本书讨论的领域毫无关系，我们也不感兴趣。知道它们的存在是值得的(SOC 1 在 CBK 中被提到，重要的是知道 SOC 2 和 SOC 3 报告之间的区别)。SOC 1 报告有两个子类：类型 1(Type 1)和类型 2(Type 2)。除此之外，CCSP 应试者应该不会在实践中遇到它们，因为它们与计算机安全或云计算领域无关。

　　SOC 2 报告特别适用于信息安全领域。SOC 2 专门用于报告对组织的安全性、可用性、处理完整性、机密性和隐私的任何控制的审计情况。因此，云服务提供商会将 SOC 2 报告作为证明其值得信赖的一种手段。

　　SOC 2 报告也分为两类：类型 1(Type 1)和类型 2(Type 2)。SOC 2 Type 1 对于确定组织的安全性和信任度并不是非常有用；只评价控制措施的设计，而不是它们的实现、维护和作用。而 SOC 2 Type 2 报告阐明的正是这些；该报告对于真实评估组织是非常有用的。

　　但云服务供应商可能永远不会与任何云客户共享 SOC 2 的 Type 2 报告，甚至不会将其发布到云服务提供商的组织之外。SOC 2 的 Type 2 报告非常详细，提供了云服务提供商试图限制广泛传播的描述和配置内容。SOC 2 的 Type 2 基本上是一份可用于攻击云服务提供商的手册。

　　但是，近年来，许多云提供商已开始愿意与一些客户共享 SOC 2 Type 2 报告。通常，提供商会仅与他们经过特定审查并确定信任的客户共享此信息，只有在客户愿意签署保密协议或采取其他安全措施来保护报告时，才可以与提供商共享此信息。在某些情况下，客户只能在特定条件下或特定位置查看报告材料。

因此，作为云客户，更可能看到的是 SOC 3 报告。SOC 3 是本章前面提到的 "正式认可(Seal of Approval)" 报告。SOC 3 不包含关于审计目标的安全性控制的实际数据，只声明审计被执行，目标组织通过了审计。这就是 SOC 3 报告的内容。

这使得 SOC 3 在验证组织的可信度方面让人怀疑。人们难以接受公司"值得信赖"的说法，因为，没有支持的证据，审计师是公司雇用的，审计结果认定该公司是值得信赖的，但没有证据支持审计师的这个认定。

缺乏对提供商设施的物理访问权限以及 SOC 报告问题并不是在云环境中执行审计的唯一挑战。还有其他挑战应该考虑：

- **采样**　与传统的 IT 环境不同，基于离散数目的机器/用户，云计算的本质决定了云环境难以界定——可伸缩性/灵活性/弹性产生了单个系统数量可能不断波动的环境。因此，可能很难在云环境中确定适当的审计范围。选择合适的指示性样本量可能会遇到很大的困难。

- **虚拟化**　出于审计目的，使用虚拟机可能是障碍，也可能是好处。从有问题的角度来看，审计人员很难检查虚拟环境。确定云服务的云客户可能无法使用(确定配置/控件的实际实现/功能所需的权限/管理访问级别)(因此，审计人员也无法使用)。从一个有利的角度来看，虚拟化可能会解决以前的样本量问题：如果客户(目标)IT 环境中的所有系统都是基于一个特定的，经过打磨的虚拟映像("金色构建")构建的，那么审核员可以简单地审计单个映像以确定合规性/适用性，并确定使用该映像制作的所有其他虚拟机是否令人满意。

- **多租户**　在传统审核中，审核范围通常仅包括目标组织拥有的财产；在云中，通常情况并非如此，因为云数据中心的共享资源经常被其他客户同时使用，并且审计师无权查看其他客户的任何活动(实际上，这样做可能会严重违反法律)。

> **提示：** 我们期待另一种审计形式的出现，该形式可具体于云计算领域，并成为新标准。最有可能的是 CSA STAR 项目，这个项目目前仍处于初期阶段(https://cloudsecurityalliance.org/star/)。

从理论上讲，由受信任和训练有素的审计人员执行的审计应向客户提供一定程度的保证，以确保提供商的控制、风险管理程序和流程是健全且安全的。由于云客户必须依靠审计报告来审查提供商的能力/治理(而且很可能是客户在基于云的关系中进行尽职调查的唯一形式)，因此审计对于云托管服务的安排至关重要。

6.6.2　共享策略

除了审计报告(最可能是 SOC 3)之外，云客户将不得不依靠合同和 SLA 使云服务提供商在一定程度上确保数据的安全(包括遵守法规)，并能满足云客户的需求。虽然这些工具(SLA 和合同)不会在发生违约时排除云客户的法律责任，但将帮助云客户，为云客户和最终客户(指云用户)寻求财务赔偿；因为是云服务供应商的疏忽或渎职行为造成了违约。

在这个努力过程中，作为合同的元素，云客户和云服务提供商可能同意共享一些重要机制，如行业标准、指导方针、云服务供应商文档以及其他政策和程序。无论服务是 IaaS、PaaS 还是 SaaS 模型，这都是适用的。如果双方选择此类安排，则必须同意基于每个文件的相同版本进行工作，并且必须使对方参与影响文档的任何变更管理过程(即使这种参与仅限于通知)。这一过程和任何限制必须从合作关系的一开始就编写在合同中。

6.6.3　共享的持续监测和测试

在共享责任中，云服务提供商和云客户可能找到的另一个共同点是安全持续监测和测试。云服务提供商可以允许云客户访问设备上的数据流或管理功能，以便客户结合云服务提供商的努力，执行自己的持续监测和测试活动。

同样，由于云服务提供商的固有需求，为确保整个云环境的安全性，这种访问很可能非常有限。只允许云客户访问企业的某些特定方面，而不会影响或感知到云服务提供商的任何其他云客户的信息。云服务提供商的担心是双重的：不允许任何特定云客户或用户有足够能力通过事故或恶意目的对企业造成重大损害，同时不向任何云客户披露其他任何云客户的数据或操作。

如果允许云客户对网络数据和行为进行持续监测和测试，并确保对所有云客户提供了充足的总体安全控制和保护，且云服务提供商的这些保护措施不会在云客户的特定数据集合上造成问题，即使存在一定的透明度，云客户也会更加肯定和信任云服务提供商。

例如，云服务提供商可能允许云客户访问审计和性能日志，甚至允许云客户对这些仅限于该客户使用的设置进行配置。云服务提供商也可能向云客户交付 SIM、SEM 或 SIEM 日志数据，以便云客户自行分析并生成内部报告。

此外，云服务提供商可能与云客户共同配置和部署一个 DLP 解决方案，该解决方案可针对云客户自己的数据流的活动发出警报或报告。但由于云环境的共享资源性质(在云客户之间)以及广泛使用的虚拟化(要求 DLP 解决方案明确设计目的)，该过程可能遇到较多麻烦和挑战。

云服务提供商可将云客户的访问限制到云环境中缩小的、有限的一部分，模拟整个基础架构，以便云客户对其数据进行小规模测试，并以一种沙盒、隔离的方式进行使用。这可提高云客户对生产环境的信心，增强对云服务供应商保护数据的能力的信任；而且以这种方式管理网络不会对云客户的关键业务功能产生不利影响。

同样，这些能力必然是受限的，在开始业务分配之前，双方都必须在合同和 SLA 中正式同意这些能力。

6.7　小结

本章探讨了双方如何独立地、协调地采取行动，确保网络和数据不会受到不当的影响。还讨论了在不同的云模型中，每一方的哪些责任是不同的，哪些责任会共担。

6.8　考试要点

理解云服务提供商在数据中心提供安全的物理、逻辑和网络元素的职责。理解云服务供应商如何使用安全的流程、方法和控制措施，为云客户提供一个可信赖的业务环境。理解各种网络安全组件和工具。熟悉将特定的安全控制和控制组映射匹配至相应法规的过程。

理解每个云服务模型中每一方最可能有哪些特定的安全职责。理解在 IaaS、PaaS 和 SaaS 配置中，云服务提供商和云客户各自的任务。

理解云客户和云服务提供商可能共担哪些责任。就像身份和访问管理一样，操作系统、应用基线和管理职责在某种程度上可能会共担。

理解最可能用于云数据中心的不同审计报告类型。了解 SOC 1 和 SOC 2 报告的区别，了解 SOC 2 类型 1、SOC 2 类型 2 与 SOC 3 报告的区别。知道哪个报告更适合详细分析，哪个报告云客户最可能访问。

6.9　书面实验题

在附录 A 中可以找到答案。

1. 访问 CSA STAR 计划的相关网页(https://cloudsecurityalliance.org/star/)。

2. 下载"评估倡议共识"调查问卷：https://cloudsecurityalliance.org/download/consensus-assessments-initiative-questionnaire-v3-0-1/。

3. 审阅调查问卷。了解云服务提供商要验证和证明的操作安全方面。根据目前为止你从本书学到的知识来思考这些问题。

4. 访问注册地址：https://cloudsecurityalliance.org/star/#_registry。

5. 选择任意注册的云服务提供商，并下载该提供商的完整问卷。

6. 在一页以内的篇幅中，描述你感兴趣或担忧的 3 个安全方面，或从云客户的角度列出对云计算提供商的顾虑。

6.10　复习题

在附录 B 中可以找到答案。

1. 在以下哪种云服务模型中，客户负责管理操作系统？

　　A. IaaS　　　　　　　　　　　B. PaaS

　　C. SaaS　　　　　　　　　　　D. QaaS

2. 为在云配置中分担持续监测和测试的职责，云服务提供者可能向云客户提供多项支持，除了_____。

　　A. 审计日志和性能数据的访问　　B. SIM、SIEM 和 SEM 日志

　　C. DLP 解决方案结果　　　　　　D. 安全控制管理

3. 除了与云客户共享审计结果之外，还有_____可向云客户证明云服务提供商的表现和尽职。

　　A. 法规　　　　　　　　　　　　B. 合同

　　C. 安全控制矩阵　　　　　　　　D. HIPAA

4. 哪种 SSAE 审计报告是云客户最可能从云服务提供商那里获取的？

　　A. SOC 1 类型 1　　　　　　　　B. SOC 2 类型 2

　　C. SOC 1 类型 2　　　　　　　　D. SOC 3

5. 哪种类型的 SSAE 审计报告，即使云服务提供商不太可能共享它，但该报告对云客户最有利？

　　A. SOC 1 类型 1　　　　　　　　B. SOC 2 类型 2

　　C. SOC 1 类型 2　　　　　　　　D. SOC 3

6. 审计师不应该_____。

　　A. 审查文件　　　　　　　　　　B. 亲临营业地点

　　C. 执行系统扫描　　　　　　　　D. 提供咨询服务

7. 操作系统的加固包括下列所有项目，除了_____。

　　A. 限制管理员访问权限　　　　　B. 删除防病毒代理

　　C. 关闭非必须使用的端口　　　　D. 删除不必要的服务和库

8. 云客户对云服务提供商的信任可通过以下方式得到增强，除了_____。

　　A. 审计　　　　　　　　　　　　B. 共享管理

　　C. 实时视频监控　　　　　　　　D. 服务水平协议(SLA)

9. 云客户对云环境的访问可使用以下所有方式进行管理，除了_____。

　　A. 云客户直接管理访问

　　B. 云客户代表云服务提供商提供管理

　　C. 云服务提供商代表云客户提供管理

　　D. 第三方代表云客户提供管理

10. 哪一种 SSAE 审计审查组织的控制措施,这些控制用来确保数据的机密性、完整性和可用性?

    A. SOC 1   B. SOC 2

    C. SOC 3   D. SOC 4

11. 哪类 SSAE 报告附带了认证审计师的正式认可(Seal of Approval)声明?

    A. SOC 1   B. SOC 2

    C. SOC 3   D. SOC 4

12. 云服务提供商可能给云客户提供下列哪项材料,以增强云客户的信任?

    A. 现场参观访问   B. 股东财务报告

    C. 审计和性能日志数据   D. 后端管理访问

13. 在所有云模型中,云客户将被赋予访问和修改_____的能力。

    A. 数据   B. 安全控制

    C. 用户权限   D. 操作系统

14. 在所有云模型中,安全控制由_____驱动。

    A. 虚拟化引擎   B. 虚拟机管理程序(Hypervisor)

    C. 服务水平协议(SLA)   D. 业务需求

15. 在所有云模型中,_____对任何数据丢失或泄露承担最终责任。

    A. 云服务供应商   B. 云客户

    C. 国家   D. 管理员

16. 为什么云服务提供商不太可能允许对他们的数据中心进行物理访问?

    A. 他们希望通过保持物理布局和控制的机密性来提高安全性。

    B. 他们想要提高云客户的专有权,因此只有高端付费云客户才能享受到物理访问权限。

    C. 他们希望尽量降低这些区域的流量,以最大限度地提高人员效率。

    D. 大多数数据中心不适合人类生活,因此尽量减少物理访问也能将安全问题最小化。

17. 哪种类型的软件很可能被最多的人从最多的角度进行审查?

    A. 数据库管理软件   B. 开源软件

    C. 安全软件   D. 专用软件

18. 防火墙可使用以下所有技术来控制流量,除了_____。

    A. 规则集   B. 行为分析

    C. 内容过滤   D. 随机化

19. 蜜罐应该包含_____。

    A. 原始数据   B. 生产数据

    C. 无用数据   D. 敏感数据

20. 漏洞评估不能检测_____。

 A. 恶意软件   B. 已知漏洞

 C. 零日攻击   D. 程序缺陷

第7章

云应用安全

本章旨在帮助读者理解以下概念

本章将继续探索云计算及云计算安全的知识体系,将介绍云端应用的设计和架构,以及保障云应用安全性和可靠性的应用测试和验证。

在云背景下,应用是软件即服务(SaaS)模式下的主要焦点。这些 Web 应用用作云服务所提供的消费软件的一部分。本章将讨论和分析这些云计算软件的设计、架构、验证、流程和生命周期,以及用于成功构建和部署云应用的工具。

本章将探讨培训和意识宣贯的重要性,以及向云环境转移或在云环境下建立应用所涉及的问题。还将深入讨论软件开发生命周期、身份和访问管理、云应用架构,以及软件保证和验证。

7.1　培训和意识宣贯

培训和意识宣贯直接关系到应用程序开发人员和程序员如何充分了解云环境中的风险,以及如何正确设计安全软件。

应用软件需要操作或处理数据,因此,组织必须确定数据的敏感性特征,否则,最终可能会在使用数据的过程中,使数据暴露于不必要的风险之下。例如,数据或数据的操作结果是否包含诸如姓名、地址、社会安全号码或健康信息的个人身份信息?如果是这样,那么这个应用及存储和操纵的相关数据就可能不太适合云应用解决方案。将应用转移到云环境可能会降低风险,也可能不会,因此,将应用转移到云环境前,组织必须评估自己的情况和应用性质。

同时,考虑使用云数据所涉及的相关责任也很重要。一旦开始讨论云应用,就必须充分考虑数据问题;对数据所有者而言,非常清楚地理解每个参与者在这项工作中的责任是至关重要的,如图 7.1 所示(前两章中已经列出该图,此处列出是为了便于读者参照)。

由图 7.1 可知,每种服务和交付模型都有不同的责任,但数据所有者始终需要对其拥有的数据承担最终的法律和经济责任。这一点非常重要,本书会反复强调这一点。无论合同和 SLA 如何表述,云服务提供商如何向组织展示或证明,最终责任始终在数据所有者身上。

另一方面,如果数据的性质和敏感度时常变化或实际价值有限,那么无论是从计算和存储角度,还是从更重要的业务角度来看,将相关应用和数据转移到云端可能都是更好的想法。例如,批发商为便于客户在线订购商品,会使用产品规格图片;只要实际购买由其他应用处理,商品目录对于下订单客户以外的其他人就并没有价值。此外,由于价格变动频繁,价格信息的价值也非常有限。这种情况下,目录应用、相关图片和定价信息可能更适于转移到云端,并以最低限度的力度和风险考量对其进行保护。

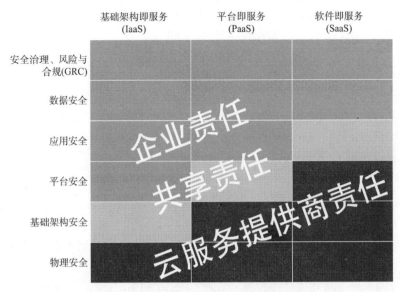

图 7.1 客户/提供商责任矩阵(按服务模型划分)

还有一些情况,由于云的安全性更好,将应用转移到云端成为更好的选择。例如,许多银行机构选择将关键业务应用(即"银行核心应用")托管在云端,这是因为这些银行没有足够的资源、经验和工具来自行管理这些应用的安全。核心应用通常用于日常柜员交易、存款和取款等。提供这些核心服务的云服务提供商通常拥有在该领域训练有素、技能熟练并可全天候执行各项监测工作的员工,提供了很多银行机构根本无法负担的资源。对于这些特定的云服务提供商来说,还有法律强制监管敦促他们确保数据是安全的、应用是按设计运行和工作的。即便一些情况下存在编码问题,通常也只是使应用无法完成某项功能,而不会执行将导致问题的交易。这些应用在接触银行客户的账户信息前,都经过了全面测试。

一个用来描述将整个应用转移到云端、而应用不需要做任何显著改变的常用术语是垂直升降(Forklifting);指将一个现有的传统企业应用转移到云环境,而代码却仅需要少量改变,甚至不需要改变。很多时候,在企业环境中成功运行的应用是自成一体的独立应用,对它们进行云迁移时,会因为各种原因出现严重问题;这些原因包括:应用依赖于企业传统的特定基础架构而这些基础架构难以复制到云端,云环境没有所需的私有库,等等。并非所有应用本身都天然地适配云环境,对于很多应用而言,如果不对某类代码做大量变更,根本就无法转移到云端。最后,许多应用(尤其是财务和文字处理类办公应用)都有基于云的版本,可以最大限度地减少或消除将这些应用从现有的本地系统转移到云环境的必要性。

在陌生的新环境中工作时,开发人员经常面临挑战。例如,他们可能习惯于以某种语言或框架工作,但这些语言或框架可能无法在特定平台上使用。在传统 IT 环境中工作的开发人员可能不熟悉与云计算相关的特定风险、威胁和漏洞。此外,将特定应用程序迁移到云的相关文档也很可能相当缺乏。开发人员可能不知道如何进行迁移。对于开发人员的组织所独有的专有应用程序，情况更是如此。如果开发人员以前从未在云中工作过，并且也没有足够的时间、预算或训练来进行适当的培训，那么他们的专业技能和知识想要得到提升估计会比较困难。

The Treacherous 12

云安全联盟(Cloud Security Alliance，CSA)每 3 年发布一次关于云计算顶级威胁的报告。2016 年的报告(本书英文版出版时的最新信息)标题为 "The Treacherous 12——2016 年云计算顶级威胁"，(具体报告可访问 https://cloudsecurityalliance.org/artifacts/the-treacherous-twelve-cloud-computing-top-threats-in-2016/)。这是 CSA 顶级威胁工作组编写的，该工作组由业内一些最著名的专家组成。来自世界各地和不同背景的这些专家汇聚一堂，对数据泄露和恶意入侵进行研究，发布调查并制定了该报告。通常，顶级威胁报告的先前版本中所包含的威胁仍会显示在当前报告中，因为很多时候我们知道问题出在哪里，但还是会继续反复犯同样的错误。

以下是开发人员和管理员在迁移到云端时会面临的一些问题和挑战。

多租户。需要与其他云客户同时共享资源。

第三方管理。云数据中心的管理员可以物理访问包含了客户数据的设备，但这些设备不受客户的控制。

部署模型(公有云、私有云、社区云和混合云)。在许多云部署中，客户将不再能够控制包含其数据的物理硬件；而在传统环境中，软件开发人员不必考虑或处理程序是不是运行在不属于使用软件的组织拥有和控制的硬件上。

服务模型(IaaS、PaaS 和 SaaS)。开发人员未必能对所使用的特定基础架构、平台甚至应用栈加以控制。

CCSP 专家需要理解的另一个复杂焦点，是在云端和云应用中适当地设计和使用加密技术。加密技术是保护数字数据的有效控制机制之一，很多情况下，由于云客户不具有在行政层面或物理层面控制云资源和基础架构的权限，因此这是保障云客户数据安全的唯一可行选项。

并非所有应用都将在云端运行。有些应用可顺利地在云端工作，有些可能困难重重。组织必须根据上述因素和特点逐一分析。

常见的云应用部署陷阱

下面将讨论开发人员在部署云应用时经常遇到的一些陷阱。开发人员在云环境中部署应用时，所面临的重大挑战包括：相同功能在本地/远程部署的可行性、文档缺失与培训、租户隔离、使用安全和经过验证的 API 等。第 8 章将详细讨论培训。下面将介绍除培训外的其他事项。

1. 本地应用未必能够迁移(反之亦然)

本地(on-premise)应用(通常也称为"预置"应用)通常设计运行于一个传统的企业环境中，在该环境中，数据的访问、处理和存储都在本地进行。将这些应用转移到云环境未必顺利，有时甚至根本无法转移。

原先在局域网上运行时，传统的企业应用开发人员通常不必考虑速度或带宽问题。即便有时代码编写质量不佳，但在不需要路由选择、拥有高速交换机的本地 LAN 网络中，这些应用也能极快地交互和响应。一个例子是，应用采取发起多次调用的方式来逐个收集数据，而不是通过一次调用完成所有数据的收集。这些设计问题可能使云应用的性能降至无法正常运行的程度。这些调用会创建大量会话，占用处理器和内存资源，最终使整个系统慢如蜗牛。

另外，传统的本地应用通常不会被要求共享 CPU、RAM 和带宽等资源，这同样使得设计拙劣的代码仍可在快速的本地 LAN 网络上良好运行，但当迁移到云环境时，这些设计不佳的代码将无法满足预期需要。

2. 文档缺失

缺少正确文档记录的问题并非云计算引入的新风险，而是信息安全领域中的严酷现状。开发人员常需要快速地将应用系统投入生产，而文档编写是一个缓慢的系统化过程，并不能增加应用的功能或性能。而且，软件设计所需的技能往往不包括撰写技术文档，因此，这两方面工作通常由不同人员完成，这又给文档编写增加了一定的复杂度和延期可能。

此外，在传统环境中使用定制的专有软件的组织中，很可能不存在用于将应用程序迁移到云的文档，因为从未做过这样的工作。在迁移期间，开发人员没有任何参考资料可以在这种情况下为他们提供帮助。

3. 并非所有应用都适用于云环境

一些应用(特别是数据库应用)在云端可能运行得更好。通常，云存储比传统的企业磁盘更快；另外，由于数据全部存储在相同的逻辑单元中，通常只需要将数据传输较短的距离，就可以到达计算和存储组件。

但并非所有应用都适用于云环境。通常情况下，代码只有经过重新评估和修改才能在云中有效运行。可能需要使用过去未用过的加密技术，还可能存在其他一些问题。即使有些应用最终能在云中成功运行，也未必能做到立刻投入使用，一些应用可能需要经过代码或配置上的修改，才能有效地工作。

4. 租户隔离

在传统企业中，所有基础架构和资源都由组织拥有和控制，不存在由于应用、操作系统、客户镜像和用户之间无意的"数据泄露"而造成其他租户(包括组织的竞争对手)访问组织数据的情况。而在云环境中恰恰相反：所有这些可能性都是存在的，因此，上述每种风险都必须通过有效地实施访问控制、进程隔离、防止 Guest/主机逃逸等措施来应对。同时，所有这些控制措施都依赖于远程管理(并且很可能需要与云服务提供商进行大量协商和合作)。

5. 使用安全、经过验证的 API

基于云运营的一个诱人特性是能以新颖的方式灵活使用当前数据集；这种能力是通过部署各种 API 来提供和加强的；云客户可选择这些 API，甚至用户也可在自己的平台或设备(BYOD 环境)上选择 API。有这么多选择是诱人的，但也带来了风险：用来提供这些能力的 API 可能存在问题。

云客户应该正式地确定一个策略和流程，来审核、选择和部署那些可通过某种方式加以验证的 API，要确定来源和软件本身的可信度。这个过程应该被包含在组织的采购和开发程序，以及变更管理工作中。

7.2　云安全软件开发生命周期

云安全软件开发生命周期(Software Development Life Cycle，SDLC)与传统 SDLC 具有相同的基本结构，但面对云环境时，需要将另外一些因素考虑在内。与数据一样，软件基于其开发和使用的阶段，有一个有效的生命周期(见图 7.2)。尽管阶段的名称和数量有所不同，但通常至少包括以下几个核心阶段：

(1) 定义
(2) 设计
(3) 开发
(4) 测试
(5) 安全运营
(6) 废弃

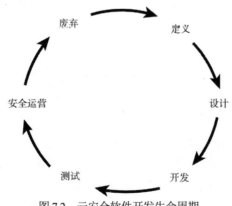

图 7.2　云安全软件开发生命周期

在定义阶段，组织专注于确定应用的业务需求，如财务、数据库或客户关系管理。无论应用的目的是什么，定义阶段最关键要挖掘出与应用业务需求相关的各个方面。在这一阶段，组织要避免选择任何具体的工具或技术；这样做会使组织走向一个可预见的结论；此时"要使用 X 技术"，并不需要真正考虑最能满足业务需求的所有可能性。

在设计阶段，我们开始开发用户使用场景(用户想要完成什么以及如何进行操作)，界面外观以及是否需要使用或开发任何 API。

在开发阶段，开始编写代码。代码应考虑之前已确定的定义和设计参数。在这个阶段，也可能对代码片段执行一些测试，以确定代码能否按设计工作。但主要的测试工作将在后续阶段完成。

在应用开发的测试阶段，将针对应用进行渗透测试和漏洞扫描等工作。组织将使用技术和工具进行动态和静态测试，或称为动态应用安全测试(Dynamic Application Security Testing，DAST)和静态应用安全测试(Static Application Security Testing，SAST)。稍后将介绍上述测试方法。通常，至少会进行两种类型的测试：功能测试和安全性测试。功能测试应确保软件以完全不会丢失/中断的方式完整、准确地执行其预期的任务。安全测试可确保软件中包含的所有控件均有效运行并实现其目的。

完成上面详细介绍的阶段后，应用将进入安全运营阶段。在成功完成全面彻底的测试，并确定应用及其环境的安全性后，将进入这一阶段。

废弃阶段未包括在 CCSP CBK 中，却值得一提。当软件完成了使命，或被新应用或其他应用取代时，就必须被安全地废弃。大多数软件公司都会公开其软件的生命周期，作为向客户提供的信息的一部分。软件生命周期包括应用的寿命，以及客户还可使用多久、有哪些可用安全补丁等具体信息。使用已不受支持的过时软件将从多个方面给企业带来风险。主要原因是供应商会在公布的软件生命周期结束后，停止支持软件，停止开发补丁来处理新发现的漏洞。因此，过时的应用应被废弃，并替换为可接管其功能的应用。

大多数 Web 和云应用与传统应用存在一些差异，因为 Web 和云应用会持续更新，并且会长期提供服务。

在整个开发过程中，应对过程本身进行管理和检查，以减少引入错误或损害最终产品的可能性。这种管理/检查称为质量保证(QA)。

SDLC 的配置管理

将配置/变更管理(CM)实践和过程与 SDLC 一起应用到软件中是至关重要的。对软件包进行适当的版本控制、文档记录和管理/项目监督是必要的，以确保满足要求，解决问题，并在后续版本中保留对问题的修复，以避免问题再次发生。(当使用敏捷软件开发时，其中一些方面，特别是版本控制和文档，可能会很棘手；请参阅本章后面的敏捷讨论。)

作为一种新的资产，软件应该尽早进入组织的资产管理和正式的配置/变更管理流程(实际上，配置/变更管理委员会应该批准项目的启动)。许多 SDLC 阶段和实践应该与组织的 CM 过程完全同步(例如进入生产前的测试以及长期维护和操作支持)。

7.3　ISO/IEC 27034-1 安全应用程序开发标准

国际标准化组织(ISO)创建了一种组织可以用来跟踪其软件中使用的安全控制的方法。ISO/IEC 27034-1 概述了应用程序安全性，介绍了应用程序安全性中涉及的明确概念、原则和过程。在这样做的时候，它描述了两个组织可以在内部使用的文件作为控制清单。

组织规范性框架(ONF)是组织分类和利用的应用程序安全控制和最佳实践的所有组件的框架。应用规范框架(ANF)是每个特定应用的 ONF 的子集。ANF 共享 ONF 的适用部分，以实现应用程序所需的安全级别和所需的信任级别。

ANF 到 ONF 的关系是一对一的关系；每个应用程序都有一个映射回 ONF 的 ANF。然而，ONF 与 ANF 的关系是一对多的。ONF 有许多 ANF，但是 ANF 只有一个 ONF。确保理解这个概念。

ONF/ANF 示例

X 公司有 3 个软件应用程序，程序 A、B 和 C。每个程序都有以下控件：

程序 A

- 密码
- 加密
- 过程隔离
- 输入验证

程序 B

- 密码
- 完整性检查
- 屏蔽截图禁用

程序 C

- 密码
- 完整性检查

对于每个程序，每个列表都是该软件的 ANF。X 公司有 3 个 ANF，每个软件应用程序一个。

公司也有一个 ONF；公司内部所有程序中使用的所有控件的列表。看起来像这样：

- 密码
- 加密

- 完整性检查
- 完整性检查过程隔离
- 屏蔽截图禁用
- 输入验证

7.4　身份和访问管理

身份和访问管理(Identity and Access Management，IAM) 是关于用于创建、管理和销毁各种身份的人员、流程和过程。IAM 系统通常由几个组件组成。首先，它们允许创建识别机制。然后，IAM 允许组织在授予对系统/资产的访问权限之前验证用户的身份。一旦经过身份验证，用户就被授权并被授予对资源的后续访问权。用户通常通过中央用户存储库进行管理。

IAM 功能分为身份管理和访问管理。

身份管理(Identity Management)　身份管理过程将用户权限与给定的身份关联起来，从而给个体赋予访问系统资源的权限。配置(Provisioning)是身份管理的第一个阶段，为每个主体发放一个唯一的身份声明(用作身份标识，例如用户 ID)。在这个过程中，通常也会给用户发放一个用于验证身份声明的密码。分发密码和身份声明的实体将保留每个记录，用于后续识别用户(当用户登录访问资源时)。这些密码的生成、存储和安全控制称为密码管理。在自助式身份管理配置(而不是由云服务提供商管理配置)中，云客户负责配置每个用户的身份/身份声明。

访问管理(Access Management)　访问管理是在获得授权后，对资源进行访问控制的部分。访问管理试图识别用户是谁，以及用户每次被允许访问的资源。这是通过一系列过程组合完成的。

- **身份验证(Authentication)**　通过询问你是谁并确定你是不是合法用户来确定和建立身份。通常通过组合使用身份声明和身份验证因素来实现，例如要求提供用户 ID 和密码。
- **授权(Authorization)**　身份验证完成后，评估你可访问的内容。许多情况下，这意味着将身份声明与访问控制列表(Access Control List，ACL)进行比较。
- **策略管理(Policy Management)**　作为身份验证和授权的执行体，根据业务需求和高级管理层的决策建立。
- **联合验证(Federation)**　一个组织间的联合体，实现有关用户和资源访问信息的适当交互，从而在不同组织之间共享资源。
- **身份存储库(Identity Repository)**　用于管理用户账户及其关联属性的目录服务。

这些组件存储在身份存储库目录中。身份存储库目录使用的模式(Schema)更详细，有更多用途，可将其视作必须不惜一切代价加以保护的无价瑰宝。这一组件的漏洞对组织来说是毁灭性的。

除了身份存储库及其目录外，IAM 的其他核心方面还包括联合身份管理、联合验证标准、联合身份提供方、各种类型的单点登录(Single Sign-on，SSO)、多因素身份验证以及辅助安全设备。这些概念将在下面进行讨论。

7.4.1 身份存储库和目录服务

身份存储库存储身份信息或属性，目录服务则实际管理这些身份和属性。它们允许管理员定制用户的角色、身份等。当使用联合验证体系时，所有这些变得更重要，因为必须采用一致的方法来访问这些身份及相关属性，从而使其在不同系统之间顺利工作。

下面列出一些常用的目录服务：
- X.500 和 LDAP
- Microsoft 活动目录
- Novell eDirectory
- 元数据复制和同步

7.4.2 单点登录

当一个组织拥有许多需要经过身份验证才能使用的资源时，用户使用资源会变得非常麻烦，当他们必须记住具有不同要求(长度、复杂度等)的密码和用户 ID 时尤其如此。单点登录(SSO)是解决此问题并简化用户操作的一种方法。

虽然可采用多种方式实现单点登录，但该术语通常指用户在一个身份验证服务器登录一次，此后当用户想要访问组织的资源时(例如，环境中的不同服务器)，每个资源都将查询身份验证服务器，以确定用户是否已经登录并完成了适当的身份验证。身份验证服务器批准访问请求，资源服务器授予用户访问权限。所有这些对用户来说都是透明的，用户可流畅地使用网络资源。理论上，用户每天仅需要在刚上班时登录一次，随后不再需要重新输入任何额外的登录凭据。

当然，这种便利并非没有成本和风险：SSO 解决方案难以实施和维护；获得用户单一证书的攻击者将可以访问多个系统；并且丢失 SSO 服务器的影响将比丢失单个系统要大得多。

7.4.3 联合身份管理

联合身份管理一般被称为"联合验证(Federation)"，通常与普通身份管理相同，只是它用于跨组织间的身份管理。可将它视为可用于多个组织的单点登录(SSO)。

一个示例是，一组研究型大学想要分享研究数据。这些大学可建立一个联合验证，从而使科学家们在自己的大学、自己的系统完成登录后，就可以访问其他几所大学的所有研究资源，而不必提交其他新的身份和身份验证凭据。

联合验证一般有两种模型：信任网(Web-of-Trust)模型和使用第三方标识符(Third-party Identifier)模型。

在信任网中，每个联合验证成员(即想要共享资源和用户的每个组织)都必须审查和批准加入联合验证的每个成员，以确保联合验证中的每个成员都能达到特定的信任级别；如果成员组织数量庞大，这种做法将变得非常昂贵和不灵活，其扩展性不是很好。

另一方面，通过使用第三方标识符，成员组织将彼此审查和批准的职责外包给第三方(当然，这个第三方是每个成员组织都信任的)，由第三方代表所有成员组织行使职责。这是云环境中的流行模式，其中标识符角色通常可与其他功能(例如密钥管理)结合，外包给云访问安全代理(CASB)。

讨论联合验证时，通常使用身份提供方(Identity Provider)和依赖方(Relying Party)这两个术语。身份提供方是配置和验证身份声明(验证用户、配置用户 ID 和密码、对两者进行管理及撤销配置等)的实体，依赖方是基于身份验证共享资源的联合验证成员。

在信任网模型中，身份提供方是每个成员组织 (分别为每个用户配置身份声明)，这些成员同时是依赖方(基于身份验证相互共享资源)。

在联合验证的可信第三方模型中，身份提供方是可信第三方，依赖方是参与联合验证的各个成员组织。

7.4.4 联合验证标准

有许多联合验证标准，但其中应用最广泛的是安全断言标记语言(Security Assertion Markup Language，SAML)。SAML 的最新版本是 2.0。SAML 基于 XML，其基础框架在多个组织之间交流验证信息、授权(或权限)信息和属性信息。换言之，SAML 是对多个组织的用户进行身份验证的一种手段，用户不必在两个位置同时创建标识。

该领域存在的其他一些标准如下。

WS-Federation 使用术语"域(realms)"说明组织间彼此信任身份信息的能力。

OAuth 通常用于移动应用的授权场景。OAuth 框架向第三方应用提供 HTTP 服务的受限访问。

OpenID 连接(OpenID Connect) 这是一种基于 OAuth 2.0 规范的互操作身份验证协议。OpenID 允许开发人员跨网站和应用对用户进行身份验证，而不需要管理用户名和密码。

7.4.5　多因素身份验证

由于对授权安全要求的不断提高以及技术成本的下降，多因素身份验证在过去五年日趋流行并得到广泛运用。就在几年前，除了安全要求极高的政府设施或其他高度管制的行业(如银行业)外，多因素机制不在其他人的经济承受范围以内。21 世纪初以来，许多银行已使用这种技术提高电子汇款的安全性。

多因素身份验证至少包括以下三个方面中的两个，你知道什么(Something You Know)、你是谁(Something You Are)、你拥有什么(Something You Have)。你知道的可以是密码、密码短语等。你拥有的可以是数字密钥生成卡、能接收短信的智能手机，甚至是一个能收到呼叫并随后将一个数字或密钥传送给个体、但仅限于接收某个特定电话号码呼叫和访问的电话。"你是谁"指你作为生物所拥有的生物特征。多因素身份验证可像人的 DNA 和指纹一样独特，也可像照片一样普通。

具有"知道"和"拥有"特征的身份验证解决方案对于确保远程访问安全尤其有用，它们有助于防止未经授权的用户访问账户或数据，这种场景下难以使用基于生物特征因素的身份验证。窃取或猜测一个账户的密码是一回事，但要同时获得一个密码和一个由你拥有的设备生成的密钥，则难度大得多。

7.4.6　辅助安全设备

CCSP 应试者应该熟悉其他一些安全设备。第一个就是防火墙。防火墙被设计作为流量进出网络边界的访问点。防火墙有各种设计和功能，早期版本仅限于简单地使用端口或 IP 地址阻塞，无法查看穿过接口的包的内部。状态检查允许防火墙阻止入站流量进入，除非连接是从网络内部启动的。

今天的应用感知型防火墙远远强于它们几年前的前身。随着与狡猾的攻击者不断斗智斗勇，Web 应用防火墙(Web Application Firewall，WAF)问世了。

除了网络防火墙之外，部署这些 Web 应用防火墙旨在保护基于 Web 的应用。PCI DSS 要求将它们作为保护 Web 在线交易应用外传信用卡数据的一种方法。这些防火墙具有感知应用行为的能力，能检测和阻断极小的异常活动。此外，WAF 还可针对网络层的 DoS 或 DDoS 攻击进行防护。WAF 工作在 OSI 模型的第 7 层。

另一种防护形式是数据库活动监测(Database Activity Monitoring，DAM)。与 Web 应用防火墙一样，这一想法是让一个软件或一个专用设备监测数据库，查看其是否有任何形式的异常请求或异常行为，并能发出警告，甚至采取动作来阻止恶意活动。DAM 可基于主机代理(驻留在计算机或数据库实例上的代理)，也可基于网络(通过网络代理监测数据库的流入和流出流量)。

API 网关也是分层安全模型的重要组成部分,可用来对 API 活动施以如下控制。

- 作为 API 代理,不直接公开 API
- 实现对 API 的访问控制
- 限制连接,以便为所有应用提供带宽,也有助于阻止发生在内部的 DoS 攻击
- API 日志记录
- 从 API 访问日志收集指标
- 提供额外的 API 安全过滤

XML 网关的工作方式与 API 网关大致相同,只不过 XML 网关解决的是如何将敏感数据和服务暴露给 API。XML 网关可基于软件,也可基于硬件,并且可实现某些类型的数据防泄露防护(DLP)。

7.5 云应用架构

全面理解云环境下应用安全、软件开发、相关弱点和漏洞的幕后机制是非常重要的。CCSP 应试者需要理解如何为云客户评估和发现这方面的问题。

应用编程接口(API)是使应用能彼此交互的编程组件,它们通常通过某种类型的 Web 接口实现。我们希望它们是安全和可靠的。但情况并非总是如此,云安全专家应该知道如何确定 API 的风险和威胁。为此,本节将详细探讨 API。

7.5.1 应用编程接口

CCSP 应试者必须理解当今基于云的应用通常使用的两类 API。第一类是 RESTful API。REST(Representational State Transfer,表述性状态转移)是一个旨在扩展 Web 应用能力的软件架构,它基于创建可扩展 Web 应用的指导方针和最佳实践。Web 应用可遵循这些标准访问其他应用、数据库等,从而扩展功能。REST 模型的其他特性包括:

- 量级轻
- 使用简单 URL
- 不依赖 XML
- 可扩展
- 可以多种格式输出(CSV、JSON 等)
- 高效(意味消息比 XML 更小)

REST 工作良好的一些场景包括:

- 带宽受限
- 使用无状态操作
- 需要缓存

另一种常见的 API 类型是 SOAP API。SOAP(Simple Object Access Protocol，简单对象访问协议)是一种协议规范，用于在 Web 服务中交换结构化信息或数据。SOAP 也可在 SMTP、FTP 和 HTTP 等协议上工作。

SOAP 的一些特性包括：

- 基于标准
- 依赖于 XML
- 高度不容错
- 较慢
- 内置错误处理

适用于 SOAP 工作的一些场景包括：

- 异步处理
- 有格式规范
- 有状态操作

API 格式不存在孰优孰劣的问题。各类 API 都有自己的适用场景和工作方式。后续章节会重新审视与软件开发生命周期和供应链管理相关的 API。到目前为止，安全从业人员需要理解的是，无论用户使用哪类 API 提供 Web 服务，都将授予其他应用访问主应用(及其可访问的任何数据)的权限。这可能给用户带来很多安全挑战，因为他们没有足够的能力来评估所使用的任何特定 API 的安全性。另外，在同一系统上，可能存在用户没有注意到的正被使用的其他 API。如果所涉及的 API 没得到充分审查和确认，将无法确保它们具有足够的安全性，进而会导致数据泄露或其他问题。

7.5.2　租户隔离

多租户(Multitenancy)是指多个云客户可以共享相同的主机设备和底层资源。至关重要的是，配置的方式应确保不同租户的逻辑隔离；否则，可能会发生数据泄漏和损坏。

7.5.3　密码学

虽然这里不讨论加密的具体细节，但 CCSP 应试者必须熟悉不同类型的加密技术、使用场景和使用实例。这是 CCSP 专家提升客户价值的一个范例，因为大多数云客户并不理解加密的不同类型和使用实例。接下来将介绍这些内容，以及如何将密码学作为整个云应用安全方案的一部分有效使用。

静止状态数据(Data at Rest)的加密　　无论是短期还是长期的静态存储，都应该避免由多租户及类似问题引起的相关影响。对静止状态的数据进行加密是防止未授权人员查看数据的好方法。存储在多租户环境中的数据带来了传统环境中不存在的风险；

政府/执法部门/监管实体可能在调查一个租户时没收特定的硬件组件，最终得到属于不同租户的数据。如果每个租户都使用自己的加密技术，那么在这种情况下，那些未被调查的租户应继续受到保护，以防未经授权的泄露。

传输中数据(Data in Transit)的加密 传输中的数据加密是抵御中间人攻击(通常称为中间人攻击)所必需的。

你还应该了解一些加密技术，如下所示。

传输层安全(Transport Layer Security，TLS) TLS 是一种旨在确保应用之间通信隐私的协议。TLS 可发生在两个服务器之间，也可能发生在客户端和 Web 服务器之间。

安全套接字层(Secure Sockets Layer，SSL) 早在 20 世纪 90 年代中期，Netscape 首次发明并使用了 SSL。SSL 原本用来加密服务器之间传输的数据。SSL 虽然已在 2015 年被弃用，但许多企业中依然固执地使用它。因为它曾被普遍使用，所以对其进行升级和迁移将是一个昂贵而漫长的过程。

全实例加密(Whole-Instance Encryption) 更广为人知的名称是全盘加密(Whole-Disk Encryption，WDE)，加密一个系统中的所有静止状态数据。在该方案中，整个存储介质被加密，而非加密特定文件夹。随着处理器性能的不断增强，现在即使是小型智能设备也能在不影响性能的情况下完全加密。

全盘加密在设备本身丢失或被盗时保护设备上的数据。

卷加密(Volume Encryption) 与加密整个驱动器类似，但卷加密只加密硬盘上的某个分区，而非加密整个磁盘。这适用于仅有受保护区域具有有价值的数据、没必要加密整盘的场景。

有时，云客户或云用户会通过加密文件或文件夹的方式来添加额外保护层。这样，即使磁盘或卷被某种方式攻破，攻击者仍需要通过密钥来解密数据。

请记住，保护任何加密方案的关键都是加密密钥和解密密钥的安全存储和管理。

7.5.4 沙箱技术

在计算的语境中，术语 sandbox 可以有两种含义。

物理沙箱是独立设备和布线的测试环境，与生产环境完全不同。(事实上，在物理沙箱/测试台之间通常有空间，实际的空白空间，因此我们将生产和测试这两个环境称为 airgaped)。物理沙箱的好处是引入的错误/漏洞不会污染/影响生产环境。

逻辑沙箱是一个独立的内存空间，不可信/未经测试的代码可以与底层硬件隔离运行，这样程序的有害方面不会影响机器/其他程序。

在 SDLC 期间，任何一种类型的沙箱都可以用于测试开发中的代码，或者用于安全目的，例如对恶意软件执行取证分析，或者在将补丁/更新部署到生产环境中之前对其进行试验。

7.5.5　应用虚拟化

应用虚拟化是一个在一定程度上被误解的术语。应用虚拟化指在可信虚拟环境中运行应用。这有点像沙箱技术,但应用虚拟化允许组织在受保护的空间中运行完整应用,而不是沙箱里的一个进程。另外,由于组织虚拟地运行应用,因此可运行那些原本无法在主机系统运行的应用。这方面的一个最佳例子是 WINE 这个 Linux 应用。WINE 本身是一个应用虚拟化平台,可让 Linux 机器运行基于 Windows 的应用。这也提供了一个用于测试新应用的空间,例如,新应用可在这个空间内测试 Windows 环境,而不必像通常那样通过外部机器上的 Windows 测试这个应用。Microsoft App-V 和 XenApp 也允许用户执行应用虚拟化。

7.6　云应用保证与验证

为有效地测试 Web 应用,CCSP 专家需要熟悉一些应用安全测试方法和工具。本节将探讨一些常用的方法和工具。

7.6.1　威胁建模

有多种威胁建模工具,如 Trike、AS/NZS 4360 和 CVSS。但出于 CCSP 考试的目的,本章介绍 STRIDE 模型。

STRIDE 威胁由 Microsoft 创建,目前已被广泛采用。该模型提供了一种通过属性来描述威胁的标准方法。开发人员可以使用这个模型来试着检查所创建的软件中是否存在缺陷和漏洞。

STRIDE 由单词的首字母缩写组合而成,含义如下。

欺骗(Spoofing)。使用应用程序的实体的身份是否可以某种方式隐藏?用户是否有能力以不同的用户身份出现?

篡改(Tampering)。应用程序是否允许用户对实际数据进行未经授权的修改,从而影响信息或通信的完整性?

抵赖(Repudiation)。用户是否能够否认他们参与了一个事务,或者应用程序是否跟踪和记录用户的操作?

信息泄露(Information Disclosure)。应用程序在运行时是否显示信息(正在处理的数据或有关应用程序功能的信息)?

拒绝服务(Denial of Service)。是否有办法通过未经授权的方式关闭应用程序？这可能包括崩溃、重载或重新启动应用程序。

提升权限 (Elevation of Privilege)。用户是否可以更改其权限级别以执行未经授权的操作(例如获得对应用程序的管理控制)？

这些类别中的"用户"可以是被授予访问应用程序权限的合法员工，也可以是获得未经授权访问的人。各种威胁可能是用户意外输入或故意滥用应用程序的结果。

作为 SDLC 的一部分，STRIDE 在尝试识别整个构建过程中的漏洞时特别有用。STRIDE 模型使我们能够做到这一点。当我们评估云应用程序安全性时，这六个概念有助于识别和分类威胁或漏洞，并有助于形成一种用于描述它们的通用语言。这样，我们就可以通过更好的编码技术或其他控制机制系统地解决这些问题。

STRIDE 资源

微软在其网站上免费提供了 STRIDE 模型和实施建议：https://msdn.microsoft.com/en-us/library/ee823878(v=cs.20).aspx

还提供了一个示例，说明如何使用 STRIDE 评估 web commerce 服务器上的潜在攻击：https://msdn.microsoft.com/en-us/library/ee798544(v=cs.20).aspx

微软还提供了一个自动化工具，旨在帮助将 STRIDE 模型应用到任何软件中。它可以从 Microsoft 网站免费获得：https://docs.microsoft.com/en-us/azure/security/azure-security-threat-modeling-tool

---

威胁建模有助于对开发人员在开发云应用时可能遇到的常见应用漏洞做好准备，其中包括：

注入(Injection)。恶意用户试图将某种类型的字符串注入输入域中，以操纵应用操作或显示未经授权的数据。注入例子包括 SQL、LDAP 和 OS 注入等。如果注入成功，则可看到未授权的数据，或执行其他受操纵的操作。

失效的身份验证。当恶意用户破坏会话并窃取令牌、密码或密钥时，就会出现这种漏洞。这种漏洞使得恶意用户可劫持系统。

跨站脚本(XSS)。XSS 攻击仅次于注入(Injection)攻击，是最常见的应用缺陷之一。当应用将未经适当验证和转码的不可信数据发送给 Web 浏览器时，就会发生 XSS。这使恶意用户可在用户浏览器中执行代码、劫持会话。

不安全的直接对象访问。指未经访问控制检查，也未采取防止攻击者操纵数据的控制措施，对内部对象(如文件)进行引用。

安全错误配置。安全性错误配置通常是无意的，由授权实体引起，是基本的人为错误造成的。

敏感数据泄露。这里指泄露 PII、医疗保健、信用卡等信息。如果没有正确使用之前讨论的这些控制措施(加密、数据遮蔽及标记化技术等)，敏感数据可能通过应用或系统泄露。

功能级访问控制缺失。在应用功能通过用户界面(UI)提供给用户前，应用应该始终验证功能级别的访问权限。如果没有正确实施，恶意用户可能通过伪造请求，使用未经授权的功能。

跨站请求伪造(Cross-Site Request Forgery，CSRF)。CSRF 通过控制一个已登录用户的浏览器发送伪造的 HTTP 请求，该 HTTP 请求中包含 cookie 和其他身份验证信息，从而使得存在漏洞的应用认为这个来自受害者浏览器所产生的请求是一个来自授权用户的合法请求。

使用包含已知漏洞的组件。当开发人员使用已知组件的应用程序/编程库，但不注意安全注释或无法理解组件最终将在生产中使用的上下文时，可能会发生这种情况。

未验证的重定向和转发。通常，开发人员在使用重定向时并不考虑验证，这可能将应用暴露于不可信的数据或其他应用。如果没有验证机制，恶意用户可修改重定向，将用户指向钓鱼站点等恶意网站。

这个列表很大程度上来自开放式 Web 应用程序安全项目(OWASP)十大关键应用程序 Web 应用程序安全风险工作。OWASP 几乎每隔一年更新一次该列表。

强烈建议 CCSP 候选人审查 OWASP 提供的源材料。

7.6.2　服务质量

在安全性和生产效率之间总是有一个折中的问题；为组织提供安全好处的每一个控制也会阻碍生产效率，通常会降低服务质量(QoS)。

加密就是一个很好的例子。在大多数数据库中启用加密会由于加密和解密过程所需的处理能力而导致性能下降；它还可能会限制查询数据库的能力，因为加密数据无法以明文方式进行编目或查询。另一个例子是在服务器上运行基于主机的入侵检测系统(HIDS)。通常这需要查看进出设备的所有连接和数据，这可能会对性能产生重大影响。

7.6.3　软件安全测试

测试软件的安全性需要专门技能。本节将介绍一些方法、测试概念和工具，用于检验我们是否采取了合适的控制措施以满足安全需求。

本节首先介绍渗透测试和漏洞扫描。虽然两者都非常有用、在应用测试领域都有自己的位置，但用途不同，使用方式也不同。

漏洞扫描从外部检查应用是否存在可以利用的漏洞。漏洞扫描未必能识别出配置错误(尽管可能会发现一些)，更多的是针对应用或网络的已知漏洞。这些扫描器经常被黑客用来作为所进行的漏洞侦察的一部分，以便在以后的攻击中利用这些漏洞。但当我们执行漏洞扫描来测试自己的系统时，不会对漏洞进行利用，只要扫描正确执行，就不会对系统造成伤害。虽然有时会出现错误，但通常最糟糕的情形是需要重启系统。

当然，漏洞扫描的缺点是它只能检测到已知漏洞。扫描工具无法检测目前尚不知晓、尚未包含在扫描器中的漏洞，当攻击者发现这些漏洞的使用方式时，这些漏洞就成为零日攻击。

渗透测试旨在发现漏洞，然后利用这些漏洞实际获得对系统或数据的未授权访问。这些测试通常首先侦察和/或扫描漏洞，以确定系统的弱点，然后进入渗透阶段。渗透测试可与漏洞扫描分开，因为它包含一个主动部分(对环境进行渗透)，而漏洞扫描几乎总是被动的。

> **注意**：再强调一下，有一点非常重要，在任何情况下，如果未经完全授权，安全从业人员都不得尝试对应用程序或系统进行任何类型的漏洞扫描或渗透测试。因为这样做可能会违法并带来很大的麻烦。此外，如果最终用户许可协议(EULA)中不允许从业人员的 ISP 账户进行此类活动，那擅做主张的人甚至可能会受到威胁。因此，要想做这些事，首先要获得许可。

除了对环境进行测试以确定其能否作为运行应用的合适、安全位置外，我们还需要测试应用本身以确定它是否具有内在安全弱点和缺陷。有两种常用的测试方法：

白盒测试。持续审查源代码。这需要一个具备两种技能和知识的测试团队：能读懂程序代码并深刻理解安全。同时具备这两种能力的人很少(而且很贵)。组织也必须注意避免让编写代码的开发人员自行测试；测试团队需要由"全新"视角组成，没有内在的利益冲突。

黑盒测试。在程序运行时测试它的功能。在黑盒测试中，不审查源代码；测试团队在应用运行时，通过使用输入和应用自己的输出结果对其进行测试。

由于白盒测试和黑盒测试可找出不同的安全问题，因此通常最好在测试中同时使用这两种测试方法。

接下来论述 SAST 和 DAST 两种测试应用安全性的方法。如图 7.3 所示。

> **注意**：尽管 SAST 和 DAST 是两种完全不同的测试方法，但它们经常结合使用，以便从多个角度观察或测试应用。它们也通常与常规代码审查一起使用。

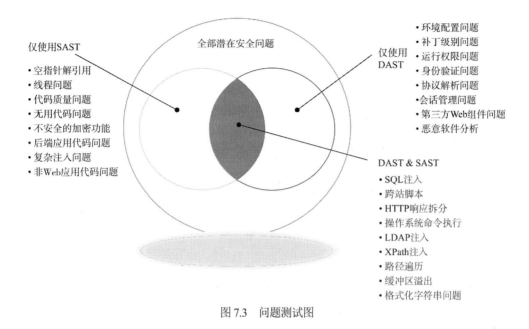

图 7.3　问题测试图

7.6.4　已核准的 API

如前所述，API 是云应用开发的重要组成部分，有了 API，一个应用允许其他应用使用其 Web 服务，从而扩展了功能。另外，API 还提供了与第三方工具进行自动化关联和集成的能力，这也可扩展应用的功能。但这不是没有风险的。API 所提供的 Web 服务涉及使用者和提供者，需要分别进行分析。

在使用 API 时，开发人员依赖 API 开发者内建的安全控制及所进行的测试和验证来确保应用的完整性和安全性。但我们没有能够确定这一点的方法。例如，没有对于API 的认证。你所能依赖的只有软件供应商关于已对数据交互进行测试和验证的承诺。

使用 API 带来的最重要问题之一是，并非每个创建它们的人都基于相同的强度对其进行审查。API 有时甚至没有进行过验证或安全测试。使用这些未经任何验证的 API很可能导致数据泄露、身份验证薄弱、授权和应用错误。此外，操作一个不安全 API最糟糕的情况是会导致数据外泄。另外，当应用更新或更改时，API 可能还会暴露之前未曾暴露的内容项。

一种解决这些问题的方法是建立合理的流程来持续测试和审查 API。

7.6.5　软件供应链管理(API 方面)

另一个日益显著的问题是软件供应链管理(Software Supply Chain Management)。越来越多的开发人员正在利用第三方应用的 API。这本来就是 API 的设计目的。但问题在于，开发应用的第三方开发人员利用上游 API 进行开发，再将加上开发人员自己代码开发成的 API 提供给另一个应用使用，如此反复形成 API 循环链。这种 API 循环链可能快速失控，直到最终客户几乎无法知道数据是否会向上游的其他应用发送，反之亦然。这可能给公司带来噩梦。很多情况下，如果应用提供的功能足够吸引人，客户通常会忽视这些不足。

解决这些问题的建议方法包括对所购应用程序的审核/合同语言以及对已开发应用程序的安全性审查，以确保它们仅使用授权的 API。

7.6.6 开源软件安全

信息安全社区存在一个哲学分歧：私有软件(除软件供应商之外，其他所有人无法看到源代码)是否比开源软件(源代码是公开的，任何人都可以查看，进行修改，并发布衍生版本)更安全。

目前看来，两者各有优点。然而，人们普遍认为，开源程序比私有软件更灵活，提供了基本相同的保护措施，功能也更多(例如，对比 Mozilla Firefox 和 Microsoft Internet Explorer)。

也许支持私有软件的主要原因之一是可将责任推给软件供应商，可将由于程序问题导致的泄露或其他影响归咎于软件供应商，并由其承担责任。另一个好处可能是软件供应商对于更新和保护其专有应用所具有的积极和持续努力的态度。

相反，选择开源程序的好处通常包括价格低廉(或免费使用)，还有机会自己来审查测试代码中的安全漏洞。开源代码还允许用户对其进行修改，允许添加或增强功能。

敏捷

越来越多的开发商正实施所谓的敏捷开发。这个框架旨在大大加速软件的开发，使其能更及时地向客户进行交付。在这些场景下，使用开源库有时被认为是能在短期内达到这一目标的最方便、最具性价比的方式。客户可更快、更便宜地获得具有全部所需功能的软件。但问题在于敏捷的关注点是及时交付，而不是应用的寿命和安全要素。客户不一定忽视这些要素，但这些要素不是开发过程中的核心部分。这很容易导致后续发现的漏洞无法通过重新设计、重构应用等方式加以纠正。

7.6.7 应用编排

当两个或多个应用程序必须交互才能成功完成业务流程/事务时，可以采用以下两种通用方法。

- 直接链接应用程序的元素，以便一个(或一个步骤)的输出是另一个的输入。

- 抽象应用程序的功能，以便可以使用程序的工作方式(通常使用另一套代码/软件)来区别其输入/输出。

第一个选项可能导致其他问题，例如创建不必要的依赖关系以及增加版本控制和测试的难度。因此，通常最好选择第二个选项，称为应用程序编排。

编排通常需要将来自各种参与应用程序的数据转换为一种或多种新格式，以便信息可以在编排中工作。它还可能涉及使用数据/应用程序创建新的覆盖/界面，以便可以管理交互。最后，可能需要新的或中间协议，以便可以在应用程序之间协商进程。

7.6.8 安全网络环境

云应用程序也将需要在安全的环境中运行。CCSP 应该了解基本的网络实践，以了解/理解云数据中心内部使用的方法。其中包括以下各项。

- **VLAN** 虚拟局域网；隔离网络的特定部分或网段的逻辑方法，即使机器可能全部物理连接也是如此。VLAN 中的成员设备只能与同一 VLAN 的其他成员直接通信，除非流量首先经过 VLAN 外部的门户/网关。
- **DHCP** 在为设备分配 IP 地址时，可以为给定的设备使用永久的特定地址。这称为静态寻址。静态寻址的一种替代方法是暂时仅在特定持续时间内将 IP 分配给特定设备。这是动态寻址。我们用于后者的方法是动态主机配置协议(DHCP)。环境中的 DHCP 从允许的范围(组织拥有的 IP 地址的范围)中选择一个 IP 地址，将其分配给特定的设备，并记录哪些设备具有哪些地址；当终止使用地址时，该地址将返回到允许的地址池中，并且 DHCP 服务器可以将其重新分配给另一台计算机(或同一台计算机)。
- **DNS** 域名服务是计算机将 IP 地址转换为域名的方式。通过使用分层的分布式表来实现 DNS 功能；当更改域名与特定 IP 地址的关系时，该更改将注册在 DNS 层次结构的顶级域中，然后向下过滤到所有其他 DNS 服务器。当用户想要与另一台计算机通信时，该用户的计算机(或者通常是该用户计算机上的应用程序)会查询带有 DNS 表的设备(通常在用户的 ISP 处)以获取正确的地址。安全扩展(DNSSEC)通过提供原始授权，数据完整性和经过身份验证的拒绝服务来增加安全性，从而降低了对欺骗的敏感性。
- **VPN** 即使连接是通过不受信任的网络(例如 Internet)，也可以向远程用户授予对 IT 环境的权限。这是通过使用虚拟专用网(VPN)来完成的。VPN 是远程用户和 IT 环境之间的加密隧道。隧道是一种封装的通信。一个协议嵌入另一个协议中。然后对该连接进行加密，以增加针对中间人/攻击者观察通信的保护。

7.7　小结

本章讨论应用的可移植性问题、应用软件开发生命周期、如何测试验证软件、如何选择可信软件、如何设计和使用身份和访问管理系统、云应用的合适架构以及云软件保证和验证。

7.8　考试要点

理解 ANF 和 ONF 之间的差异。ONF 代表容器的框架，包含由组织进行分类和使用的应用安全最佳实践的所有部分。它由 ANF 组成。

ANF 是 ONF 的任意子集，它针对某一特定的业务应用，以达到其目标信任水平。

能阐述 STRIDE 威胁模型的各个部分。STRIDE 威胁模型包括六个威胁类别：

- 欺骗
- 篡改
- 抵赖
- 信息泄露
- 拒绝服务
- 提升权限

能描述 SDLC 的各个阶段。确保理解 SDLC 模型的各个阶段。SDLC 由以下几个阶段组成：

- 定义
- 设计
- 开发
- 测试
- 安全运营
- 废弃

理解身份和访问管理及其如何应用于云环境。随着基于角色的访问的出现，IAM 在管理用户方面扮演着关键角色。理解这一点和联合身份的重要性。

理解云应用架构的具体细节。并非所有应用都可在云中运行。在设计或试图转移应用时，务必理解架构的差异。

7.9　书面实验题

在附录 A 中可以找到答案。

1. 找出一个你使用的云应用，指出它使用的所有 API。务必包含可使用但无法识别或验证的第三方 API。

2. 描述云软件开发生命周期与其他模型之间的异同。

3. 找出和描述云应用架构所涉及的至少两个组成部分。

4. 描述云环境中身份管理解决方案的功能。

7.10　复习题

在附录 B 中可以找到答案。

1. _____是关于 REST 的最佳定义。

    A. 建立在协议标准上　　　　　　B. 轻量级、可扩展

    C. 高度依赖于 XML　　　　　　　D. 只支持 XML 输出

2. _____不是 SDLC 的阶段之一。

    A. 定义　　　　　　　　　　　　B. 拒绝

    C. 设计　　　　　　　　　　　　D. 测试

3. _____不是 STRIDE 模型的组成部分。

    A. 欺骗　　　　　　　　　　　　B. 抵赖

    C. 信息泄露　　　　　　　　　　D. 外部渗透测试

4. _____是对于 SAST 的最佳描述。

    A. 白盒测试　　　　　　　　　　B. 黑盒测试

    C. 灰盒测试　　　　　　　　　　D. 红队测试

5. _____确认身份声明属于提出它的实体。

    A. 鉴定　　　　　　　　　　　　B. 认证

    C. 授权　　　　　　　　　　　　D. 发炎

6. _____是关于沙箱的最佳描述。

    A. 一个孤立空间，该空间内的交易被保护、不受恶意软件影响。

    B. 一个可安全地执行恶意代码以观察其如何运作的空间。

    C. 一个孤立空间，在该空间内，未经测试的代码和实验可在与生产环境隔离的情况下安全执行。

    D. 一个孤立空间，在该空间内，未经测试的代码和实验可在生产环境中安全执行。

7. IAM (身份和访问管理)安全领域确保了_____。

    A. 所有用户都被正确授权

    B. 正确的人在正确时间以正确理由访问正确资源

    C. 正确验证所有用户的身份

    D. 未经授权的用户将在正确时间以正确理由访问正确资源

8. 在使用可信第三方模式的联合身份管理时，谁是身份提供方，谁是依赖方？

    A. 签约的第三方/联合验证的各个成员组织

    B. 联合验证内各个组织的用户/CASB

    C. 每个成员组织/可信第三方

    D. 每个成员组织/每个成员组织

9. _____是关于组织规范框架(ONF)的最佳描述。

    A. 一个容器，包括由组织分类和利用的应用程序安全控制和最佳实践组件。

    B. 一个容器框架，包括由组织分类和利用的应用程序安全控制和最佳实践的所有组件。

    C. 由组织分类和利用的应用程序安全控制和最佳实践的子集。

    D. 一个容器框架，包括由组织分类和利用的应用程序安全控制和最佳实践的某些组件。

10. API 通常是由 REST 或_____构建的。

    A. XML   B. SSL

    C. SOAP   D. TEMPEST

11. _____是关于 ANF 的最佳描述。

    A. 一个用于存储 ONF 安全实践的独立框架

    B. ONF 的子集

    C. ONF 的超集

    D. 完整的 ONF

12. _____是关于 SAML 的最佳描述。

    A. 开发安全应用管理流程的标准

    B. 在安全域之间交换身份验证和授权数据的标准

    C. 在设备之间交换用户名和密码的标准

    D. 用于目录同步的标准

13. _____是关于 ISO/IEC 27034-1 的目的和范围的最佳描述。

    A. 描述云计算国际隐私标准。

    B. 关于应用安全的概述，介绍应用安全的相关权威概念、原理和流程。

    C. 作为 NIST 800-53 r4 的新替代。

    D. 旨在保护云应用的网络和基础架构安全的概述。

14. _____是指"从攻击者的角度感知软件，以便定位/检测潜在的漏洞"。

    A. 渲染   B. 飞驰

    C. 敏捷   D. 威胁建模

15. 数据库活动监测(DAM)可以_____。

    A. 基于主机或基于网络   B. 基于服务器或基于客户端

    C. 用于替代加密   D. 用于替代数据遮蔽

16. WAF 在 OSI 层_____运行。

    A. 1   B. 3

    C. 5   D. 7

17. 多因素验证至少包含两种身份验证因素，_____是关于这个概念的最佳表述。

    A. 一个复杂密码和一个秘密代码   B. 一个复杂密码和一台 HSM

    C. 一个硬件令牌和一张磁条卡   D. 你知道什么和你拥有什么

18. SOAP 是一种协议规范，用于 Web 服务中结构化信息或数据的交换。以下哪一项关于 SOAP 的描述是不正确的？

    A. 基于标准   B. 依赖 XML

    C. 非常快速   D. 可以工作于许多协议

19. DAST 要求_____。

    A. 钱   B. 划分

    C. 运行时环境   D. 反复通货膨胀

20. 沙箱技术提供了_____。

    A. 生产环境

    B. 隔离测试环境，用以隔离不可信代码在非生产环境中进行测试

    C. 仿真

    D. 虚拟化

第 **8** 章 运 营 要 素

本章旨在帮助读者理解以下概念

虽然大多数 IT 和信息安全方面的从业者可能花大部分时间为云客户提供专业服务，但 CCSP CBK 和 CCSP 考试也要求从业者对云服务提供商方面具备一定程度的了解。本章将继续详细分析云服务提供商(及其数据中心)的内部运作机制。

8.1 物理/逻辑运营

云数据中心必须健壮(Robust)且具有弹性(Resilient)，可处理各种威胁，如自然灾害、黑客攻击乃至简单的组件失败。这种能力必须是全面彻底的，从而能为具有广泛服务需求的各类云客户提供接近持续的系统运行和数据访问(称为 Uptime，正常运行时间)。

当前，云服务提供正常运行时间的行业标准是"5 个 9"，即 99.999%的正常运行时间(某些情况下，云服务提供商提供的正常运行时间会超越这个值，达到 99.9999%)。这与十年前对服务水平的期望已有很大差异。当时的托管服务(Managed Service)通常不是基于云计算技术，承包商向客户私有的机房出租 IT 设备和网络并负责维护；定期维护、升级和常规组件损坏等预期停机时间每月可达 3 天。而 5 个 9，按一年来说，仅相当于每年不到 6 分钟。

本章将回顾为实现 99.999%的正常运行时间而建立的标准和方法。

正常运行时间和可用性

CCSP CBK 明确区分正常运行时间和可用性。按字面理解，这通常是正确的。数据中心持续地正常运行，云客户却可能遇到可用性问题。例如，云客户连接数据中心的能力可能受到云客户自身的 ISP 故障的影响。这是一个云客户方面的可用性缺失问题，而不是云服务提供商方面的正常运行时间问题。数据中心在正常运行，只是云客户无法访问。

这像在钻牛角尖，因为实际上，大多数专业人士(或者法院或监管机构)，已经不会要求 个实体对控制范围之外的机构和外部问题负责。没有人首先认为云服务提供商要为云客户 ISP 的故障负责。当然，这种情况下，云服务提供商也不必承担未达到 SLA 条款的责任。

此外，在现实中，正常运行时间和可用性这两个术语通常传达相同的概念：在认可"对于由于云服务提供商自身范围之外的原因所造成的云客户无法访问数据中心的情况，云服务提供商概不负责"的前提下，云服务提供商在 SLA 规定的参数范围内提供无意外中断服务的能力。

但是，如果出于学术和 CCSP 考试目的，从最严格的意义上讲，它们并非同义词。

8.1.1　设施和冗余

绝大多数情况下,持续的正常运行时间是通过物理组件和基础架构的冗余实现的。若硬件和传输介质有充足的备份冗余,某些元素的缺失就不会对运营产生影响。

设计数据中心时,不仅要考虑 IT 系统和基础架构的冗余性,还要考虑支持数据中心运营的各方面功能的冗余问题。这些包括公用设施(电力的获取和分配、水、通信连接)、工作人员、应急能力(主要是发电、燃料以及人员出口线路)、HVAC 和安全控制措施。

　注意: 供暖、通风和空调(HVAC)系统将冷空气与服务器产生的热量分开。它们对空气进行管理,其中包括带有内置通风装置或冷热交替通道的机架。

1. 电力冗余

没有电力,IT 系统就无法运行。数据中心需要足够的电力来运行所有云客户的核心处理和存储系统,以及数据中心的必要支撑系统(如 HVAC、照明)。对于基本电力需求的冗余,云服务提供商需要考虑的两个重要方面是: 电力设施服务提供商以及从服务提供商到数据中心园区的实际物理连接。此外,这种电源复制应该在整个数据中心本身进行,直到组件级别; 每个设备都应该有主电源和备用电源,以确保可用性。

电力服务提供商冗余

为一个物理机房寻找多个电力设施服务提供商是颇具挑战的。大多数城市在立法上规定仅由一个电力服务提供商供电。电力公司通常会被授予某种形式的地方垄断,这是基于服务提供商的互相竞争会影响社区获取电力的成本效益这一前提。因为,这需要考虑建立和维护多套发电和输电基础架构所需的成本。理论上,每个电力服务提供商都必须拥有自己的发电站、电网以及将电力输送到所有客户的每栋建筑的线路等设施。这可能导致服务区域内的电缆电线过多,并降低通过将基础架构限制为一套而可能带来的创造规模经济的机会。不管这个理论是否正确(这值得怀疑,因为电话服务提供也曾基于同样的原因受到限制,而如今,电话服务市场不仅打破垄断生存下来,而且得到蓬勃发展,其消费成本却大幅下降,也没有因为过多的电话基础架构影响社区),大多数城市区域仍不会有一个以上的电力服务提供商。

此外,那些通常被认为是建立数据中心的理想地理位置,会由于其他原因反而更不太可能会有多个电力服务提供商。由于数据中心建设成本昂贵、占地面积大、对外部服务需求少(电力和通信连接除外),偏远的乡村通常被认为是建设数据中心的最佳选择: 地价便宜、区域划分限制大为减少甚至不存在,而且受到特定外部威胁(内乱、邻近建筑的火灾、犯罪/破坏行为等)的影响可能性小。然而,农村地区往往只有一家电力服务提供商，这不是由于法令规定，而是因为多个服务提供商在一个低人口密度地区同时提供服务是无法盈利的。这反过来又使得云服务提供商难以找到多个电力设施为数据中心提供服务。

电力线路冗余

几乎所有在 IT 领域工作过的人都遭遇过这类攻击：整个 IT 企业因为一次线路挖断事件而无法提供服务。出于某种原因，挖土机、推土机和气铲机似乎总能魔法般地定位和切断通向建筑物的电力和通信线路，不论这些线路深埋在地下还是架到高空，或者即使公用设施检查员在施工前已对这些位置进行了清晰标记。这就像一条自然规律：一名安全专业人员，每当看到园区停车场的建筑设备，就会想到电力和通信中断。

警告：还有松鼠！据作者所知，有不止一个组织因为松鼠啃咬电力和通信线路而停止提供服务。在一个案例中，这个事情在同一个组织里不止发生了一次。这不是笑话但是确实有点好笑。这也是设计数据中心必须考虑自然环境威胁的一个例子。

因此，云服务提供商不仅有必要确保连接到园区每个建筑的所有电力和通信线路都具有双路冗余，还要确保线路铺设在每个建筑的两侧。这是为了避免挖土机同时挖断两条线路，同时在一个设施的两侧施工的可能性也比仅在一侧施工的可能性要小。

电源调节和配电冗余

涉及数据中心供电的另一个方面是必要的辅助性基础架构，包括电源调节设备和配电机制。

大多数输电干线上的原始电力并不适用于商用 IT 系统。必须对其进行调整以优化其对系统性能的适用性。我们称为调节(Conditioning)。调节通常涉及调整线路上的电压。它还包括浪涌保护器(Surge Protector)，以减弱因自然原因(例如风暴)或电网(Grid)中其他地方的不受控活动可能引发的电力尖峰(Spike)的影响。

设计数据中心时，最好规划这些电源调节设备以及电力系统的其他方面的冗余。同样，数据中心内电力系统的其他部分也应该进行类似的备份冗余，包括任何配电节点，如变压器或变电站，以及向每个设施输电的管道。

注意：在讨论电力和弹性设计时，还有一个要考虑的重要问题是备用电力系统，例如，电池和发电机。9.3 节将介绍这方面的内容。

2. 通信冗余

就像寻找多个电力服务提供商一样，寻找冗余通信服务提供商也会遇到许多同样的挑战。对于地理上孤立的地区来说，甚至可能难以找到一个宽带 ISP，更不用说找两个或更多个。但云数据中心带来了足够多的服务需求，ISP 可能会专门增建基础架构，来为这些数据中心提供服务。

3. 人员冗余

在进行数据中心的冗余和弹性设计时，还要考虑管理和支持 IT 组件的人员。可采取的一些增强人力资源稳健性的措施如下。

交叉培训(Cross-Training)。只要有可能，不仅要对人员进行与其主要工作职责相关的培训，也要进行与另一个工作职责相关的培训(反之亦然)。这样一来，遇到紧急情况或出于排班考虑，他们就可以相互分担、互为备份(这在数据中心非常有用，因为数据中心的持续正常运行时间通常意味着需要倒班)。但这种方式成本很高。让所有人员接受多个领域的培训不仅需要大量培训预算，还需要为高素质人员支付高额工资。只有高素质的员工才有自制力和能力来履行其主要工作职责之外的一系列其他工作任务。如果决定用这种方法来实现人员冗余，就要确保所有员工经常执行他们的每项技能，让他们在每个领域都保持熟练，培训所学的技能不会退化。

水。与电力一样，供水设施冗余是云数据中心的重要考虑因素。在应急计划中可能被忽视的一个公共设施是水和水供应商。水用于人员和系统的饮用、冷却和消防。与电力一样，在特定地区寻找多个水供应商也许不易。然而水的抽取、运输和储存不像电那么困难和危险。数据中心拥有者除可订购当地水源外，还可从自己的井中汲取饮用水，也可与运输公司签约、通过铁路或卡车来获得水源。水可在蓄水池、冷却塔(以及具有供给和储存双重作用的井里)储存相当长时间。在设计供水冗余时，应该考虑多个水泵设施以获得足够水压，还要考虑运行它们所需的电力。

出入口。回顾一下所有安全工作的首要关注点：健康和人身安全。数据中心的所有建筑，在紧急情况下都应该有多个紧急逃生点。这并不会使你的物理防御体系变得千疮百孔。紧急出口可使用单向门(例如推杆在内部的门，无法从外部打开)，但入口仍是极其有限且严格控制的。请记住在出口路径上设计洒水灭火系统。

照明。就持续正常运行而言，灯光似乎并不是运行的必要要素。但试想一个没有内部照明的数据中心或照明系统断电的情形。因为大多数数据中心都没有窗户(窗户带来安保风险，对于数据中心很大程度上是没必要的)，照明系统故障会导致设施让人员感到不适甚至遇到危险，更不用说完成工作。紧急照明灯，特别是出口通道的照明灯尤为重要(通常也是建筑规范要求的)，同时确保照明灯已连接到备用电源。

4. 安全冗余

在设计物理机房及其布局的安全性时，必须记住信息安全领域的一个最基本概念：纵深防御(Defense in Depth)。如前所述，纵深防御(或"分层防御")使用多种不同的安全控制措施来保护同一资产，它通常使用不同层次的技术，控制措施可分为 3 类(物理、管理、逻辑/技术)。

云数据中心要充分满足与物理安全有关的"应尽职责"要求(并降低潜在威胁和风

险的可能性)，就必须包含所有基本保护措施，冗余应该以分层的、不重复的形式来设计。例如，分层的物理防御并不意味着在边界设置两三条同心围栏线；而也许是包括一名监视围栏的保安，视频监视能力，以及对破坏围栏企图的电子监测。这提供了防护手段的冗余和弹性(从单一控制意义上讲，这些属于"边界安全"，当然其他物理安全措施也是必要的)。这对人为攻击者来说是一个挑战，他们将需要多种工具和技术来突破防御，而不是突破一个就能得逞(例如，只需要一个电线切割机)。信息安全的目标是使突破防御变得更复杂。

除了边界外，物理安全设计还应该包含：

- 车辆路径/入口，使用盘旋和弯曲的车道和/或减速带以及护柱，以防车辆驶入时加速撞击建筑物。
- 客人/参观者通过一个受控入口进入，包括正式的接待(也许是访客记录、视频监视以及负责接待职责的专门人员)。
- 正确安排危险资源或重要资源的位置(如供电、存储和配电组件，特别是发电机和燃料)，勿将它们放在人员或车辆通道附近。
- 内部物理访问控制，如工牌、钥匙、密码组合、旋转门等。
- 针对高度敏感资产进行特别的物理防护，如保险柜、RFID 资产跟踪机制。
- 火灾探测和灭火系统。
- 在主要电力供给中断时，仍能为所有这些功能提供足够电力。

🌐 真实世界场景

为设计评分

根据"安全冗余"部分列出的实践，我们一起分析某个设施的设计。来看下面这张云数据中心的园区图，看它是否具有足够的弹性、冗余性和安全性。考虑图 8.1 中哪些方面是合理的、哪些方面是不合理的。

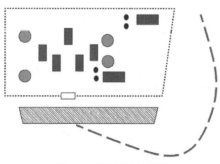

图 8.1　某个设施的设计

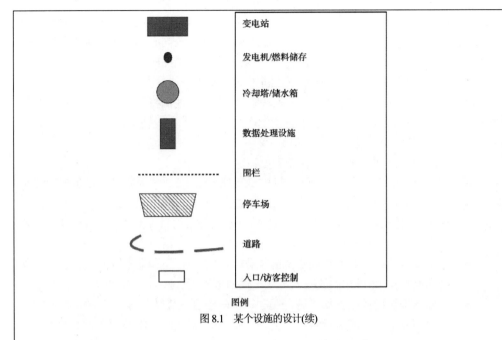

■	变电站
●	发电机/燃料储存
⬤	冷却塔/储水箱
▮	数据处理设施
....	围栏
⬠	停车场
∠ — —	道路
▭	入口/访客控制

图例

图 8.1　某个设施的设计(续)

大家觉得这个设施怎么样？它体现了上述的一些恰当做法吗？

以下是一些好的方面：

- 在该设施中，进入道路的路线是弯曲的，不是直的。
- 工作人员和访客有一个集中入口，对入口进行了控制。
- 似乎已对所有必要设施进行了充足的备份冗余，包括电力、水和数据处理设施。

也存在一些有问题的方面：

- 其中一套发电机和燃料的储存装置(位于较低位置的那套)似乎太靠近其他建筑了，这可能引起火灾，并危及人身健康。
- 我们虽然不能从图中明确看出，但这里似乎只有一层边界安全——围栏。如有可能，应该增加更多不同层次的安全措施，例如监视摄像机和安全巡逻。
- 将电力设施安排在园区两侧会更好。

5. 整体冗余性：Uptime Institute 层级

在持续运营方面，(ISC)^2 目前参照 Uptime Institute(UI)的数据中心冗余相关标准。Uptime Institute(https://uptimeinstitute.com)是 IT 服务咨询机构。UI 发布数据中心设计标准，并对数据中心是否符合该标准进行认证。

UI 标准分为 4 个层级，层级越高的数据中心具有越好的连续性或持续性。标准本身可从 UI 网站免费下载。在下面的章节中会讨论相关细节。(各层级描述中的强调内容是作者增加的，以说明各层级间的区别，并不属于原始文档中的内容)。

一级(Tier 1)

一级数据中心非常简单，很少或几乎没有冗余，被称为基本站点基础架构(Basic Site Infrastructure)。它列出对数据中心的最低要求，必须包括如下内容。

- IT 系统的专用空间。
- 用于线路调节和备份的 UPS(Uninterruptible Power Supply，不间断电源)系统。
- 足够支持所有关键设备的制冷系统。
- 在长时间断电期间供电的发电机，至少有 12 小时的燃料能让发电机在充足负载下为 IT 系统供电。

 注意：12 小时是所有 4 个级别的标准燃料要求。

一级数据中心还具有以下特点。

- 定期维护会要求系统(包括关键系统)离线。
- 计划内和计划外的维护和响应工作都可能导致系统(包括关键系统)离线。
- 异常人员活动(无意或恶意的)会导致停机。
- 年度维护对于数据中心的安全运行是必要的，年度维护期间需要完全关闭系统(包括关键系统)。如果不完成此类维护，数据中心可能遭受更多的运行中断。

一级数据中心对这么大范围的风险如此敏感，为什么还有适用之处？谁愿意成为这种服务的客户？显然，这种设施的运行成本非常低廉，节约的成本很可能反映在客户要支付的价格上。另外，这类设施可能吸引那些仅使用云计算服务来备份企业数据(甚至是组织的私有云数据)的组织，组织只要求设施偶尔或短时间可用。从这个角度看，一级数据中心可能适合作为组织的一个热站/温站(数据不需要频繁上传，可能每周或每月才上传一次)，它甚至可能只作为冷站使用(数据仅在组织遇到紧急情况并需要执行应急操作时上传)。

因此，如果组织对连续正常运行时间以及连续访问资源和数据的要求不高，一级数据中心可能是价格最低廉(功能也最少)的选择。

二级(Tier 2)

二级数据中心比一级数据中心略微可靠，并以其特征命名：冗余站点基础架构能力组件(Redundant Site Infrastructure Capacity Components)。除了一级数据中心的所有属性，它还具有以下附加特征。

- 对于任何冗余组件的计划性更换和维护不会中断关键业务；但配电系统和电力线路的连接中断可能造成停机。
- 与一级的异常人员活动肯定导致停机不同，在二级中，这种活动仅可能导致停机。
- 组件或系统的计划外故障可能导致停机。

因基本冗余带来的优点，二级数据中心显然更适用于云运营，因此更具吸引力。它比更高层级的产品实惠，是一个可满足持续使用要求的可靠选择。这对希望在公有云环境中运营又能保持较低开销的小型组织而言也许是个好选择。

三级(Tier 3)

三级设计称为 "并行维护站点基础架构(Concurrently Maintainable Site Infrastructure)"。顾名思义，该类设施既有二级的冗余容量组件，又有多条配电线路(在任何给定时间，关键业务只需要一条线路可用即可)所带来的额外优点。三级与前面的较低级的区别包括：

- 所有 IT 系统都有双电源。
- 即使任何单个组件或电力元件因计划内维护或更换而无法工作，关键业务仍可继续使用。
- 计划外的组件损坏可能导致停机；单个系统的损坏肯定导致停机(组件是多节点系统中的一个节点，每个系统都有冗余组件，但系统作为一个整体未必是冗余的)。
- 计划内维护(包括计划内设施的整体年度维护)未必导致停机；但此期间停机风险会上升。数据中心在此期间不会因其暂时上升的风险而失去其三级的评级。

显然，提供三级数据中心的云服务提供商对于希望迁移到公有云的组织来说是一个切实可行的选择。具有常规运行要求的大多数组织可考虑选择三级。那些有特殊需求的组织(拥有高度敏感资料的组织，如政府机构、使用大量知识产权的实体，或具有极高持续正常运行时间需求的大型组织)可考虑选择三级，但对于其他所有情况而言，三级应该已能满足要求。

四级(Tier 4)

高端数据中心可提供**容错站点基础架构(Fault-Tolerant Site Infrastructure)**。正如 Uptime Institute 对这个层级反复描述的那样，设施中的每个元素和系统(IT 处理、物理设备、配电等)都具有完整冗余，无论因任何组件或系统损坏而造成的计划内或计划外宕机，关键业务都可幸免于难。这是否意味着四级数据中心坚不可摧，可永远保持正常运行呢？当然不是；任何如此营销的人都值得怀疑。不过，四级相对而言是最健壮、最具弹性的选择。

除具有三级的所有功能外，四级数据中心还包含以下特征。

- IT 和电气组件是冗余的，多个组件各自独立，物理上彼此分离。
- 无论何种基础架构元件损坏，关键业务仍能获得足够的电力和冷却能力。
- 任何单一系统、组件或配电元件的损坏都不影响关键业务。
- 为基础架构控制系统提供了自动响应能力，使关键业务不受基础架构故障的影响。
- 任何单点损坏、事件或人员活动都不会导致关键业务的停机。

- 计划性维护可在不影响关键业务的情况下执行。但当一组资产处于维护状态时，数据中心可能因为影响备用资产的事件而面临更高的故障风险。在临时维护期间，设施不会失去其四级的评级。

显然，不论组织的信息资产敏感性或对正常运行时间的需求如何，四级数据中心适用于任何考虑向云迁移的组织。也是最昂贵的选择，只有那些有足够资金能够担负得起的组织才会选择它。

🌐 真实世界场景

可信冗余

云客户 Netflix 为网络的冗余性和弹性创建了一个高可信范例。

2011 年，Netflix 通过其技术博客 http://techblog.netflix.com 发布了 Simian Army，这是一组供公司评估应急情况下持续服务能力的测试和监测应用，这表明 Netflix 通过实际创造危险来完善和改进服务的意愿和远见。

Simian Army 包括 Doctor Monkey，Doctor Monkey 通过搜索 Netflix 的所有资源以发现潜在性能下降，然后执行警报和响应功能。Simian Army 不仅是一套自动化警报和响应软件，还包括几个令计算机安全专家备感震惊的程序，特别是 Chaos Monkey 和 Chaos Gorilla。这两个程序不是响应式的，它们极具攻击性，有目的地随机关闭 Netflix 资源网络中的元素。Netflix 主要运行在 Amazon Web Services 公有云上。Chaos Monkey 禁用特定生产实例，Chaos Gorilla 关闭整个 Amazon 可用区。其目的是确保整个网络中内置的所有负载均衡功能可抵御故障，并以透明方式继续为云客户提供服务。

一些安全专家和组织管理者认为这太疯狂，是在蛮干。基本上，这就是公司在对自己进行 DoS 拒绝服务攻击。但这也是聪明果敢的做法：这几乎是能确认系统冗余和自动响应控制的规划和设计正实时完全正常工作的唯一办法。

我们不建议每个组织都采用这种方法，但那些希望确保云资源完全容错的组织不妨一试。Netflix 已将这种能力提供给全世界：不仅在公共网站上公布 Simian Army 的存在，并在 2014 年开放 Chaos Monkey 供免费使用。可从以下网址免费下载 Chaos Monkey：https://github.com/Netflix/security_monkey。

不走寻常路，创造一种方法来攻击自己的资源是一个层次上的勇气；向世界宣布你正在使用这种方法，则是另一个层次上的勇气。如果出现问题呢？不会因自大而作茧自缚吗？

发布该方法的相关工具集，并让全世界使用它，明知一部分用户会捣乱，最终攻击你自己，因此这是一种豪气，是一场英雄式的赌博。在系统中横冲直撞的数百万 Chaos Monkey 被开源社区改造和优化，获得的美誉将像贷款利息一样回流到 Netflix。

这是一个值得赞赏和钦佩的具有前瞻性的举措。推荐你阅读 Netflix 技术博客，其中介绍公司转移到公有云的决定、他们的做法以及遭遇的故障和漏洞等，语言通俗易懂、轻松幽默，将技术和管理内容完美融合在一起。

8.1.2 虚拟化运营

从云服务提供商的角度看，虚拟化是绝对必要的。这是以可伸缩方式对所托管的多个客户进行有效成本管理、同时仍可为他们提供近乎连续的正常运行时间的唯一方法。

虚拟化会产生特定的风险，前面几章已经描述了其中许多风险。在接下来的几节中，我们将讨论云提供商在规划虚拟化运营时应该考虑什么。

1. 人员隔离

云服务提供商一方的管理员可物理访问设备，设备中可能运行着同一行业的多个云客户的实例(也就是说，同一主机上的云客户可能互为竞争对手)。云服务提供商必须确保不存在会影响服务水平的任何不当行为、利益冲突。例如，如果互相竞争的云客户正好在同一主机上，而某些意外情况迫使管理员必须停止两个实例中的一个来维护设备。此时该管理员不能根据自己的偏好进行选择，而应该完全根据数据中心的整体性能和运行情况做出选择。

理论上，最好让管理员无法确知云客户业务的性质和细节。但在实际中，这种做法的效果并不理想，因为管理员对云客户的了解能帮助他们更好地满足云客户的需求。Brewer-Nash 模型是为了实现这一目标而提出的。这个概念首先在 1989 年 IEEE 关于该主题的一篇论文中提出，它根据策略区分管理员的访问和权限；该论文的网址为 https://www.cs.purdue.edu/homes/ninghui/readings/AccessControl/brewer_nash_89.pdf。追求这一目标的云提供商可能想要制定这样的策略并测试其功能。

2. 加固虚拟机管理程序

由于虚拟机管理程序(Hypervisor)是攻击者的主要目标(控制虚拟机管理程序后，就可以访问每个实例中的数据)，因此虚拟机管理程序的安全性应该如同传统网络 DMZ 区域堡垒主机的安全性那样受到高度关注。虚拟机管理程序应该根据厂商标准进行更新，安装补丁，不应该有默认账户，还应该用自动传感器、日志和日志分析进行监测。如果云服务提供商必须在不同类型的虚拟机管理程序之间进行选择，那么裸机(类型 1)虚拟机管理程序应该优先于运行在 OS 之上的虚拟机管理程序(类型 2)，因为类型 1 提供的攻击面较少。

3. 实例隔离

每个虚拟机(即每个实例或 Guest)都应该与其他虚拟机进行逻辑隔离，并进行严格的逻辑控制(由于虚拟化和自动负载均衡的性质，它们无法实现物理隔离)。不仅要防止原始数据从一个实例泄露到另一实例，还要防止所有元数据的泄露。不应该有实例能判断是否有另一个实例存在于同一主机上，更不能判断其他实例在执行什么操作、执行了多长时间。

无论采取什么隔离控制措施，都应该在沙箱测试环境和实际环境中进行持续测试和监测。

此外，应尽可能降低 Guest 逃逸(Guest Escape，指用户通过提升特权，离开虚拟实例并访问宿主机本身) 的可能性。

4. 主机隔离

与 Guest 逃逸一样，云服务提供商应该防止以下情况的发生：用户在虚拟实例上提升自己的权限，从而离开虚拟机，访问主机，到达主机所连接的网络，并最终到达网络上的其他主机设备和资产。

因此，所有主机都应该尽可能实现物理和逻辑上的隔离。它们显然仍会连接到网络，并以某种方式互相"接触(Touch)"，因此，这些连接应该最小化，并尽可能对其进行保护。此外，应该进行彻底和详尽的持续性网络监测，这样任何主机逃逸行为都会立即被识别并进行响应。

8.1.3 存储运营

除了提供给云客户运行虚拟化实例的主机外，云数据中心还包括一些设备，用于短期和长期存储数据及实例镜像。

1. 集群存储与耦合

大多数情况下，存储设备以组的方式形成集群，从而提供更好的性能、灵活性和可靠性。集群存储结构可采取以下两种类型之一：紧耦合或松耦合。

在紧耦合架构中，所有存储设备都直接连接到一个共享的物理背板("紧"的方面)。集群的每个组件都能感知到其他组件，并使用相同的策略和规则集。紧耦合的集群通常被更严格的设计参数所限制，这经常是因为设备可能需要来自同一供应商才能正常工作。虽然这可能是一个限制因素，但紧耦合架构仍会随着规模的扩大而提升性能：每个元素的性能都会被添加到集群的整体性能中去，从而使得其可在规模增加的同时性能也变得越来越强大。

另一方面，松耦合集群允许更大的灵活性。集群中的每个节点都独立于其他节点，并可根据需要添加用于任何目的或用途的新节点。它们只在逻辑上连接，并不直接共享物理架构，因此只通过通信介质进行远程物理连接("松"的方面)。由于节点并非建立在彼此之上，因此性能不一定随规模的扩大而提升。但这可能并不是这种存储架构的关注重点，因为它的存储指令和性能要求都相当简单。

2. 卷和对象

看待存储的另一种方式是存储数据的方式。通常，存储会使用两种模式：卷存储和对象存储。在卷存储中，磁盘空间被分配给客户，并分配给客户使用的每个访客实例。访客虚拟操作系统会根据需要使用和操作卷，这有时被称为块存储或原始磁盘存储。云中的卷/块存储类似于传统网络中的挂载驱动器。在卷/块存储中，用户/管理员可以安装和运行程序，或者简单地采用文件系统来存储对象。对卷存储的威胁包括：

- 因为卷只是一个驱动器空间，所以所有传统的数据存储威胁仍然存在，例如恶意软件、意外删除数据和物理磁盘故障。
- 此外，由于数据存储在云中，当数据在上传和调用的时候，如果有远程用户操控卷，就存在中间威胁(中间人攻击)。

在对象存储中，所有数据都存储在一个文件系统中，客户被授权访问他们被分配到的层级内的各个部分，这有时被称为文件存储。在对象存储中，用户/管理员仅限于上载、存储和操作文件(对象)，而不是安装和运行程序。对象存储面临的威胁包括：

- 由于对象存储没有运行环境，恶意软件的风险大大降低，但仍存在能感染特定文件的寄生病毒；
- 物理磁盘故障造成的损失仍然存在；
- 勒索软件攻击的风险也可能严重威胁对象存储。

3. 其他存储

还应该熟悉的几种其他形式的云数据存储如下。

- **临时存储：** 主要用于运算处理的临时资源。有时称为实例存储卷，临时存储由直接连接到主机的设备提供，在主机上虚拟实例的运行和云虚拟机的 RAM 相似。对临时存储的威胁：如果虚拟机实例关闭或实例存储所在的物理驱动器发生故障，临时存储中的数据将丢失。
- **长期存储：** 持久的数据存储容量，通常以低成本大量提供，主要用于存档/备份。通常这类存储不适合生产环境，也不利于程序的安装和运行，但至少有些提供商提供了运行查询和分析存放在长期存储中数据的能力。对长期存储的威胁：内部威胁(恶意用户或云存储数据中心管理员)；中间人(中间人攻击)，因为数据被上传到云端；勒索软件；供应商套牢，因为供应商拥有的数据越多，就越难离开该供应商。
- **内容分发网络(CDN)：** 通常用于时效性通信和低延迟的大量数据，例如多媒体内容(游戏、视频等)。内容提供商不必在单个集中的物理位置托管整个内容库并在全球进行内容分发，而是可以使用 CDN 在物理位置更靠近用户/消费者的数据中心复制部分数据，以减少延迟/中断和服务质量降低的可能性。例如，布鲁塞尔的视频内容制作商拥有全球观众，可以选择从 CDN 服务主机租赁服务，在亚特兰大、伦敦、莫斯科、北京和班加罗尔的数据中心复制流行视频的副本；当这些地点的用户请求视频时，数据将从他们当地的数据中心提供，而不必从布鲁塞尔获取。对 CDN 的威胁：CDN 可能易受中间人、内部人员(主要是 CDN 提供商管理员)和潜在恶意软件的影响。

4. 弹性

云存储集群中有两种创建数据保护的方式：RAID(独立磁盘冗余阵列，最初称为廉价磁盘冗余阵列)和数据分散化(Data Dispersion)。这两种创建数据保护的方式非常相似，有一定程度的弹性，可在合理程度上保证：即使物理和/或逻辑环境受到一些有害偶发事件(停机、攻击等)的影响，但整体数据不会永久丢失。

在大多数 RAID 配置中，所有数据都以条块化(Striping)方式存储在各个磁盘中。这样可更高效地恢复数据，如果其中一个驱动器发生故障，缺少的数据可由其他驱动器填充。根据所有者的需要，存在具有不同性能、冗余度和完整性级别的多种方案(RAID 0~10)。在某些 RAID 方案中，奇偶校验位(parity bit)被添加到原始数据中，用于帮助驱动器在发生故障后进行恢复。

数据分散是一种类似的技术，数据被分割成“块(Chunk)”(有时称为“碎片”)，并与奇偶校验位一起加密，然后写入云集群中的各个驱动器。通过将残余数据加上奇偶校验位/擦除编码重新创建丢失的数据，奇偶校验位/擦除编码允许恢复部分丢失的数据(存储在一个“驱动器”、设备或存储区域中)。数据分散可视为在云环境中创建一个RAID 阵列，这种技术也常被称为位裂(Bit Splitting)。

 注意：秘密共享缩短(SSMS)是一种位裂的方法，它包括 3 个阶段：加密、使用信息分发算法，和使用秘密共享算法分割加密密钥。这些片段被签名并分发到不同的云存储服务，这样就使得在缺少任意选择数据和加密密钥片段的情况下很难解密。

数据分散提供了多种好处。根据加密配置，部分数据丢失(例如，存储集群中的一个组件发生故障)不会导致数据集完全不可用；使用奇偶校验位/擦除编码，丢失的部分可以从集群中的其余组件中恢复。另一个好处是在物理和逻辑盗窃时有更高的安全性：如果一个包含分散数据的设备从云数据中心被拿走，或者通过未经授权的方式访问，那么该设备上的分块/碎片对窃贼来说将没有任何意义或用处，因为在没有其他分块/碎片的情况下，它将无法读取，况且也是经过加密的。如果一个设备被监管机构/执法部门扣押/访问，以便对另一个客户进行调查，这也保护了云客户的数据：当监管机构访问设备以查找客户 B 的数据时，如果客户 A 的信息被分散，则不会显示出来。

8.1.4　物理和逻辑隔离

前面讨论了对人员、各种虚拟化实例以及集群中的存储设备进行物理和逻辑隔离的必要性。相同的原则应该应用到整个云数据中心。还包括其他隔离技术和手段,这些技术和手段包括限制对设备的物理访问、安全接口设备以及限制对设备的逻辑访问。

1. 限制对设备的物理访问

数据中心内的机架应仅限于那些必须接触设备以执行其工作任务的管理员和维护人员接近和使用。入口和出口应该被控制、监测和记录。机架应该上锁,每个机架的钥匙只能在使用期间办理取出手续。同样,当管理员因特定任务需要使用 KVM(键盘、视频显示器和鼠标)时,必须办理取出手续,并在归还时进行归还登记。

2. 安全的 KVM

为安全起见,应对用于访问生产设备(包括处理设备和存储设备)的 KVM 等人机交互设备进行加固。安全的 KVM 与一般设备的不同之处在于,它们的设计已经考虑了检测和阻止篡改。当然,它们更昂贵一些。

安全的 KVM 应该具有以下特征。

安全数据端口。这降低了在 KVM 连接的计算机之间通过 KVM 产生数据泄露的可能性。

防篡改标签。这些标签能清楚地指示部件外壳是否已被拆开或侵入。它们也可能由警报灯来实现,在部件被打开时报警。

固化固件。固件不能被刷新或重新编程。

焊接电路板。用焊接代替黏合剂,可使电路板本身或其组件不能被移除和替换。

缩减的缓冲区。不会存储超出设备需求上限的数据。

物理隔离切换开关(Air-Gapped Pushbutton)。当在所连接的多个设备之间进行切换时,当前连接会在新连接建立完成之前被物理断开。

3. 限制设备的逻辑访问

设备应尽可能放置在安全子网中,以限制恶意入侵者可能的入侵(这在云环境中可能比较困难,因为云资源在整个云空间内自动分配)。严格控制 USB 端口的使用,只要可能,就应完全禁止(物理上永久禁用未使用的端口也是可取之策)。杜绝任何便携式介质在未经发现和检测的情况下带入或带出数据中心。

> **云使用**
>
> 　　许多新兴技术，如区块链、神经网络和物联网，它们高度依赖于分布式处理/网络、密集处理和高速连接，成为云环境的理想选择。
>
> 　　其他技术(如容器)，促进并普及了云服务的使用。容器是在分布式、异构 IT 环境中运行应用程序的一种手段，而不是虚拟机或虚拟机的补充。容器是一个可以在任何标准操作系统或平台上运行的软件必需品(代码、二进制文件、库等)的包。使用容器的组织可以确保组织的应用程序在非标准环境中以标准方式执行。

8.1.5　应用程序测试方法

　　在本节中，我们将从一个相当高的视角简要描述一些用于应用程序测试的方法。熟悉 SDLC 及其安全实现的读者应该已经对这部分有了一些了解。

　　静态应用程序安全测试(SAST)是对应用程序所包含的实际源代码的直接审核。它通常被称为白盒测试。好处是在应用程序进入生产环境使用程序之前很长时间，就直接和早期地评估潜在的缺陷。但是，有效的 SAST 需要大量关于特定代码的特定知识以及对潜在负面结果的专家理解。通常已经参与编程的人员才具有这些技能，但很少有组织能让这种人员执行有限的软件测试任务。因此，SAST 通常由合同人员在有限的基础上执行。这给开发过程带来了另一个潜在危害：可为其分配任务的迭代次数可能很有限，而且肯定很昂贵。但是，应用程序所有者不希望开发人员对他们自己编写的应用程序进行测试，因为开发人员很可能会漏掉他们犯下的错误(否则也不会犯下这些错误)，或者他们天生就偏向于自己的创作。这将构成利益冲突，违反职责分离原则。还有一些自动化的工具可以执行代码审核。但是自动化的代码审核工具和基于定义的恶意软件解决方案非常相似，只会检测已知和已识别的缺陷和漏洞，因此这种审核并不彻底。

　　另一方面，动态应用程序安全测试(DAST)不审核源代码。相反，它在应用程序运行时审核其输出结果，这通常被称为黑盒测试。DAST 通常需要测试环境中一组用户的加入，运行应用程序，并试图查看它在多个输入和条件下是正确执行还是执行失败。这也可以理解为功能测试的一种形式，因为各种测试输入中包括已知的良好数据，以确定是否产生已知的良好结果。DAST 并不像 SAST 那样细粒度，一些专业 SAST 揭示的信息在 DAST 中可能被遗漏。

　　当然，对特定的应用程序执行这两种测试是可能的，也是可取的。

　　第 7 章中解释的 STRIDE 威胁模型对于指导应用程序测试活动也非常有用。开发人员和质量保证/测试团队应该使用 STRIDE 方法来帮助制定测试参数和方法。

8.2　安全运营中心

大多数数据中心拥有一个集中的设施, 用于持续监控网络性能和安全控制, 这通常被称为安全运营中心(有时是网络运营中心或类似术语)。物理访问通常仅限于安全人员和管理员, 他们负责监视整个 IT 环境中安全设备和代理中的实时/历史收集来的资料。DLP、反恶意软件、SIEM/SEM/SIM、防火墙和 IDS/IPS 等工具将向安全操作中心提供日志和报告, 以便进行分析和实时响应。

对于现代 IT 环境, 安全运营中心不必物理上位于数据中心内部, 甚至不必位于同一园区内。对于具有许多不同分支机构和办公室的企业, 安全运营中心可以位于远程, 进行远程监控。实际在许多情况下, 安全运营和持续监控功能可能由一个签约的第三方来做, 他们是以安全工具、知识和人员作为核心竞争力的供应商。

在云管理服务安排中, 提供商很可能会有一个安全运营中心, 用来监视各种云数据中心和底层基础设施, 也根据服务和部署模型, 监视平台和应用程序。然而, 云客户也可能有一个安全运营来监视自己的用户/云账户及其互动情况。提供商和客户之间在检测、报告、调查和响应行动方面可能有一些共同的责任和活动, 所有这些都需要在合同中约定。

8.2.1　持续监控

IT 环境中的安全控制是持久的。不能在购买、实施之后就认为完成了控制措施(并且不能认为已经永久缓解了此控制措施要解决的相关风险)。相反, 控制措施必须得到持续监控, 以确保它们有效地按预期运行, 并解决它们本应减轻的风险或漏洞。另外还必须持续监控整个环境, 以确定新出现的威胁或风险是否得到妥善处理。

陈旧的安全模式需要定期进行风险审核, 如果审核成功或没有重大发现, 则认为 IT 环境在一定时间内是受到保护的。当前的行业指南和最佳标准否定了这种模式, 而表明倾向于持续监控的方法。NIST(在风险管理框架中)、ISO(在 27000 系列 IT 安全标准中)和 CIS(以前的 SANS 前 20 安全控制指南)都将持续监控作为保护 IT 环境的中心原则。

8.2.2　事件管理

当安全运营中心检测或收到异常或非法活动的报告时,可能会启动事件响应行动。事件响应可能包括以下目的。

- 最小化价值/资产损失
- 持续服务供应(可用性)

- 止损

预期结果将对响应中采取行动的过程产生重大影响，并且每个行业或组织表现各异。例如一个每小时进行数千笔商业交易的大型在线零售商可能最担心的是可用性——继续交易。如果零售商发现一个恶意软件正在从零售商那里偷钱，使零售商每小时损失数百美元，但零售商的收入是每小时几十万美元，那么零售商可能不想为了解决恶意软件问题而停止运营。零售商可能会继续允许损失持续很长一段时间，因为关闭系统的影响将比恶意软件的影响更具破坏性。另一个潜在的结果可能是法律求助的形式——诉讼或起诉。

组织应制定事件响应政策和计划。云提供商和客户都将有自己的事件管理目标和方法。双方应协调并分担这些责任，并在合同中进行约定。

此外，托管服务约定中的事件响应会带来额外的挑战和风险。例如，哪一方可以单方面宣布事件？双方是否都同意发生了事故？如果提供商声明了一个事件，在事件持续期间，提供商是否可以免除某些 SLA 性能目标(如可用性)的要求？如果有与事故响应相关的额外成本，如停机时间、人员执行任务或报告行动，则由哪一方负责承担这些成本？

在规划云迁移和选择提供商时，客户不得不考虑与事件管理相关的所有这些问题，以及其他方面的问题。

了解你的云

客户如何验证某个服务提供商是否能够满足自己的需求，特别是如果客户处于高度监管的行业或处理敏感/受监管的信息？

全球范围内对于各行各业和法律框架有许多监管体制。许多法律或合同构造体能提供认证(由标准机构或借助他们认为有资格的审计师)。需要遵守规定的客户可以从获得必要认证的供应商中进行选择。

例如，通过信用卡进行支付的组织必须遵守支付卡行业数据安全标准(PCI DSS)。如果该组织正在考虑云迁移，那么该组织需要找到一个同样获得了 PCI DSS 认证的提供商。如果提供商声称"符合 PCI DSS"，则该事实应包含在客户与提供商之间的合同中，并且提供商应提供一些具有约束力的合同保证，即不会因为托管云环境中的任何缺陷或缺点而发现客户不符合。

即使是不需要遵守 PCI DSS 的客户，也可能会认为具有 PCI DSS 认证的提供商比没有 PCI DSS 认证的提供商更可信、更可行。客户可以根据提供商持有的证书来选择提供商。

客户在选择云提供商时可能认为有价值或重要的认证还包括：

- ISO 27000 系列(尤其是 27017，它解决了云环境中的 IT 安全控制)
- FedRAMP
- CSA STAR

8.3 小结

本章讨论了冗余在云数据中心设计中的应用,并使读者了解了 Uptime Institute 描述和认证数据中心质量的 4 个级别。还讨论了包括威胁建模和软件测试在内的与应用程序安全相关的基本方法。

8.4 考试要点

理解如何在云数据中心的设计中实施冗余。 一定要记住,所有基础架构、系统和组件都需要冗余,包括公用设施(电力、水和网络连接)、处理能力、数据存储、人员、突发和应急服务(包括出口、电、照明和燃料)。

理解 Uptime Institute 发布的数据中心冗余的 4 个级别。 虽然很难记住每一个的细节,但要理解一级到四级在设计复杂度上的提高以及各级之间的根本差异。

理解 SAST 和 DAST 的差异。 知道什么是白盒测试和黑盒测试,哪个涉及源代码审查,哪个在运行时进行。

8.5 书面实验题

在附录 A 中可以找到答案。

1. 设想一个组织托管在云环境中的应用。用一段话描述这个应用的目的和用途,包括用户群、处理的数据类型和接口。

2. 使用 STRIDE 模型分析第一个实验中的应用的潜在安全故障点。根据 Microsoft 的说法,在一次两小时的分析中,可识别多达 40 个失效点;在 30 分钟内,写出 3 个。

3. 用一段话描述每个潜在威胁;再用一段话描述可用来减轻威胁的安全控制。这些控制措施可能重复(也就是说,可用相同的控制应对多个威胁),但每个解释段落应该对应于一个特定威胁,因此不能仅进行复制。

8.6 复习题

在附录 B 中可以找到答案。

1. 根据 Uptime Institute, _____是最低级的数据中心冗余。

    A. 1   B. V

    C. C   D. 4

2. 根据 Uptime Institute，对于所有级别的数据中心，需要为数据中心提供备用电力的发电机常备多少燃料？

  A. 1

  B. 1 000 加仑

  C. 12 小时

  D. 能确保所有系统正常关闭、数据安全存储所需的量

3. _____不应该参与应用程序安全测试。

  A. 质保团队成员　　　　　　　　B. 测试合同方

  C. 用户社区代表　　　　　　　　D. 应用程序的开发者

4. _____是 STRIDE 模型的一部分。

  A. 抵赖　　　　　　　　　　　　B. 冗余

  C. 弹性　　　　　　　　　　　　D. Rijndael 密钥生成算法

5. _____不是 STRIDE 模型的一部分。

  A. 欺骗　　　　　　　　　　　　B. 篡改

  C. 弹性　　　　　　　　　　　　D. 信息泄露

6. _____不是 SAST 的特点。

  A. 源代码审核　　　　　　　　　B. 团队建设的成果

  C. "白盒" 测试　　　　　　　　D. 技术水平高、价格昂贵的外部顾问

7. _____不是 DAST 的特点。

  A. 在运行时进行测试　　　　　　B. 由用户团队进行可执行测试

  C. "黑盒" 测试　　　　　　　　D. 二进制文件检测

8. _____不是安全 KVM 组件的特点。

  A. 击键记录　　　　　　　　　　B. 密封的外壳

  C. 焊接的芯片组　　　　　　　　D. 按钮选择器

9. _____存在于任何级别的数据中心中。

  A. 所有运营组件　　　　　　　　B. 所有基础架构

  C. 紧急出口冗余　　　　　　　　D. 充足的电力

10. _____是数据中心冗余和应急计划应该首要考虑的。

  A. 关键路径/业务　　　　　　　　B. 健康和人身安全

  C. 支持生产环境的基础架构　　　D. 电力和 HVAC

11. _____使用奇偶校验位和磁盘条块化确保云数据中心的存储弹性。

  A. 云爆发(Cloud-bursting)　　　　B. RAID

  C. 数据分散　　　　　　　　　　D. SAN

12. _____可减少应急运营期间可能出现的职能缺失。

  A. 交叉培训　　　　　　　　　　B. 计量使用

  C. 正确安置 HVAC 温度测量工具　D. 高架地板

13. _____不是因为引起了 Dos 攻击而导致可用性缺失的原因。

    A. 黑客   B. 建筑设备

    C. 更改法规   D. 松鼠

14. 如果某医院正在考虑使用云数据中心，它应该需要哪个 Uptime Institute 层级？

    A. 2   B. 4

    C. 8   D. X

15. _____常成为同时获得冗余电力和通信设施连接的重大挑战。

    A. 费用   B. 承载介质

    C. 人员部署   D. 数据中心的位置

16. 在云数据中心设施的规划和设计中，_____不属于物理安全应该考虑的方面。

    A. 边界   B. 车辆路径/交通

    C. 灭火   D. 天花板的高度

17. Brewer-Nash 安全模型也被称为_____？

    A. MAC   B. 中国墙模型

    C. 预防措施   D. RBAC

18. 恶意人员更喜欢攻击哪种虚拟层，表面上是因为它提供了更大的攻击面？

    A. 类型 IV   B. 类型 II

    C. 裸金属   D. 收敛的

19. _____通过使用加密数据分块来确保云数据中心存储的弹性。

    A. 云爆发   B. RAID

    C. 数据分散   D. SAN

20. 以下哪项数据中心冗余工作可能对人员安全构成最大威胁？

    A. 紧急出口   B. 通信

    C. 发电机   D. 备件

第**9**章 运营管理

本章旨在帮助读者理解以下概念

本章介绍云数据中心运营的基本方面，包括持续监测、容量管理、维护、变更管理、配置管理以及 BC/DR(业务连续性/灾难恢复)管理。

在本书其他章节，常将云客户称为"你所在的组织"; 文中的"你"或"我们"一般指"云客户"。但本章面向云服务提供商，更确切地讲，是云计算数据中心提供商(或运营商); 因此本章提到的"你"或"我们"指"云服务提供商"。希望读者不要产生误解。

本章将讨论云计算数据中心运营商为优化性能和增强其基础架构以及系统连续性而应该使用的各种最佳实践。这将包括系统持续监测的范围、配置和变更管理计划，还将从提供商视角分析业务连续性/灾难恢复。

9.1　持续监测、容量以及维护

云数据中心运营商必须知道硬件、软件和网络的使用情况，还必须了解对所有这些相关资源的要求。有了这些信息，云数据中心运营商就能更好地分配这些资源，以满足云客户的要求，保证一直达到"服务水平协议(SLA)"要求的标准。

9.1.1　持续监测

需要对软件、硬件和网络组件进行实时评估，以得知哪些系统可能正在接近可用容量限制，以便在临近出现问题时尽快做出响应。为此，操作者可以使用以下几种适当的工具:

操作系统日志(OS Logging)。大多数操作系统都集成了用于持续监测性能和事件的工具集。除了本书其他章节提到的安全实践外，云服务提供商还可设置操作系统日志，以便在容量利用率接近一定限度，或性能下降的程度可能超出 SLA 规定的范围时，提醒云计算管理员。具体包括 CPU 使用情况、内存使用情况、磁盘空间(虚拟空间或实际空间)以及磁盘 I/O 时长(写入磁盘/读取磁盘的延迟指标)。

硬件的持续监测(Hardware Monitoring)。与操作系统一样，许多云服务提供商在常见设备构件中集成了性能持续监测工具，以度量 CPU 温度、风扇转速、电压(用电量和流量)、CPU 负载、时钟速度以及驱动器温度等指标。即使制造商未将此功能集成到设备中，云服务提供商也可另行购买产品来收集和提供性能数据并提供警告信息。

网络的持续监测(Network Monitoring)。除了操作系统和设备本身外，还需要监测各种网络组件; 不仅要监测硬件和软件，还要监测布线和 SDN(Software-Defined Networking，软件定义的网络)控制平面。云服务提供商要确保目前的容量能满足当前云客户需求和新增的云客户需求，确保云计算的灵活性和可扩展性，确保网络不会出现流量超载或者延迟时间过长的情形。

注意：如同所有日志数据一样，性能持续监测信息也可传送给 SIEM、SEM 或 SIM 系统，供集中分析和审查。

除了监测硬件和软件外，还必须监测数据中心内部的环境条件。特别需要指出的是，温度和湿度是优化运营和性能的基本数据。了解数据中心内部真实的温度状况是非常重要的；可利用气流通道中的多个设备的测量值来计算平均温度值。性能监测的目标度量标准是 ASHRAE TC 9.9(2016 年发布)。ASHRAE 对数据中心的多个方面(包括 IT 设备、电源和备用电池)提供了详细建议，所有这些建议对云数据中心运营商或安全从业者而言都是非常有用的。这些可从 ASHRAE 网站免费获得：https://tc0909.ashraetcs.org/documents/ASHRAE_TC0909_Power_White_Paper_22_June_2016_REVISED.pdf。这是宝贵的资料，值得你花时间仔细品读。

虽然有很多具体和详细的建议，但 ASHRAE 对数据中心的一般推荐范围是：

- 温度：64°F～81°F(18℃～27℃))
- 湿度：露点温度为 42°F～59°F (5.5℃～15℃)，相对湿度为 60%

上面给出了数据中心内部环境状况的一般概念，但 ASHRAE 指南根据设备的类型、使用年限和位置，提供了更具体的范围值。云计算运营商应该确定哪些指南是最适用于自己的设施。此外，ASHRAE 是从与具体平台无关的角度提供了这些建议；而设备制造商会就影响其特定产品性能参数的环境因素提出指导意见，云数据中心运营商也必须考虑这些意见。

环境温度和环境湿度的影响

在影响设备性能方面，温度和湿度发挥什么作用？

过高的环境温度可能使设备过热。高功率的电气元件产生大量废热，设备可能对超出其工作参数的温度敏感。环境温度太低可能危及人身健康和安全；在冰点触摸裸露的金属可能导致皮肤冻伤或冻掉；此外，这种条件下的工作人员会感到不舒服和不愉快，这些状况会引起他们的不满，转而导致安全风险。

环境湿度太高可能加快金属部件的腐蚀，以及霉菌和其他生物的侵蚀。环境湿度太低会增加静电放电的可能性，这会影响人员和设备，并增加发生火灾的概率。

9.1.2　维护

持续正常运行需要不断维护整体环境。这也包括按预定计划维护各个组件，还包括必要时在计划外的时间进行维护。本节将讨论一般维护事项、更新、升级和补丁管理。

1. 通用维护概念

数据中心的运行模式可分为两类：正常模式和维护模式。实际上，整体来看，数据中心将一直处于维护模式，因为对特定系统和组件的持续维护对于维持正常运行时间是必要的。因此，可认为云数据中心以恒定的正常模式运行，而各种系统和设备一直处于维护模式，以确保数据中心持续运行。对于三级和四级数据中心尤其如此，冗余组件、线路和系统允许在不中断关键操作的同时进行维护。

下面分析系统和设备的正常和维护模式。当系统或设备进入维护模式时，数据中心操作员必须成功地完成以下任务。

- **进入维护模式前，所有操作实例都将从系统/设备中删除。** 我们不想影响客户生产环境中的任何事务。因此，开始维护活动前，必须将特定系统和设备上可能承载的任何虚拟化实例迁移出去。

- **防止所有新的登录。** 出于与前一任务相同的原因，我们不希望客户登录到受影响的系统和设备。

- **确保日志记录是持续的，并开启增强的日志记录。** 与普通用户的行为相比，管理员活动的影响更大，因此充满了风险。与记录普通用户活动相比，记录管理员活动的速率和详细级别应当更高。维护模式是一种管理功能，因此需要增强日志记录功能。

 注意：将系统或设备从维护模式移回正常运营前，必须进行测试，确保具有客户可能需要的所有原始功能，确保维护是成功的，且对所有活动的文档记录是完整的。

2. 更新

行业最佳实践包括：必须遵守供应商提供的有关特定产品的指导意见。事实上，未遵守供应商规范可能表明运营商未提供必要的"应尽关注"；如果遵守了供应商指导意见，并做了记录，则证明履行了"应尽职责"。

除了部署之前的配置，供应商常以更新形式发布持续维护说明。这既可以是针对软件的应用程序包，也可以是针对硬件的固件安装。前者也可以是补丁形式，请见后面的详细讨论。

在运营商的治理中，更新流程应当规范化(所有流程都应如此，并且都从管理策略中产生)。它应该至少包括以下要素：

- **记录如何、何时以及为何发起更新。** 如果由供应商发布，要详细说明更新细节(日期、更新代码或号码、说明和理由；其中一些可能通过引用包括在内，如使用一个 URL，这个 URL 指向相应的声明更新事项的供应商页面)。

- **通过 CM(Change Management，变更管理)流程进行更新。** 对设施的所有修改应通过 CM 方法完成并如实记录。稍后详细介绍 CM 流程。应该强调的是，在应用更新前，应将沙箱测试作为 CM 的一部分包含在内。

  (1) 将系统和设备置于维护模式；请遵守前一节给出的建议。

(2) 将更新应用到必要的系统和设备。为资产清单添加注释，以反映变化。

(3) 验证更新。在生产环境中运行测试，确保所有必要的系统和设备都已更新。如有遗漏，重复安装直至完成。

(4) 验证修改。在生产环境中运行测试，确保更新已收到预期的结果，更新后的系统和设备能与生产环境的其他部分进行适当的交互。

(5) 恢复正常操作，恢复正常业务。

3. 升级

在此上下文中，将区分"更新(update)"与"升级(upgrade)"；更新应用于现有的系统和组件，而升级是用新元素替换旧元素。升级流程基本与更新流程相同，包括规范化管理、CM 方法和测试等。升级中需要特别注意的是记录资产清单的变化，不仅记录增加了新元素，也要对删除和安全移除的旧元素加以注释。这当然意味着安全移除是升级过程的一个要素，然而，安全移除并不包括在更新中。

4. 补丁管理

补丁是最常见的与软件相关的更新。一般通过频率来区分它们；软件供应商发布补丁通常是为了即时响应给定需求(例如，修补新发现的漏洞)和满足常规目的(例如，修复、添加和增强功能)。

与更新和升级一样，补丁管理流程也必须进行规范化，需要其纳入到策略。补丁会带来额外的风险和挑战，因此本节将专门讨论这些问题。下面介绍在管理云数据中心的补丁时需要考虑的建议和注意事项。

时机

当供应商发布补丁时，所有受影响的组织都面临着双重风险：如果组织不部署补丁，可能被视为未对那些使用产品的客户给予"应尽关注"；如果匆忙部署补丁，可能会对生产环境产生不利影响，损害云客户的运营能力。当针对新发现的漏洞发布补丁时，后一种情况尤其如此。供应商急匆匆确定缺陷，查找和创建解决方案，发布修补方式以及发布补丁。在急于解决问题时(尤其当漏洞被广泛宣传，引起公众的关注时)，补丁往往不够完美，可能削弱某些互操作性或接口能力，从而导致其他新漏洞或影响其他系统。

因此，很难准确地确定应当在补丁发布多长时间后部署补丁。在权衡任何一个可选项的优点之后，云计算服务提供商才会做出决定。

在某些环境中(对于某些供应商)，可能需要安排一个固定的补丁修复日/时间点(例如每周或每月)，以便定期、可预期地发生。通过这种方式，不同的参与者可以协调活动，变更控制过程可以适应所需的修改，并且特定类型的补丁可以按照确定的方式优先排序和应用。

当然，有时客户几乎无法控制补丁何时产生，特别是某些平台或供应商的发布的更新。如果客户知道这可能是某个特定供应商或软件的问题，他们可以尝试提前计划如何处理这种情况。

 警告： 数据中心运营商可能试图等待业内其他云服务运营商先部署补丁，以便根据竞争对手的经验来确定效果和结果。该方案的风险在于，该补丁试图修复的漏洞可能在此时导致组织遭受损失。这可能会对损害赔偿的诉讼提供强有力的支持，因为这些云客户可以正当地宣称云服务提供商知道风险，却没有像该行业其他云服务提供商那样履行应尽责任，并由于疏忽而导致损害。这甚至可能对额外的或惩罚性赔偿的索赔要求提供支持。再次说明，虽然该策略可能合理，但它带来了额外的风险。

实施：自动或手动

可使用自动化工具或安排人员部署补丁。两种方法都有明显的好处和风险。运营商必须根据通用策略和所发布补丁的具体情况决定采用哪种方式。下面列出两者的风险和好处：

自动方式。 与手动方式相比，自动方式可更快将补丁分发到更多目标系统。补丁工具还可能包括报告功能，用于注明哪些目标已经获得补丁，与资产清单相互参照，还能通知管理员哪些目标被遗漏。然而，如果没有一个得力的观察人员，该工具可能无法彻底或正确地运行，补丁可能被错误地应用，报告可能不准确或描述的完成状态有误。

手动方式。 经过培训且经验丰富的人员可能比机器工具更可靠，而且更了解例外活动。然而，由于云数据中心有大量元素需要安装补丁，补丁流程的重复性和无趣性甚至可能导致经验丰富的管理员遗漏一些目标。此外，该过程将比自动化方式慢得多，而且可能不够彻底。

日期/时区/时钟

当补丁被推送到整个环境，实际日期/时间戳可能成为获取和确认接收时的一个重要且具有误导性的问题。例如，自动工具需要在每个目标系统上安装本地代理。如果某些目标系统在打补丁时没有运行，且直到下一个自然日才会运行(根据目标系统的内部时钟)，本地代理可能无法接收该补丁，因为它可能只对照中央控制器检查"当天"的补丁。

如果补丁代理被设置为根据内部时钟指定的时间来检查补丁，并且不同的目标系统将内部时钟设置为不同的时区(例如，分布在不同地理位置的云客户)，此问题可能更复杂。

此问题并非仅限于自动化工具。如果采用手动方式，管理员可能会在给定的时间/日期部署补丁，当时并不是所有客户和用户都在运行他们的目标系统，所以这些目标系统可能收不到补丁；管理员可能没有意识到，当前没有出现在扫描结果中的目标系统可能需要在此后打补丁。此外，如果手动部署补丁，则此过程有必要延展，以使管理员可在所有潜在目标系统上线时监测并部署补丁。

由于虚拟化的广泛使用，所有这些可能性在云环境中都升级了。对于所有保存为镜像但在部署补丁时没有实例化的虚拟化实例，只有在下次启动后才会接收补丁。这意味着，仅当所有虚拟机都已活跃时，打补丁的过程才能结束；也就是说，在决定部署补丁之后可能需要经历相当长的时间。结果是，云计算服务提供商决定部署补丁的时间与全部完成的时间有相当长的延迟。这反映出流程方面和运营商方面的不佳表现，在监管机构和法院看来尤其如此。

也许最佳技术是结合每种方式的好处，既使用手动方式也使用自动化方式。手动监督有助于确定补丁的实用性以及测试补丁在环境中是否适用，而自动化工具可用于传播补丁并确保应用的一致性。

无论采用哪种方法，SLA 中都应说明如何打补丁(以及各种维护措施)，并且在合同中商定时间表和什么情况下需要打补丁都是非常重要的。

9.2 变更和配置管理

像任何 IT 网络拥有者一样，数据中心运营商需要开发和维护一项管理工作，以确定所控制的资产、这些资产的状态以及每个资产的明确信息。这不仅包括资产清单(拥有的硬件、软件和介质)，还包括记录所有这些元素的配置、版本、偏差、例外和缘由，以及确定如何、何时以及为何进行修改的正式流程。

有两个相互关联的基本流程可以完成这项工作：变更管理(Change Management)和配置管理(Configuration Management)。配置管理需要记录系统和软件的已被批准的设置，这有助于在组织内部建立基准。变更管理是用于审查、批准和记录对环境所做的任何修改的过程。从某种意义上说，配置管理只是对具体系统/程序的第一个更改，因此说这两种流程是紧密相关的。

实际上，在许多组织中，这两套功能都由单个流程和实体来完成。为便于讨论运营职能，这里将它们统称为 CM。即使云供应商具有足够的资金、职能和专业人员，可将两者作为单独的活动，我们也使用统一的名称，因为这样的描述更简单。"变更管理"和"配置管理"的目的和过程是相似的，可被理解为一个概念。

1. 基线

无论特征如何，CM 都从基线(Baseline)得出，而基线是一种准确描述所期望的标准状态的方法。对于变更管理，这是基于全面、详细的资产清单对网络和系统所进行的描述。对于配置管理，这是所有系统的标准配置(从操作系统的设置到每个应用程序的设置)。

　　基线是基于所需的功能和安全性，对网络和系统的通用映射。安全控制应纳入基线，并透彻说明每个控制的目的、依赖关系和支持理由(即说明我们希望通过每个控制完成什么)。包括控制措施是绝对必要的，以便我们在考虑通过 CM 流程修改环境时，充分了解风险管理。如果以任何方式改变控制集或向环境添加新的系统和功能，我们需要知道是否会增加任何风险，以及是否需要添加补偿性控制来管理新的风险水平。

　　在创建基线时，从所有利益相关方获取输入是有益的：IT 部门、安全办公室、管理人员甚至用户。基线应该是对组织的风险偏好的良好反映，并提供安全和运营功能的最佳平衡。

　　基线最好与组织中最大的系统群体相匹配。若基线用作模板(特别是在配置管理中)，当它覆盖最大数量的系统时，组织将从中获得最大价值。然而，基于每个部门、办公室或项目的需求提供一些基线可能是有用或务实的。如果组织选择拥有多个基线，则必须确保每个不同构建之间的互操作性，并且每个基线的覆盖范围是合理的。如果因为一个部门的基线遗漏了安全范围类别，而导致整个部门的监管合规审计失败，那将是不划算的。

2. 偏差和例外

　　重要的是不断测试基线，以确定所有资产都被考虑到，并检测与基线不同的任何东西。任何有意或无意、授权或未经授权的偏差必须进行记录和审查。这些偏差可能是由于错误的补丁管理流程、个别办公室或用户安装的流氓设备、外部攻击者的入侵，或不佳的版本和管理实践造成的。被分配 CM 角色的人员有责任确定事故原因和必要的后续行动。下一节将讨论 CM 角色。

　　虽然基线是作为比较和验证组织中所有系统的标准，但最好不要将其视为绝对标准。当特定的用户、办公室和项目需要不符合总体基线的功能时，将产生大量的例外请求。

　　确保基线是灵活和实用的，例外请求过程是及时的，并能响应组织及其用户的需求。繁杂而缓慢的变更管理流程将导致用户和管理人员受挫，反过来又可能导致未经 CM 委员会批准而实施未经授权的变通方法。

警告：对抗性、无反应的例外过程将破坏组织的安全努力。每个人都将找到一种履行其职能的方法，无论他们的变通方法是否被批准，或是否是履行这些职能最安全的方法。与受过培训的安全技术专业人员相比，无知的人员、绝望的行为更可能做出缺少适当安全措施的流氓更改。更好的方式是通过充分的合作对基线的严肃性进行折中，而不是强制禁止任何例外情况，或使得用户和办公室所遵循的变更管理流程变得繁杂。记住，安全从业人员的工作是支持运营，而不是阻碍从事生产的人员。

除了确保法规遵从性和安全控制覆盖之外，跟踪例外和偏差也有助于实现另一个重要目的：如果有足够多的例外请求，都需要偏离基线的相同或相似的功能，那么，可能需要改变基线。如果需要不断地对重复的等效请求进行例行修改，那么这并非基线的初始服务目的。此外，与修改基线(纳入新的额外安全控制以允许例外功能)相比，处理例外请求需要花费更多的时间和精力。

3. 角色与流程

与所有流程一样，CM 流程应该在组织的治理中规范化。这项策略应包括以下规定：
- CMB(CM 委员会)的组成
- 详细流程
- 文档要求
- 请求例外的说明
- 分配 CM 任务，如验证扫描、分析和偏差通知
- 处理检测到的偏差的过程
- 采取的措施和责任

CMB 应由组织内各利益相关方的代表组成。推荐的代表包括来自 IT 部门、安全部门、法律部门、管理层、用户组、财务部门、采购部门以及 HR 部门的人员。CMB 当然可以包括任何组织认为有用的参与者。

CMB 将负责审查变更和例外请求，将决定变更是否可以增强功能和提高生产效率，变更是否得到资助，变更会产生什么潜在的安全影响，以及需要在资金、培训、安全控制或人员方面采取什么额外措施来确保变更是合理的，是成功的。

CMB 应该经常召开会议，避免变更和例外的请求被过度延迟，从而导致用户和部门对 CM 流程感到沮丧。但 CMB 也不应该超出预留的时间频繁开会；涉及 CMB 的人员都承担着其他重要职责，参与 CMB 将影响他们的工作效率。某些情况下，根据组织的状况，只有当变更和例外请求达到一定阈值时，CMB 才临时安排开会。这可能带来一些风险，因为 CMB 成员在较长的间隔期可能会失去对流程的熟悉程度。如果 CMB 不是一个常规的优先事项，那么有如此多的不同的办公室，安排 CMB 会议可能会很棘手。与本书讨论的大部分材料一样，这是风险和收益的权衡，组织应做出相应的决定。

该流程有两种形式：一种发生一次；另一种是重复的。前者是最初的基线工作(初始过程)，后者是正常的运行模式。

初始过程如下所示(可根据每个组织的具体情况进行修改)。

(1) **全面的资产清单**：为了解所管理的资产，知道组织所拥有的资产至关重要。这项工作不一定独立于所有其他类似的任务，实际上可由其他来源(如业务影响分析)提供的信息辅助完成。

(2) **制定基线**：这应该是一项正式行动，包括 CMB 的所有成员(初始工作或许需

要更多人员参与；每个部门和项目都可能希望参与并贡献信息，因为基线将影响相关部门将来的所有工作)。基线应根据成本效益和风险分析进行协商。重申一下，使用已有来源通知此次协商是相当合理的，包括组织的风险管理框架、企业和安全架构等。

(3) 确立安全基线：由 CMB 编写、建立并存储基线版本，供后续使用。

(4) 部署新资产：这一步通常用于配置管理。当获得新资产(例如，为新雇员购买的新主机)时，根据 CM 策略和规程以及 CMB 指导意见，需要在相应的资产上完成基线配置。

在组织的正常运行模式下，CM 流程略有不同。

(1) **CMB 会议**：CMB 开会审议、分析变更和例外请求。CMB 可批准或驳回请求，在批准之前可能需要额外的工作。例如，CMB 可安排安全办公室对请求获准所产生的潜在影响进行详细的安全性分析；如果 CMB 确定请求需要额外的培训、管理和安全控制，CMB 可能要求请求者准备额外资金预算。

(2) **CM 测试**：如果 CMB 批准请求，则必须在部署前对新修改进行测试。通常，这种测试应该发生在隔离的沙箱网络中，该网络模拟生产网络的所有系统、组件、基础架构、流量和过程，而不需要接触生产网络。测试应确定修改是否会对安全性、互操作性或预期功能产生不良影响。

(3) **部署**：按照相应的指导进行修改，并在完成后向 CMB 汇报。

(4) **文档记录**：对环境的所有修改都需要记录在案，并反映在资产清单中(必要时，也应当反映在基线中)。

注意：资产的安全处置也是对 IT 环境的修改，因此需要反映在资产清单中并向 CMB 报告。

4. 发布管理

作为变更管理的支持过程，发布管理(RM)是一个软件工程过程，涉及安排所有必需的元素以成功地、可重复地和可验证地发布新的软件版本。RM 的范围包括计划、调度和部署新软件，它包括代码可能通过的所有环境，包括开发、QA/测试和阶段测试——直到生产环境的一切，在这一点上软件进入主动维护。代码和相关活动从需求(通常称为"用户故事")到编码、测试，然后到生产的进程称为管道。

RM 是随着敏捷软件开发实践的流行而发展起来的，这些实践旨在使用较短的开发周期更快地交付功能性软件。瀑布式开发方法是一种较老的软件开发方法，它着重于收集所有的需求并一次性交付它们，而敏捷则着重于可以在短时间内完成的小的工作单元，然后迭代以交付额外的功能。

随着组织采用敏捷开发方法，DevOps 也得到了发展。越来越频繁的软件发布使得开发软件的工程师、负责维护软件的人员和驱动需求的用户之间需要更紧密的协调。

虽然敏捷软件开发速度的提高让用户很高兴(不用再为一个新的系统模块等待一

年)，但它也给安全从业者带来了一些麻烦。当新软件每天或有时甚至每小时运行时，根本没有时间去做许多传统的活动，例如笔测试。作为补偿，安全从业者必须利用自动化来减少执行安全功能所花费的时间。

　　持续集成/持续交付(CI/CD)结合了自动化的大量使用，极大地缩短了软件交付管道。最终的目标是在工程师完成他们的工作之后，使新开发的软件尽快地运行起来，有时在编写代码的几分钟之内。为了实现这一点，自动测试被广泛使用，以确保新编写的代码不会在生产环境中引入 Bug。需要重新评估安全性测试，以确定如何将所需的安全性检查与 CI/CD 管道集成。

　　持续集成/持续交付(CI/CD)中的安全自动化必须包括管理和技术控制。管理控制的例子包括检查新软件是否有一组可验证的需求和批准(例如，开发人员交付的代码满足已定义的用户需求，而不是不想要的功能)，并且遵循了所有的过程管理(例如，必须进行同行评审)。自动化技术控制可以包括一些检查，例如通过静态代码分析，或者成功完成针对登台环境中新代码的实时版本运行的漏洞扫描。

9.3　IT 服务管理和持续服务改进

　　ITIL(以前是信息技术基础设施库)包含一组可以用于设计、维护和改进其 IT 服务的实践。这被称为 IT 服务管理(ITSM)，可以为任何 IT 功能实现该实践，例如向员工交付电子邮件协作能力、设计新的面向客户的应用程序，甚至从本地部署迁移到云基础设施的过程。

　　ISO/IEC 20000-1，信息技术-服务管理，也定义了一套操作控制和标准，组织可以用来管理 IT 服务。ISO 标准定义了用于支持 ITSM 实践的服务管理系统(SMS)，以及建议的过程、程序和所需的组织能力。注意，这与 ISO 27001 中的方法非常相似，后者描述了信息安全管理系统(ISMS)，并需要启用安全性的支持。ISO 20000-1 可用于使用各种方法管理 ITSM，包括 ITIL 和 ISACA COBIT 框架。

　　ITSM 的目标是识别用户需求，设计满足这些需求的 IT 服务，成功地部署它，然后进入一个持续改进的周期。持续服务改进管理旨在确保 IT 服务提供持续的业务价值，并根据需要更新服务，以响应不断变化的业务需求。显然，向云计算的转变是业务需求驱动 IT 服务变更的一个主要例子。

　　尽管 ITIL 是在大多数基础设施都是在一个本地部署、维护和使用的时代设计的，但在选择新的或评估现有云服务时，通用原则非常有用。ITIL 和 ISO 20000-1 都非常强调确保 IT 服务始终交付业务价值，因此，要想在云环境中持续改进服务，以下是一些需要考虑的关键领域。

- 哪种类型的云服务模型最能满足你的组织的需求?供应商是否开发了一个 SaaS 平台以减少组织维护系统运行所需的资源?

- 你的用户是否在移动?流动性更强的工作人员使得安全网络设计更具挑战性。你可能需要为世界各地的用户提供安全的云访问,而不是使用从主办公室到云环境的 VPN。
- 所选的服务是否满足组织的合规需求?向新市场的扩展可能会带来新的隐私或安全需求,这将推动你的组织正在使用的云服务的变化。
- 你的 SLA 目标达到了吗? SLA 指标应该与系统的需求相关联,如果云提供商不能满足这些需求,可能就需要变更提供商。
- 新的云服务是否节省了成本、时间或资源?例如,许多 cloud PaaS 数据库产品包括自动数据复制和高可用性,这就不需要单独的备份/恢复过程和设备。你的组织可能依赖于供应商的 SOC 2 Type 2 审计报告来确保弹性,而不是自己进行 BC/DR 演习。

持续的服务改进在很大程度上依赖于指标来确定需要改进的地方,并衡量任何实施的变更的有效性。例如,Web 应用程序的页面加载时间可能是一个关键指标。选择一种新的分布式云 Web 托管服务,可以显著减少页面加载,从而提高该 Web 应用程序的用户体验。

9.4　业务连续性和灾难恢复

本书其他章节已针对业务连续性和灾难恢复(BC/DR)的具体主题进行了讨论。这里将介绍一些通用概念和方法,会较多地介绍设施连续性。

IT 行业对“业务连续性”“灾难恢复”“事件”甚至“灾难”这些术语的确切定义并不完全一致。本书将参照(ISC)[2] 中的概念,使用以下定义。

- “业务连续性”工作涉及在任何服务中断期间维持关键业务,而“灾难恢复”工作则集中在因灾难发生中断后恢复运营。二者具有相关性,许多组织都将它们合并为一项工作。
- “事件”是对操作环境的任何计划外的负面影响。“事件”与“灾难”的区别在于受影响的持续时间。本书认为事件的影响持续 3 天或更短时间;灾难的影响持续更长时间。事件可能成为灾难。两者产生的原因可能是人为因素、自然力量、内部或外部威胁、恶意或意外攻击。

业务连续性与灾难恢复大同小异,本书在讨论云计算主题涵盖的大部分内容时,将一并讨论 BC/DR,仅在需要时加以区分。

9.4.1　主要关注事项

就像在所有安全事务中那样,BC/DR 规划工作将人员健康和人身安全放在第一位。除了极有限的情况，没有任何理由使任何资产的优先级高于人员安全。这些极限情况仅限于处理国家安全的组织，即使在这种情况下，也局限于人类伤害和生命损失是为了防止更大的损失(例如，保护可能导致巨大破坏的资产，一般指核、生物或化学产品)。

因此，任何 BC/DR 工作都应将通知、疏散、保护和出口放在优先位置。

"通知"应采取几种不同的重复形式，以确保进行最广泛和最彻底的传播。对于可能的通知途径，建议包括电话树型名册、网站发布和短信群发。通知对象应包括组织的人员、公众和监管机构以及响应机构，具体取决于谁可能受到这种情况的影响。

疏散、保护和出口的方法将取决于园区和设施的特定物理布局。解决这些需求通常包括如下一些方面。

- **保证人员离开**。人员离开设施不应该有障碍或延误。紧急通道的所有门应立即打开(即使此前为防止外人进入已将门锁上，此时也应当立即打开)。此外，还应该考虑足够的应急照明。
- **保证人员安全离开**。在出口路线上，应布置足够多的喷水灭火系统，并且不受其他考虑因素(如财产损失)的限制。非水灭火系统(如气体)不能危及人员生命，必须有额外的控制(如持续开关等)。向所有人员通报应急计划，并进行培训使他们了解执行计划。
- **设计保护**。建筑、工程和设计方面的其他问题必须满足当地的要求，例如，设施能承受和抵御环境危害(美国中西部的龙卷风、海水倒灌等)。

9.4.2 运营连续性

考虑了人员健康和人身安全问题后，组织的业务焦点应放在关键操作的连续性上。

首先，必须确定组织的关键操作有哪些。在云计算数据中心，云客户合同和 SLA 中通常会指出关键操作。这更便于确定支持关键需求所需的元素。其他现有来源在这部分工作中尤其有用，特别是 BIA 能告诉组织，哪些资产若丢失或中断将产生最大的不利影响。例如，在云数据中心，组织的重点应该是连接、支持和传输，这些是关键操作。其他辅助业务功能，如市场推广、销售、财务和人力资源等，即使彻底解散或极大削弱，对组织也不会产生持久影响，可认为是非关键性的。

在制定关键资产清单时，重要考虑支持关键功能的所有元素，不仅是硬件和有形资产，还要考虑具体的人员、软件库、文档和基础数据等，即持续运营不可或缺的关键元素。

9.4.3 BC/DR 计划

与所有计划一样，BC/DR 计划应当规范化，并从组织的治理中派生而来。策略应该规定角色、计划条款、实施和执行。

该计划应该全面、透彻、详细地描述 BC/DR 工作的所有方面，还要列出执行该计划和所有响应活动的有限的、简化的、直接的程序。这两类文档的内容和目的大不相同，往往作为附录或附件包含在计划中，并被引用以描述每类文档的使用方式和使用时机(详细内容用于计划和行动后；简单过程用于响应事件和灾难本身之时)。

该计划应包括以下内容。

- **资产清单中被视为关键条目的列表**。这应包括必要的硬件、软件和介质，还包括版本控制数据和适用的补丁程序。
- **宣布发生事件或灾难的情况**。响应带来成本。将正常管理功能与事件或灾难响应区分开是很重要的，因为正式响应将要投入资源并影响生产效率。需要密切注意并认真进行解释，来平衡过度响应和响应不足的风险和收益：如果过于频繁，生产效率会受到不必要的不利影响；如果因为过于谨慎而响应不足，则可能因延误而阻碍响应。
- **授权宣布**。为正式宣布事件或灾难，需要指定授权方(个人、角色或办公室)。我们希望避免因为允许任何人启动正式响应(像公共交通中的紧急制动器)而导致过度反应的可能性，确保由知情的、有资格的、受过培训和负责任的人员来做这样的决定。

提示：授权方也必须正式宣布停止 BC/DR 活动并恢复正常运营。只有在充分保证所有安全和健康危害已被减弱，操作状况和风险已恢复正常时，才应这样做。恢复标准操作太快会加剧现有的事件或灾难，或导致新事件。

- **联系人要点**。这包括负责 BC/DR 活动和任务的办公室的联系信息，以及可能涉及的任何外部实体(如监管机构、执法机构、企业机构、新闻界、供应商和客户等)。这些信息应尽可能具体，以降低在实际响应期间找到合适联系人的难度。
- **详细的行动、任务和活动**。检查清单对于 BC/DR 程序可能非常有用。清单可用于多种目的，它们描述了必要的特定操作，可以按执行顺序排列，并且可以构成记录，在活动完成之后，记录所采取的操作，由谁执行以及何时执行(如果每个检查清单步骤都标有时间和完成动作的人的姓名缩写的话)。检查清单也可满足响应操作中使用的 BC/DR 计划的另一个基本要求：它们允许某人采取适当的行动，即使该人在该组织中没有经过该计划的特定培训或经验。当然，最好还是在具体的计划中对分配给 BC/DR 角色的人员进行培训和实践。不过，真正在灾难或事件期间，所分配的人员并不总是可用的。

所有这些元素都可作为参考包括进来。也就是说，每个元素都可拆分成为 BC/DR 策略适用的附件或附录。所有策略的基本要素(如策略的说明及理由、执行活动和有关规定等)可组成策略的主体，因为这些不太会持续变化和更新。

 注意: 更新 BC/DR 策略将是一个持续的过程。可以看到，列出许多的要素几乎肯定会发生变化(联络信息点，负责特定任务的具体人员，关键资产当前状态的清单)，因此计划的相关部分(具体的附录和附件)需要从具有相关数据的办公室接收更新。例如，作为 CM 流程的一部分，关键资产的当前状态可能由 CMB 更新; CMB 最了解所有系统和组件的当前版本。通常，在计划的常规测试期间可以检测到所需的 CM 更新(请参阅 9.4.7 节"测试")。

9.4.4 BC/DR 工具包

应该有一个容器来保存所有必需的文件和工具，以实施适当的 BC/DR 响应动作。该工具包应该安全、耐用和紧凑。容器可以是有形的或虚拟的。内容可能包含相应文档的硬拷贝版本或电子副本。

 注意: 本书建议 BC/DR 工具包既可以是有形的硬拷贝，也可以是虚拟的电子版，因为每个组织都有自己的习惯、文化和方法。

取决于计划，该工具包应至少在另一个地点有一个副本。如果该计划要求在非现场地点重组关键业务，那么该地点应该有一个镜像工具包。否则，至少要有两个完全相同的工具包在现场的不同位置，以降低无法获得和毁坏的可能性。

工具包应当包含以下内容。

- 一份当前计划的副本，包括附录和增补。
- 紧急备用通信设备。只要适合组织的目的、位置和性质，这些可以是任何形式：手机、手持式无线电设备、配备卫星调制解调器的笔记本电脑等。
- 所有适当的网络和基础架构图的副本。
- 所有必需软件的副本，用于为关键系统创建一个干净版本。如有必要，介质应当包括适当的更新和补丁，用于当前的版本控制。
- 紧急联系人信息(计划中尚未包含)。这可能包括一个完整的通知列表(如本章前面所述)。
- 文档记录工具和设备。与上面一样，这些可采取多种形式：笔、纸、笔记本电脑、便携式打印机、录音机等。
- 少量紧急必需品(手电筒、水和干粮等)。
- 足以使工具包中的所有电源设备运行至少 24 小时的新电池。

显然，类似于维护计划本身，保持工具箱的常备和最新需要一定程度的努力。

9.4.5　重新安置

根据事件和灾难的性质以及计划的具体情况，组织可选择将关键操作牵涉的人员撤离并重新安置到指定的其他运营地点。在云端能力问世前，为在一个安全的非现场地点进行备份和恢复数据，可使用热站、暖站和冷站，并在应急行动和恢复期间指派由关键人员组成的骨干团队前往恢复地点。

随着云备份资源变得无处不在，安置点可设在不受事件和灾难影响的任何地点，只要这些地点有足够的设施来容纳涉及的人员，有达成目标所需的足够带宽即可。例如，如果能提供宽带能力，那么超出事件和灾难影响范围的酒店可用于此目的，且有助于安排关键人员安全住宿。

如果组织因 BC/DR 的目的考虑重新安置，该计划可包括以下方面。

- 任务分配和活动应包括人力资源和财务部门的代表，因为出差安排和付款对所有参与重新安置的人员都是必需的。
- 在响应期间，应为跟随关键操作人员搬迁的家属和家庭成员提供足够的支持。当一场灾难影响一个地方时，每个人都最关心自己的亲人。如果这样的担忧没有缓解，他们的士气和对当前任务的关注度就会降低。最好承担与此选项有关的额外费用。
- 安置点的距离。就像所有与安全实践有关的事情，这是需要平衡的。组织希望一个足够远的重新安置地点，不受任何导致标准运营中断的事件的影响。但也不能太远，因为延误和出差费用会导致其效用不再具有吸引力。
- 如果事件或灾难只影响到组织的园区(发生高度局部化的事件和灾难，如大楼的火灾)，则可使用联合运营协议和谅解备忘录，在本地区属于其他组织的设施上建立经济实惠的安置点。

重要的 BC/DR 术语

CCSP 专家需要深刻理解几个 BC/DR 术语。

MAD(Maximum Allowable Downtime，最大允许停机时间)以时间衡量，服务中断多久将导致一个组织倒闭。例如，如果一家公司因为被迫停止运营一个星期而倒闭，那么它的 MAD 就是一星期。

RTO(Recovery Time Objective，恢复时间目标)以时间衡量，在服务中断后恢复运营能力的 BC/DR 目标。这未必包括完整的运营能力(恢复)；该能力可限于应急事件期间的关键功能。RTO 必须小于 MAD。例如，一家公司的 MAD 是一周，BC/DR 计划则包括并支持 6 天的 RTO。

RPO(Recovery Point Objective，恢复点目标)限制由于计划外事件丢失数据的 BC/DR 目标。令人困惑的是，这通常以时间衡量。例如，如果组织每天都在进行完全备份并受到某种灾难的影响，则该组织的 BC/DR 计划可能包含一个在备用操作站点恢复关键业务操作的目标，该备份操作站点具有上一次完全备份，这将是一个 24 小时的 RPO。该组织的恢复点目标是：损失的数据量不超过一天。

ALE(Annual Loss Expectancy，年度损失预期值)描述了组织预计因任何一种类型的事件每年损失的金额。ALE 的计算方法是用年发生率(ARO)乘以单次损失预期(SLE)。年发生率(ARO)是一个特定事件或安全事件在任何给定的 12 个月期间的发生率。单一损失预期(SLE)是任何单一的特定安全事件的预期损害或损失的数量。

9.4.6 供电

正常供电的中断经常是由于事件或灾难造成的(或本身就是宣布事件或灾难的一个原因)，因此 BC/DR 计划和活动必须考虑应急电力供应。

短期应急电源通常采用电池备份的形式，一般是不间断电源(UPS)系统。这些系统可以是小单元，仅给特定的单个设备或机架输电；也可以很大，为整个系统供电。容灾切换应该接近即时，并采用适当的线路调节方式，以便从公用电力转换到 UPS 时不会以任何方式对供电设备产生不利影响。UPS 中的线路调节器功能通常用作正常操作的附加组件，可自动抑制公用电力中的电涌和功率骤降。

提示：如果 CCSP 应试者看到有关 UPS 电源预期持续时间的考试题，答案应该是："UPS 应持续足够长时间，从而可以平稳地关闭受影响的系统"。应仅依靠电池备份提供即时和短期电源，对于任何更长时间的电源中断，应由其他系统(例如发电机)供电。

发电机可提供短期应急供电。对于云数据中心，所有关键系统和基础架构(包括 HVAC、应急照明以及灭火系统)都需要足够的发电机功率。对于更高级别的数据中心，冗余电源是必需的，双路供电提供确保关键操作不间断所需的最小功率。

当公用电力中断时，提供准实时电力的发电机应当具有自动转换开关。转换开关在公用电力失效时感应到，断开与公用电力的连接，启动发电机，并向设施供电。自动转换开关不是 UPS 的可行替代品，两者应该联合使用，而不是彼此代替。理想情况下，发电机和转换开关应该可在 UPS 的预期续航期限内成功提供充足的电力。实际上，具有转换开关的发电机可在失去公用电力后不到一分钟的时间内供电，一些短至只需 10 秒。

发电机需要燃料；通常是汽油、柴油、天然气或丙烷。应在 BC/DR 计划中描述燃料的适当储存和供应。由于燃料易燃，必须在储存和供应设计中解决人员健康和人身安全问题。对于所有数据中心，必须至少给所有发电机提供至少 12 小时的燃料，为所有关键功能供电。额外燃料补给应在 12 小时内安排和执行。供应商的供应合同和适当的通知信息应包括在 BC/DR 计划和程序清单中。就 BC/DR 而言，该计划在其他替代方案可用之前，应该预计发电机至少运行 72 小时。

注意：即使采取一定措施延长燃料使用期限，但汽油和柴油还是会变质的，如果发电机使用这些类型的燃料，则该计划还必须包括在保质期内定期重购和更新的任务和合同。某些燃料(例如丙烷)不会变质。在考虑备用能源替代方案时，可以考虑这些燃料。

所有燃料应存储在安全的容器和位置中。燃料和发电机应远离交通要道，理想情况下位于正常交通区域以外(但要提供以补给为目的的安全车辆通道)。

9.4.7 测试

就像有备份而从不尝试从备份恢复，或者有日志不执行检查和分析一样，即使有一套 BC/DR 计划，如果不做定期测试，也几乎没用。测试 BC/DR 必然会导致生产中断，因此不同形式的测试可用于不同目的，在实现特定目标时调整对运营的影响。你应该熟悉的测试方法包括：

- **桌面测试**。重要的参与者(实际参与 BC/DR 活动并正式担责的人员)将在预定时间一起工作(在单个房间里一起工作，或借助一些通信工具远程协作)，描述他们将如何在给定的 BC/DR 场景中执行任务。这相当于角色扮演游戏，在备选的测试方案中，对生产的影响最小。
- **排练**。组织作为一个整体在预定时间参与一个场景，描述他们在测试期间的响应并执行一些最小限度的操作(例如，可能运行电话通知树，以确保所有联系信息是最新的)，但不会执行所有实际任务。这比桌面测试对生产的影响大。
- **全面测试**。整个组织参加了一个事先未安排、未通知的练习场景，执行其完整的 BC/DR 活动。由于这可能包括系统故障转移和从设施撤离，该测试对于检测计划中的缺陷是最有用的，但对生产影响最大(在一定程度上可能导致服务完全真正的中断)。

提示：在所有形式的测试中，组织都应该设置几名主持人。这些人员将作为响应活动的指导和监督，提供情景输入以增强现实感，并引入一些混乱因素(模拟由于事件和灾难的潜在影响而导致的对过程的计划外偏离)，记录表现和计划的任何缺点。实际情况下，不应当分配任务给主持人让他们真正参与 BC/DR 响应活动。任何被分配正式任务的人都应该是测试的参与者。雇用外部顾问担任主持人可能是较好的选择，以便组织内部的所有人员都可以参加演习。

9.5 小结

本章回顾了云数据中心运营管理的几个要素，讨论了监控系统和组件性能、执行日常维护(包括补丁)的重要性以及相关的风险，分析了与温度、湿度和备用电源等环境条件有关的问题。本章还详细介绍了 BC/DR 规划和测试方法。

9.6　考试要点

理解系统和组件的持续监测。确保熟悉数据中心中所有基础架构、硬件、软件和介质的持续监测方面的重要性和目的，包括：

- 温度
- 湿度
- 事件日志

深入理解维护策略和过程。这些策略和过程包括：维护模式与正常操作模式，更新和升级的流程，以及手动和自动补丁管理的风险和好处。

理解变更管理的目的和常用方法。了解 CM 的目的和常用方法。了解 CMB 的组成及其功能。

理解 BC/DR 策略、规划和测试的各个方面。聚焦 BC/DR 策略、规划和测试，特别是与云数据中心有关的部分。了解备用电源的考虑事项以及测试 BC/DR 计划效果的方法。

9.7　书面实验题

在附录 A 中可以找到答案。

1. 搜索商用发电机。至少找 3 个。

2. 使用 ASHRAE 标准，确定每台发电机对于运行现代 IT 设备的云数据中心的适用性。数据中心的具体负载和容量可自行选择。一定要说明任何假设和模拟输入。

3. 在一篇简短论文(少于一页)中，对第一个实验中找到的 3 台发电机进行比较和对照。论据中至少包括：负荷、价格和燃料消耗。

9.8　复习题

在附录 B 中可以找到答案。

1. BC/DR 的哪种测试形式对运营的影响最大？

　A. 桌面测试　　　　　　　　B. 排练

　C. 全面测试　　　　　　　　D. 结构化测试

2. BC/DR 的哪种测试形式对运营的影响最小？

    A. 桌面测试   B. 排练

    C. 全面测试   D. 结构化测试

3. 液态丙烷的哪个特性增加了它作为备用发电机燃料的可取性？

    A. 燃烧率   B. 价格

    C. 不会变质   D. 气味

4. CMB 会议的频率是_____。

    A. 法规要求的任何时候

    B. 足够频繁，以满足组织的需要和减少因延误引起的破坏

    C. 每周

    D. 每年

5. 遵守 ASHRAE 标准中的湿度要求，可降低哪种可能性？

    A. 破坏   B. 静电放电

    C. 盗窃   D. 倒置

6. UPS 需要有足够的电力持续多久？

    A. 12 小时   B. 10 分钟

    C. 1 天   D. 足以完好地关闭系统

7. 发电机转换开关应该在什么时间内让备份电源上线？

    A. 10 秒   B. 在恢复点目标达到之前

    C. 在 UPS 维持时间超出之前   D. 3 天

8. 自动打补丁的哪个特征使其吸引人？

    A. 成本   B. 速度

    C. 减少噪声   D. 快速识别问题的能力

9. 在 BC/DR 响应期间，哪个工具可减少困惑和误解？

    A. 手电筒   B. 控制矩阵

    C. 检查清单   D. 呼叫树

10. 当决定是否要应用某个具体更新时，为展示应尽的关注，最好遵从_____。

    A. 法规   B. 供应商指南

    C. 内部政策   D. 竞争对手的行动

11. CMB 应该包括以下所有办公室的代表，除了_____。

    A. 监管机构   B. IT 部门

    C. 安全办公室   D. 管理层

12. 出于性能的目的，操作系统监控应包括以下所有指标，除了_____。

    A. 磁盘空间   B. 磁盘 I/O 使用率

    C. CPU 使用率   D. 打印池

13. 维护模式要求执行以下所有行动，除了_____。

    A. 删除所有活动的生产实例   B. 启动增强的安全控制

    C. 防止新的登录   D. 确保日志记录继续

14. _____是可能改变基线的原因之一。

    A. 大量的变更请求   B. 电力波动

    C. 减少冗余   D. 自然灾害

15. 除了备用电池，UPS 可提供_____。

    A. 通信冗余   B. 线路调节

    C. 违规警报   D. 机密性

16. 偏离基线应该被调查和_____。

    A. 记录   B. 执行

    C. 揭露   D. 鼓励

17. 基线应该覆盖_____。

    A. 组织中尽可能多的系统   B. 数据泄露警告和报告

    C. 一个版本控制流程   D. 所有遵从法规的要求

18. 可使用_____，以经济实惠的方式处理局部事件或灾难。

    A. UPS   B. 发电机

    C. 联合运营协议   D. 严格遵守适用的法规

19. 云数据中心的发电机燃料储备应该至少维持_____。

    A. 10 分钟   B. 3 天

    C. 不确定   D. 12 小时

20. BC/DR 工具包应该包括以下所有，除了_____。

    A. 手电筒   B. 文档记录设备

    C. 发电机燃料   D. 有注释的资产清单

第 10 章　法律与合规(第一部分)

本章旨在帮助读者理解以下概念

✓ 知识域 2：云数据安全

- 2.5　实施数据分级

    2.5.3　敏感数据

- 2.8　设计并实施数据事件的可审计性、可追溯性以及可问责性

    2.8.3　证据保管链和不可否认性

✓ 知识域 5：云安全运营

- 5.5　支持数字取证

    5.5.1　取证数据收集方法

    5.5.2　证据管理

    5.5.3　数字证据的收集、获取和保存

✓ 知识域 6：法律、风险与合规

- 6.1　理解云环境中的法律要求和特定风险

    6.1.1　国际法律冲突

    6.1.2　云计算特有法律风险的评估

    6.1.4　电子发现

    6.1.5　取证要求

- 6.2　理解隐私问题

    6.2.1　合同约束隐私数据和监管约束隐私数据的区别

    6.2.2　与隐私数据有关的国家特定法规

    6.2.3　数据隐私的司法管辖权

    6.2.4　标准隐私要求

可能就像本书讨论过的某些技术一样，知识域 6 中的法律、风险与合规都是令人困惑和难以理解的。国际法庭和审理机构就有关全球网络的法律法规进行了评估，认为在云计算环境中仍然需要遵从各种法律、法规和标准。所有这些因素组合在一起，为本章的讨论提供了一个更广阔的空间。

应当谨记，云计算的本质是基于业务需求而不是地理位置来共享资源。因此，全球各地的数据中心都会存储云端数据，并同时运行来自多个租户的应用。本地和国际法律、法规和指导方针的复杂性，也给云安全和隐私问题带来了极大挑战。本章将提供一些法律法规的背景知识，并回顾重要的概念、法律、法规和标准，从而帮助 CCSP 应试者能够在复杂场景下，为组织提供合理的建议和指导。

10.1　云环境中的法律要求与独特风险

可以想象，美国和国际法律、法规和标准的列表是相当冗长繁杂的。全球经济涵盖数个大洲、所有国家和政府实体，无论是亚洲、太平洋地区、澳大利亚和新西兰、欧盟、东欧国家以及南美洲，都有着大量监管数据隐私和保障安全的法律、法规和规则。本节将开始探索一些基本法律概念，帮助 CCSP 应试者准备在这样复杂的全球环境下工作。更复杂的情形是，这个世界从不缺少变化和不确定性因素，未来不断发展壮大的全球经济中充满了法律问题。

10.1.1　法律概念

首先讨论一些既在美国也在国际上适用的基本法律概念。这些概念是我们在某种程度上从事稳定和顺利跨国运营云活动的基础。我们以美国为例，但是请注意其他司法系统可能对于同样的观念采取截然不同的处理方法。

在美国有三大法律体系：刑法、民法和行政法。针对军事，还有一部专门法律：军事审判统一法典(Uniform Code of Military Justice，UCMJ)。如果组织未直接涉及军事工作，那么一般不会受到该法典的影响。因此，本章不深入讨论这个话题，只讨论其他三类法律。本章也将探讨知识产权的概念以及对此类资产所有者的法律保障。

1. 刑法

刑法(Criminal Law)包括政府与任何违法个人、团体或组织冲突时涉及的所有法律事务。州和联邦法律由立法者制定。法律是为公众提供安全与福祉而设计的，定义了政府所禁止的行为。交通法规就是一个例子，当有人违反时将面临出庭、罚款等后果。其他更显而易见的例子是抢劫、盗窃和谋杀。

刑法包括联邦法庭系统和各州法庭。刑法的惩罚可能包括罚款、监禁甚至死刑。

执行刑法称为起诉(Prosecution)。只有政府可进行执法活动和起诉。

 注意: 安全从业者需要记住,在世界各地,侵犯隐私权有些情况下被视为刑事犯罪。例如在欧盟,如果没有充分遵守特定的隐私标准和流程,除了赔偿数据外泄导致的任何损失外,组织还可能面临刑事起诉。

州法律

通常认为,州法律(State Laws)是每天都要面对的法律。与那些在国家或联邦级别制定的法律不同,州法律是由州立法机构制定颁布的法律,例如,限速、州税法、刑法等。不过,联邦法律通常可替代州法律,尤其是在跨州性质的商业贸易中。例如,虽然很多州有法律规定应该如何处理电子医疗记录,但联邦法律往往更全面,因此我们一般遵守联邦法律。某些情况下,比如在加利福尼亚,州法律事实上更严格,在此情形下需要遵守加州法律。

 注意: 美国由 50 个被称为州(State)的成员实体组成,每个州都有自己的独立司法管辖权、立法机构和监管机构。在美国以外,有很多国家将州(State)视为国家(Country)的同义词,大多数国家的成员实体被称为县、司法管辖权辖区、地区或其他各种术语。当信息安全专家与多个国家进行业务交涉时,需要特别注意州(State)这个单词的意义差别。仅在美国,就有 300 多个不同的司法管辖区,每个管辖区都有制定和执行法律或法规的权力。

联邦法律

与州法律不同,联邦法律(Federal Laws)影响着整个国家。通常来讲,司法权问题以及其后的检举起诉是通过执法部门和法庭在起诉前依具体情况协商而定。

 注意: 美国司法部于 2005 年阐明: 任何人故意违反 HIPAA 法规将面临罚款以及最多 1 年监禁。虽然这不是考试要求,但你可能有兴趣知道 2013 年 3 月的最终综合法规(Final Omnibus Rule,FOR)写明了三级刑事犯罪可判处最多 10 年监禁的处罚。FOR 是这样阐述的:"对于有意出售、转移或使用个人身份医疗信息,以获取商业优势、个人收益或进行恶意伤害的犯罪行为,处以不超过 25 万美元罚款,或不超过 10 年的监禁,或二者并罚。"参见 https://www.law.cornell.edu/uscode/text/42/1320d-6。

2. 民法

相对于刑法和军事法,民法(Civil Law)是处理个人与社区之间关系(例如,结婚与离婚等)的法律和法规体系。民法是管理私人及私人之间争议的一组规则。与刑法不同的是,民法事务中所涉及的各方是严格的私人实体,包括个人、团体和组织。

美国境内有关财产边界、矿产权和离婚的争议是民法案件的典型例子。民法案件称为诉讼(Lawsuit 或 Litigation),其处罚措施可包括经济赔偿或要求采取行动(通常针对合同违约案件,如稍后所述),但不包括监禁和死刑。

合同

合同(Contract)指各方为了相互的利益就某项具体活动达成的协议。云客户与云服务提供商之间的合同就是一个很好的例子。在此合同中,云客户同意向云服务提供商支付费用;作为交换,云服务提供商同意为云客户提供某些服务。合同通常包括以下内容:合同有效期限(在该期限内有效)、合同涉及的相关各方、解决争议的办法以及合同的司法管辖权辖区(一个物理位置或政区,比如"威斯康星州",或者"美国威斯康星州密尔沃基市")。

无法执行合同中规定的活动从而产生的争议称为违约(Breach)。当违约发生时,合同的一方可对其他方发起诉讼,通过法庭判决获得经济或其他方式的补偿(例如,财产权或者法庭强制违约的一方履行双方在合同中事先约定的条款)。

CCSP 应试者应该熟悉以下适用于合同法的合同性文件。

- 服务水平协议(SLA)
- 支付卡行业数据安全标准(Payment Card Industry Data Security Standards,PCI-DSS)合同

CCSP 安全专家应该为在云环境下处理这些类型的合同做好准备。此外,理解违反这些合同所导致的不同后果和影响也至关重要。

 注意: 习惯法(Common Law)是由法庭基于文化道德和立法做出的已有判决和决定的集合。这些就构成了判例。各方在法庭上引用判例来说服法庭在案件中倾向本方。在一些司法辖区,引用判例是不允许的,每个案例需要依据自己的情况和事实。

3. 行政法

还有一类影响大多数人的法律体系是行政法(Administrative Law)。行政法由行政机构而不是立法机构制定。许多联邦机构都可制定、监督和执行自己的行政法,这些机构具有仅隶属于它们自己的立法部门、执法人员、法庭和法官。例如,联邦税法由 IRS 管理。IRS 制定了行政法法规,强制他们自己与 IRS 调查官一起进行调查和执法,根据律师的询问和法官的裁定决定结果。这里律师和法官均由 IRS 雇用。

10.1.2 美国法律

本节将描述和讨论对云计算最具影响的那部分美国法律，这也是 CCSP 专家最应该熟悉的法律。尽管越来越多的州法律有可能取代它们，但 CCSP 专家依然需要理解这些联邦法律。表 10.1 列出了最重要的美国法律和法规。

表 10.1　重要的美国法律和法规

名称	目的	管理机构	执法机构
电子通信隐私法案 (ECPA)	增强对政府进行电话监听的法律限制,更新以包括数据形式的电子通信	*	*
金融服务现代化法案,或称格雷姆-里奇-比利雷法案(GLBA)	允许银行合并和拥有保险公司。规定要保持客户账户信息的安全性和私密性,且允许客户选择不参加银行或保险公司间的任何信息共享安排	FDIC, FFIEC	FDIC 和 DFI
公众公司会计改革和投资者保护法案,或称萨班斯-奥克斯利法案(SOX)	增加公开上市公司财务活动的透明度。包括保护数据安全的条款,并清晰指出机密性、完整性和可用性这 3 个特性	SEC	SEC
健康保险流通和责任法案(HIPAA)	保护病人的记录和数据,也称为受保护的电子化健康信息(ePHI)	DHHS	OCR
家庭教育权利和隐私法案(FERPA)	只允许学术院校与学生的父母(学生年龄在 18 岁以下)或学生本人(18 岁以上)共享学生数据,不允许与其他任何人共享学生数据	教育部	教育部(家庭政策合规办公室)
数字千年版权法案 (DMCA)	更新著作权条款,保护在互联网世界所拥有的数据。把破解著作权保护的媒体的访问控制定为犯罪行为,使得著作权持有者能要求任何互联网站点移除属于版权持有者的内容	**	**
海外数据使用合规澄清法案(CLOUD Act)	允许美国执法部门和法院强制美国公司披露存储在外国数据中心的数据;专为云计算情况设计的(因此得名)	美国联邦法庭	美国联邦执法机构

* ECPA(及其下属部分,包括 SCA)防止政府对平民进行监视。表面上,政府也是管理和执行该法律的实体,但政府的执法部门也是最可能在其活动中违反法律的实体。读者很容易就能看到这样的循环体系所引发的问题。

** DMCA 允许受到侵害的一方发起诉讼来保护他们的利益。但它也有一个条款,把成功破解版权资料的访问控制定为犯罪。

虽然不需要详尽理解每部法律法规，但 CCSP 应试者应能熟练识别它们，并能简单解释它们是做什么的，以及它们在云计算中适用的领域。本章不会更详细地探讨 ECPA、FERPA 和 DMCA，接下来会重点讨论 HIPAA、GLBA 和 SOX。

联邦风险与授权管理计划 (FedRAMP)

虽然 FedRAMP 不是一部法律，但了解它很有用。FedRAMP 是一个美国联邦政府授权了的对于安全评估、授权、持续监控云产品和服务的标准方法。

---

1. Act of 1996 (HIPAA)——健康保险流通和责任法案

1996 年颁布的联邦健康保险流通和责任法案(HIPAA)是监管如何处理个人健康信息(electronic Protected Health Information (ePHI))的一套联邦法律。颁布该法律的主要目的是让人们更容易地满足健康保险政策的要求、保护健康医疗信息的机密性和安全性，并帮助医疗健康行业控制管理成本。然而，经过十年的变化，HIPAA 更多是为医疗服务提供商、健康计划和雇主建立电子医疗健康信息事务的国家标准和全国性标识。PHI，或者更准确地说是 ePHI(受保护的电子化健康信息)，可在云端存储，但必须配备适当的安全和隐私保护。

民权办公室(Office for Civil Rights，OCR)是美国卫生和公共服务部(Department of Health and Human Services，DHHS)的联邦执法部门。该部门实施审计或分包给第三方公司进行审计，有责任向 DHHS 报告审计结果、政策违反情况、未经报告的违规行为，等等。DHHS 有权基于结果施以罚款、限制或要求采取补救措施。

HIPAA、隐私规则(Privacy Rule)和安全规则(Security Rule)

当 HIPAA 在 20 世纪 90 年代首次通过时，最主要关心的是患者的隐私。那时互联网还处于早期，没有人想过 PHI 数据泄露，因为数据泄露事件从未发生过。隐私规则是美国卫生和公共服务部(Department of Health and Human Services，DHHS)发布的首部法规。隐私规则包含了对病人信息的隐私保护的具体方式，就像传统意义上这些信息如何在纸张上保存和使用一样。隐私规则也是美国首部专门阐述隐私保护的法规之一。

在 2009 年发布的经济和临床健康信息技术(Health Information Technology for Economic and Clinical Health，HITECH)法案为医疗实践及医院将纸质记录系统数字化提供了财务激励之后，网络、数字存储和互联网安全规则和违反通知规则呈现爆炸式的发展。由于数据泄露事件发生得越来越频繁，这也是对解决医疗信息的电子数字存储激增所带来问题的一次尝试，那时云计算技术尚处于发展初期。

安全规则尝试解决由于病人及医疗记录的数字化所带来的信息处理和存储的激增而引起的问题。结果就是我们有了 HIPAA，既与隐私规则相关，也有安全规则。了解更多内容请访问 www.hhs.gov/hipaa/for-professionals。

2. 格雷姆－里奇－比利雷法案(GLBA)

格雷姆－里奇－比利雷法案(Gramm-Leach-Bliley Act，GLBA)又称为 1999 年金融服务现代化法案，是为允许银行和金融机构合并而创立。立法者考虑到金融顾客对此类合并可能导致个人隐私损害的忧虑，因此，GLBA 也规定了金融机构为保证客户账户信息安全所需遵从的大量保护和控制措施。例如，该法案要求所有金融机构制定一份书面的信息安全计划，随后修订的版本要求指定一位信息安全官，并给予其适当的资源来实施这些计划。

如果你有兴趣了解更多关于 GLBA 的信息，请访问 www.fdic.gov/regulations/compliance/manul/8/VIII-1.1.pdf。

3. 萨班斯－奥克斯利法案(SOX)

20 世纪下半叶，由于会计造假、缺乏审计、财务控制不充分，以及董事会疏于监管，一些大公司经历了整体性、预想不到的财务崩溃。其中一些公司现已成为遥远的记忆(如安然公司、世界通信公司和阿德菲亚传播公司)。因此，在 2002 年颁布了萨班斯－奥克斯利法案(Sarbanes-Oxley Act，SOX)，旨在防止此类管理缺失和欺诈活动再次发生。萨班斯－奥克斯利法案适用于在美国的所有公开上市公司。

证券交易委员会(Securities and Exchange Commission，SEC)负责为实施审计建立 SOX 标准和指令，并在必要时施以罚款。

如果你有兴趣了解更多关于 SOX 的信息，请访问：www.sec.gov/about/laws/soa2002.pdf。

10.1.3　国际法

国际法决定如何解决国家之间的争议和管理国家之间的关系。国际法包括：
- 公约规定了成员国明文认可的规则(例如，如何对待战俘的日内瓦公约)
- 风俗，在一个国家普遍采用，且被接受为法律
- 对于特定事例经过时间发展而来的司法决定或判例
- 贸易规则，包括进口协议、关税结构等
- 条约(Treaty)，可用来解决争端(如战争)或建立联盟

10.1.4　世界各地的法律、框架和标准

主权国家有自己的法律，并且这些法律适用于各自的司法管辖权辖区。这里的辖区指属于该国的土地及人民。然而，一个国家的法律的效用并不在其边界终结。如果其他国家的一个公民，或者甚至一个国家的公民在其他国家违反了该的法律，他们仍旧会受到该国起诉和惩罚。例如，一名黑客使用互联网攻击了另一个国家的目标，

将受到这个国家的计算机安全法律的司法管辖权的管辖。这名黑客可能被引渡(在黑客自己的国家被逮捕，并被强制送往受害国家受审)。

理解不同国家法律和原则的区别是很重要的，因为，云服务提供商和云客户可能处于很多不同的司法管辖权之下。云计算技术并不受限于任何一个国家的边界。

尽管美国的很多法律定义和原则也适用于世界其他地方，但也有一些显著差异。多年来欧盟在隐私保护方面采取比美国更强硬的姿态。事实上，欧盟把电子数据相关的个人隐私保护视为人权，而美国并没有正式的、统一的个人隐私法律。作为替代，美国有一些法律(前文讨论过)规定在特定行业和领域，如金融服务、健康医疗、教育等行业从事活动时，人们如何处理个人隐私。另一方面，相对于美国的"选择不参加(opt-out)"理念，欧盟采用了"选择参加(opt-in)"策略。这意味着在欧盟，一般来说为了访问或使用一个人的个人数据或隐私信息，这个人必须首先授权，有效地选择是否参与此次信息共享。在美国，通常的法律模式正好相反，个人必须通知共享信息的各方：该信息不能超出原始协议的限制进行共享。

为了更清晰地解释，可用银行账户例子来说明美国与欧盟的隐私差异。当一个人去银行开设账户，银行要求提供一整套个人信息，如姓名、社会安全号码和住址等。这个人自愿授权银行访问这些信息，为获得银行账户将之分享给银行。在美国，GLBA 要求银行询问客户是否选择不参与任何其他的信息共享活动。如果客户不希望银行把数据分享给其他实体(例如，银行可能把信息出售给市场部门或其他业务)，客户必须给银行书面的申明选择不参加。如果用户没有选择不参加，那么银行可自由地以合适方式分享该信息。GLBA 要求银行只要账户正常开设，每年至少一次以书面、纸质的形式询问客户是否选择不参加任何数据共享活动。而在欧盟，如果一个人要开设银行账户，银行必须询问用户是否允许银行向其他任何实体共享个人数据。除非得到该名客户的明确的许可，根据法律银行不允许共享其个人数据。

在涉及多国的情况下，另一个需要考虑的重要概念是各国对待 PII 的方式。可用来标识一个人身份的信息通常在行业中称为个人身份信息(Personally Identifiable Information，PII)，它包括个人的姓名和地址。在欧盟，PII 还包括个人的手机号码、IP 地址和其他信息。尽管人们经常自愿地将自己的 PII 披露给各种实体，但这样做是希望这些实体将根据各自国家/地区的法规来处理和保护其 PII。欧盟 GDPR 对 PII 进行了规范。许多国家以此为基本模式制定自己的法律。表 10.2 给出了各国及其法律与 GDPR 的关系。

表 10.2　与欧盟数据指令和隐私法规相关的国家及其法律

国家	联邦 PII 法律是否符合欧盟数据指令和隐私法规	备注
欧盟	是	欧盟把 PII 看成人权，提供严格保护
美国	否	个人隐私在行业特定法律中描述(例如 GLBA 适用于金融服务行业，HIPAA 适用于医疗行业)，但没有统一的联邦法律保护个人隐私
澳大利亚和新西兰	是	这些国家的法律与欧盟一致
阿根廷	是	本地法律是基于欧盟指南制定的
EFTA	是	由瑞士、挪威、冰岛和列支敦士登 4 个国家组成。瑞士法律提供了严格的个人隐私保护，尤其在银行信息方面
以色列	是	
日本	是	
加拿大	是	加拿大的个人信息保护和电子文档法案 (PIPEDA) 与欧盟数据指令和隐私法规一致

注意： 本章不详细讨论以色列和日本。但为了考试目的，CCSP 应试者需要记住以色列和日本也有被欧盟所接受的个人隐私法律，符合数据指令和隐私法规的要求。

下面给出其他国家在过去 30 年里为应对隐私和数据安全方面的关注而制定的一些法律，为 CCSP 应试者提供一个广阔的视野，了解世界各国如何理解隐私，以及工作在全球环境下所遇到的法律、法规和运营挑战。

1. 欧盟通用数据保护指令

从世界范围来看，欧盟通用数据保护指令(GDPR)可能是最有效的、最具影响力的个人隐私法律。这项包罗万象的法规描述了如何恰当处理所有欧盟公民的个人和私人信息。收集任何欧盟公民 PII 的任何实体(无论是政府机构、私人公司或个人)均受 GDPR 约束。

GDPR 通过编撰以下 7 个原则(NC-PAISE)来阐述个人隐私：

提示(Notice)　当收集或创建个人信息时，必须告知当事人。

选择(Choice)　每个人可以选择是否透露自己的信息。没有个人的明确同意，任何实体都不能收集或创建其个人信息。

目的(Purpose)　个人必须被告知信息将如何具体使用,包括数据是否将被共享给任何其他实体。

访问(Access)　允许个人获得任何实体所持有的个人信息副本。

完整(Integrity)　当信息不准确时,必须允许个人纠正其信息。

安全(Security)　持有个人信息的任何实体对保护该信息负责,并对未经授权的数据泄露负最终责任。

执法(Enforcement)　所有持有任何欧盟公民个人数据的实体理解他们将接受欧盟当局的执法行动。

该列表与经济合作和发展组织(Organization for Economic Cooperation and Development,简称经合组织,OECD)所创建的一套原则大体相符。经合组织是一个由很多国家的代表组成的标准化组织,发布策略建议。经合组织的标准不具法律约束力,也不具有条约或其他法律的效果。

注意: 这是一个重要区别。虽然经合组织的原则不具法律约束力,但欧盟的 GDPR 与经合组织的原则大体一致,具有法律约束力。

除了这些原则,数据指令还有一个欧盟独特的原则:遗忘权利(Right to be Forgotten)。

在这条原则下,任何人可通知持有其 PII 的任何实体,指示该实体删除和销毁其控制下的 PII。这是一项重要而有力的个人权利,做到合规极难。当该原则提出时,谷歌表达异议,认为无法实施。欧盟最高法院决定支持遗忘权利、反对谷歌的意见,谷歌为能在欧盟运营,只能选择接受。

GDPR 的另一个主要条款是:任何实体如果处于一个国家的司法管辖权区域,而这个国家没有明确支持数据指令所有条款的全国性法律,则禁止该实体收集欧盟公民的 PII。这意味着美国的任何公司都不被允许与欧盟公民发生商业往来。因为美国并没有对应于数据指令的联邦法律。

欧洲人对美国保护个人隐私的能力持有怀疑态度。GDPR 是这种态度的一个直接反应。平心而论,欧洲人的意见似乎很正当,因为在相当长的时间里,美国政府被证明有意在没有搜查令或其他法律理由的情况下收集所有个人信息(包括美国公民)。因此,GDPR 也被看成是明显限制美国公司的一部法律。

为了允许一些美国公司在欧盟境内合法经营,欧盟制定了隐私规则,旨在规定美国公司为了遵守欧盟法律必须做些什么。这些规则描述了如何正确处理存储和传输属于欧盟公民的私人信息。美国人遵守 GDPR 的计划在美国被称为隐私护盾(Privacy Shield)。

以下是隐私护盾的条款。

● 所有想要收集欧盟公民数据的美国公司必须**自愿**同意遵守 GDPR。

- 这些公司需要向监管此项目的美国联邦执法机构登记。对于大多数公司，美国商务部(Department of Commerce，DoC)负责监管安全港项目。对于航空和船运公司等特定行业，该项目由美国交通部(Department of Transportation，DoT)监管。

- 这些公司必须同意允许来自项目监管者的审计和执法。对于美国商务部，执法机构是联邦贸易委员会(Federal Trade Commission，FTC)。交通部亦负责项目的执法。执法包括对违规进行罚款。

更多关于隐私护盾的信息可以访问 www.privacyshield.gov/welcome。

如果既不想签署隐私护盾又想拥有欧盟公民的 PII，美国公司还有一个最终方案，他们可创建称为"有约束力的公司规则(Binding Corporate Rules)"的内部策略，或创建明确表示遵从 GDPR 和隐私法规的"标准合同条款"。选择此方法的公司基本上申明他们完全同意接受相应欧盟法律的监管。然而，如果一家公司使用这个方法，该公司必须首先访问想要部署运营的每个欧盟国家，由负责 GDPR 和隐私法规相关监管和执法的政府部门同意和批准公司的策略。

GDPR 都定义了涉及采集和创建 PII 的实体的角色。CCSP 应试者应该熟悉这些角色，并了解它们如何用于云场景。

数据主体(Data Subject) PII 所指向的个体，某个特定的人。

数据控制者(Data Controller) 采集和创建 PII 的任何实体。在云场景下，数据控制者是云客户。

数据处理者(Data Processor) 代表或根据数据控制者的意图，对 PII 进行操作、存储或传送的任何实体。在云场景下，数据处理者是云服务提供商。

根据 GDPR，数据控制者对于任何 PII 的未经授权的泄露负有最终责任，包括在数据处理者部分所采取的任何恶意的或疏忽行动。这是必须理解的至关重要的一点。从法律上说，数据控制者不管是否有错，都对任何数据外泄负有责任。

为便于理解，我们假设一家云服务提供商 Ostrich 公司有两个客户，Acme, Inc.和 Bravo, LLC，并且他们是竞争者。一个 Ostrich 的管理员知道了并有意愿拿一些 Acme 公司的隐私数据卖给 Bravo。在隐私法律的宗旨下，Acme 对于数据泄露仍然有责任。即使 Acme 没有做错任何事情。Acme 最后可以在民事诉讼中要求 Ostrich(或者包括 Bravo)赔偿损失，但是对于数据泄露负有法律责任，包括任何解决违规的法律成本也是 Acme 的。请注意，这只是隐私法下的曝光；Ostrich 和 Bravo 仍可能因窃取数据而被起诉，这是一种犯罪行为。

 注意：根据 GDPR，PII 不局限于电子数据，也包括以纸质形式存储的数据。

2. 澳大利亚隐私法案

澳大利亚在 1988 年通过澳大利亚隐私法案(Australian Privacy Act，APA)，该法案规定如何处理个人信息，包含采集、使用、存储、披露、访问和纠正个人信息的细节。它由涵盖如下问题的基本隐私原则组成：

- 个人信息处理的透明性
- 请求收集信息的规则
- 已收集数据的准确性和完整性

从颁布时间可以发现，澳大利亚数十年来在维护个人隐私权利方面非常主动。澳洲也成为很多全球性云服务提供商的托管地，使得这部法律显得更加重要。

由于 APA 满足了欧盟 GDPR 和隐私法规的所有要求，因此澳大利亚的实体被允许采集和创建欧盟公民的 PII，澳大利亚好像等同于欧盟。

3. 加拿大的个人信息保护和电子文档法案(PIPEDA)

加拿大的 PIPEDA(Personal Information Protection and Electronic Documents Act，个人信息保护和电子文档法案)是一部加拿大法律，旨在保护特定情况下采用电子方式进行通信、记录或交易时个人信息的采集、使用或披露。它包含处理投诉和由谁归档的细节，以及政府处理此类投诉可用的补偿和执法措施。可以想象，加拿大对个人隐私的态度更像欧盟，而不是美国。

欧盟认可 PIPEDA 满足 GDPR 和隐私法规原则。因此像澳大利亚一样，加拿大的实体可在欧盟运营 PII。

4. 阿根廷的个人数据保护法案

在 2000 年，阿根廷通过了个人数据保护(Personal Data Protection，PDP)法案，确保遵守欧盟的 GDPR。因此，阿根廷的实体就如同他们在欧盟一样，可为欧盟公民采集和创建 PII。在阿根廷，有很多数据中心为欧盟的客户管理服务。

5. EFTA 及瑞士

瑞士在技术上不是欧盟成员，而是一个称为欧洲自由贸易联盟(European Free Trade Association，EFTA)的由 4 个国家组成的更小联盟的成员。长久以来瑞士法律以保护客户隐私而著名，特别是对瑞士的国际银行业做了强有力保护。欧盟认为 EFTA 法规在按照 GDPR 和隐私法规保护欧盟公民数据方面足够严格，因此，瑞士表面上被认为是欧盟的一部分，而允许处理隐私信息。

6. APEC 隐私框架

亚洲太平洋经济合作组织(Asia-Pacific Economic Cooperation，APEC，亚太经合组织)是一个致力于成员国经济增长与合作的地区性组织。APEC 协议并不具有法律约束力，选择参与的实体(通常是私企)仅是自愿合规而遵循这些协议。

其他一些司法管辖权辖区(如欧盟)的法律是政府为个人提供保护，而 APEC 意在通过共同遵守 PII 保护原则而增强自由市场职能。APEC 成员理解，如果消费者参与一个没有保护 PII 的市场，消费者将不会信任这个市场。因此，APEC 原则提升贸易实践中的信任关系，从而确保有关各方的利益，提高了消费者的信心。

APEC 的隐私框架(Privacy Framework)原则基于如下核心思想:

- 个人知晓自己的数据何时被使用、传输或存储。
- 使用限制是个体所知晓的。
- 采集和创建 PII 的实体对保护数据的准确性和完整性负责。

10.1.5　信息安全管理体系(ISMS)

国际标准化组织(ISO)创建了信息安全管理体系(ISMS)的概念，一个组织信息安全程序的整体视角。ISMS 的具体细节是 ISO 27001。

ISMS 的目的是为政策、程序和标准的制定和实施提供一个标准化的国际模型，这些政策、程序和标准考虑到利益相关者的识别和参与，采用自上而下的方法处理和管理组织中的风险。信息安全制度的建立，是基于业界普遍接受和认可的方式；它与平台/产品无关，可以为任何组织定制。

ISO 27001 大概是全球范围内认可度最好的安全程序标准，并且被很多监管机构/行政辖区接受，从而减轻信息安全要求的不稳定性。然而，标准的应用，实施和获得认证费用昂贵。ISO 遵从性是一个开销很大的预期，这可能使它对于中小型组织没有吸引力。

更多信息，请参考 www.iso.org/iso/iso27001。

注意: 安全实践、设备和工具的管理与监督和审计与安全功能等业务过程，构成了(ISC)^2 CCSP 课程大纲所描述的"内部信息安全控制系统"，这是一个组织内部安全控制的整体程序。在 ISO 的视角下，ISMS 实现了这一目的。

提示: ISO 文档并非免费提供。价格从 100 美元左右到数百美元不等，具体取决于文档的大小和年份等。这样的标准有数百份之多。这也是 ISO 组织获取收入用于持续开发标准的方式之一。这些标准主要由来自全球各地的学科专家开发，除了 ISO 职员外，其他人都是志愿者。因此，如果你想查看某个标准超过预览页的部分，请拿出你的信用卡。更多信息请访问 www.iso.org/iso/home.htm。

ISO/IEC 27017:2015

国际标准化组织(ISO)和国际电子技术委员会(IEC)创建了 ISO/IEC 27017:2015，这是信息安全控制的一套标准，适用于云服务提供商及使用云服务的客户。换句话说，它提供的标准不仅适于服务商提供云服务，也适于云客户控制信息和隐私。虽然 ISO 标准在国际上得到认可，但并非法律，不是诸如欧盟的政府实体的法规。不过，在一些司法管辖区域，法律要求一些行业遵守 ISO 标准。

注意：ISO/IEC 27018:2019 也与 CCSP 相关。它特别关注在云服务中处理 PII 的实践代码和安全技术。

10.1.6　法律、规章和标准之间的差异

法律、规章、标准和框架有何差异？法律是国会或议会等政府实体制定的法定规则。规章是政府其他部门或政府授权的外部实体制定的规则。不能恰当地遵守法律和规章将导致包括罚款和监禁在内的惩罚。标准规定了合理的表现水平，标准可以由组织为其自身目的(内部)创建，也可以由行业组织/行业团体(外部)创建。组织可以选择遵守组织选择的标准；在某些情况下，对某些行业和司法管辖区来说，遵守标准是由法律规定的。遵守标准可以降低法律责任，证明符合尽职要求。

法律、法规和标准经常以相似的或者重叠的方式影响着信息安全产业。例如，有一些法律、法规和标准都描述数据可以分为敏感信息和个人信息。

还有一些与处理敏感数据有关的规章可能有其他来源，比如合同性规章。例如，支付卡行业(Payment Card Industry, PCI)合规是完全自愿的，但如果选择参与信用卡处理(即接受信用卡的商户)，参与者需要服从 PCI 管理，这些管理包括对参与者采纳和实施标准及相应控制措施的审计和审核。它不是法律，而是由监管部门完成的监管框架。关于 PCI 理事会及 PCI 数据安全标准的更多信息，请访问 https://www.pcisecuritystandards.org/。

不管你是否正在应对法律、规章或标准，每个人都期待合理程度的透明度。换句话说，要达到所有各类监管部门和相关方期待的透明程度。

注意：在本章的开头对法律和合同之间的区别进行了描述，隐私数据可能受到法律和合同的影响。根据法律规定，如果发生 PII 泄露/丢失，你的机构必须向政府负责，根据合同，你的组织必须对合同的另一方负责。

10.2 云环境下个人及数据隐私的潜在问题

鉴于云计算的去中心化本质，地理差异开始起作用，使得个人隐私和数据隐私成为关键问题。本节将讨论在这样一个去中心化、分散的全球性环境下，保护和管理个人隐私与数据隐私所遇到的一些挑战。

10.2.1 电子发现

电子发现(Electronic Discovery，eDiscovery)指为提起公诉(Prosecutorial)或诉讼(Litigation)的目的，辨别和获得电子证据的过程。确定数据集合中哪些数据具有相关性是很难的。无论它是数据库、记录、电子邮件或仅是简单文件，由于云配置的去中心化本质，在云中识别和定位适用的记录具有相当大的挑战性。此外，因为云计算常采用多租户形式，要寻找某个云客户拥有的数据，而不侵入可能位于同一存储卷、驱动器或机器的其他云客户数据的难度更大。拥有电子发现实践认证且经过训练的专业人员非常少，而且很多组织并未雇用这样的人员。当一个组织执行电子发现活动时，最好聘用一位拥有资质许可的专家级顾问。任何执行这些活动的人应该熟悉产业保准和指南，例如 ISO27050(www.iso.org/standard/63081.html) 和 CSA 指南 (https://cloudsecurityalliance.org/artifacts/csa-security-guidance-domain-3-legal-issues-contracts-and-electronic-discovery/)。

云客户需要熟悉法律、SLA 和其他合同性协议，这一点很重要。这些知识将影响用户在需要时执行电子发现的能力。在此过程中，如果需要跨越国境，这将会特别重要。

随着对于电子发现能力需求的增加，技术服务提供商已经开发出产品满足这个需求。一些云供应商能够提供 SaaS 电子发现解决方案。基于云的应用可以执行和收集相关数据(经常是在供应商拥有的云数据中心，面向它自己的客户)。也有基于主机的工具，用来定位适用于特定机器(硬件和虚拟)的信息。

保管链和不可抵赖性

当认可和收集证据时，需要追踪和监测所有证据。必须有清晰的文档，记录哪些人可以访问、这些证据在何处存储、有什么样的访问控制，以及从证据被收集直至到达法庭的过程中对其做过哪些更改或分析。安全行业把这种记录以及创建记录的原则称为证据保管链(Chain of Custody)。

在法庭上能展示强有力的证据保管链，即只有特定的受信任的人可访问，且在保管的时间轴上无缺失、未发生过失控情况，这对于使用该证据进行法庭辩论是非常重要的。证据保管链上的任何误差将对证据的倾向和内容引发质疑，虽然不会使证据不被接受,但会让对方律师有机会降低你的陈述的可信度。对于特定证据的任何质疑将使该证据变得更加苍白无力。

当制定策略,来维护证据保管链或执行要求保存和持续监测证据的活动时,最好从律师(甚至是这个领域训练有素、经验丰富的专业顾问)那里获取指导意见。保管链提供了交易时细节的不可抵赖性的证据。不可抵赖性意味着交易参与者不可能事后声称他们没有参与其中。

10.2.2 取证要求

不管你怎么看,在云环境执行取证活动都是一个巨大挑战。当试图收集和分析取证数据时,去中心化本质、远程部署的数据及其跨越地缘政治边界的移动、存储和处理,都通向一个复杂而令人费解的环境。

此外,云端取证的国际化本质产生了对不管身处何处的任何人都适用的国际标准的需求。这有助于使跨越边界的流程实现标准化,从而努力减少对科学发现的挑战。

ISO 开发了一组标准来应对这样的国际挑战,包括以下数字取证标准。

- ISO/IEC 27037:2012 关于收集、标识和保存电子证据的指南
- ISO/IEC 27041:2015 关于事件调查的指南
- ISO/IEC 27042: 2015 关于数字证据分析的指南
- ISO/IEC 27043:2015 事件调查的原则和流程
- ISO/IEC 27050-1:2016 电子发现的概述和原则

10.2.3 解决国际冲突

互联网和云促进了国际贸易,使个人和企业可以在全球范围内交易商品和服务。这可能导致法律上的困难,因为司法管辖区可能针对类似活动制定了相互冲突的法律。例如,在线赌博在美国是违法的,但在世界许多其他地方完全是合法的;向美国玩家提供服务的提供商可能会在美国受到起诉(请参阅下面的"线上博彩"案例)。云服务提供商可能还必须遵守与服务总部所在国家/地区的法律有很大不同的当地要求,或者会被迫偏离其内部政策。

CCSP 必须意识到影响其所在辖区中的组织的活动和用户的各种法律,包括云数据中心、提供商和最终用户的位置。必须详细审查与云提供商的合同,以了解提供商和客户所在司法管辖区的法律影响。

最后,作为信息安全领域的从业人员,我们都应该意识到可能导致我们的国际业务发生冲突的法律发展,例如法律可能会规定一个管辖区的行为在另一个管辖区是非法的。(《CLOUD 法案》要求美国的公司向联邦执法部门披露数据,即使该数据位于

美国境外并且披露也可能违反数据所在司法管辖区的法律。)

🌐 **真实世界场景**

线上博彩

有时候，在一个司法管辖区违法的事情在另一个司法管辖区并不违法。在这些情况下，引渡变得困难。如果一个人的行为在他的家乡不合法，在另一个国家想要逮捕他并审讯，这个人的家乡可能会拒绝任何这样的请求。

这里有个例子是 David Carruthers，英国线上博彩公司的 CEO。在 2006 年，Carruthers 乘坐飞机从英国飞往哥斯达黎加时，在美国 Dallas 转机时被联邦政府逮捕。美国政府以敲诈勒索罪起诉 Carruthers，罪名是美国公民使用他公司的在线博彩服务。

在线博彩，在美国违法，但是在英国或者哥斯达黎加以及世界上的其他很多国家并不违法。因此对于美国来讲，从英国或者哥斯达黎加引渡 Carruthers 是很困难的，因为这些国家的法律不同，所以联邦政府等待直到他进入美国司法管辖区，也就是他乘坐的飞机着陆那一刻。

Carruthers 在监狱里服刑了 33 个月。

10.2.4　云计算取证的挑战

云计算的分布式模式为取证领域带来一些挑战。数据的物理位置、收集机制以及国际法律，都是完成取证工作需要妥善处理的诸多因素。

云客户知道其数据从哪里开始创建吗？是否有一部分在内部(On-Premise)创建，一部分在外部(Off-Premise)创建？数据又分别存储在何处？数据是否分布在多个数据中心？如果是，那些数据中心是否跨越国际边界？如果跨越了边界，国际法律是否阻碍你收集取证信息的能力？例如，某个国家/司法管辖区的法律是否阻止你捕获某些类型的数据(例如，详细的用户活动记录)？

云客户是否与其云计算服务提供商有工作关系？SLA 或者其他合同条款描述了对于用户和供应商之间的数据收集和维护的权利和责任了吗？作为一个云租户有授权从云数据中心检索取证数据吗？如果云客户从一个多租户的环境下意外收集到另一个客户的数据时，会发生什么？取证工具适合虚拟环境吗？对于服务提供商部分，什么级别的合作是必要的？

10.2.5　直接和间接标识

隐私信息有多种形式。在一些司法管辖区，在一些法律下，一个人的名字、生日和家庭地址被认为是 PII。在其他国家或者管辖区，个人的手机号码和 IP 地址同样被认为是 PII。这完全取决于这些司法管辖区的法律要求。这些 PII 元素有时称为**直接标**

识(Direct Identifier)。直接标识是能立即揭示一个特定个体的数据元素。

间接标识(Indirect Identifier)同样应该被妥善保护。间接标识是个体的特征和特质，当被聚合在一起时就能揭示这个人的身份。每个间接标识本身通常并不敏感，但如果收集足够多的间接标识，它们可能提供敏感信息。例如，如果我们拿到一组并不敏感的间接标识：一个男人、出生在威斯康星州、目前居住在新奥尔良、他有一条狗而且在信息安全领域工作，我们可能揭示本书一位作者的身份，从而通过并不敏感的信息元素(地理位置、出生地、宠物及行业等)推导出敏感信息(身份)。

移除标识的措施称为匿名化，毫无疑问的，在司法辖区、法律和标准要求对数据匿名化处理，包括直接和间接的标识。

10.2.6　取证数据收集方法

在传统环境下，取证数据的收集是在相对限制区域(组织的企业)的所有者(组织自己)执行的。收集过程本身就是挑战，必须谨慎处理，保证数据被修改的可能性最小，以一致、严格和可重复的方法捕获数据。必要的技术手段，如取证镜像，常被用来降低数据被影响的可能性。

在云环境下，传统环境下使用的实践和工具并不总是可行或有用的。资源可能有多个所有者，这取决于云服务和部署模型，云服务提供商或客户可能对环境的某些系统或方面拥有所有权和管理权。此外，取证过程可能会影响第三方数据(其他云租户共享相同的基础架构)，这种额外的问题也会使过程复杂化。

在许多情况下，从云数据进行取证收集需要云供应商的参与方或涉事方。在某种程度上，通常客户将无法捕获到满足法庭要求的数据或细节。

前述提到的 ISO 标准(特别是 27037 和 27042)对于收集、保存和分析取证数据是很好的指南。然而，大多数云用户(和大多数 CCSP 专家)没有这些现成的技能和必要的工具用于证据收集和分析。强烈建议云客户在云中进行取证调查时，请经过认证并获得许可的取证专业人员提供服务和执行这些活动。

10.3　理解审计流程、方法论及云环境所需的调整

审计是对于环境的综合评价，以确定环境是否符合标准、法律和其他强制要求。云计算里的审计流程，虽然与其他环境非常相似，但也有一些独特挑战。我们将对此详细探究。

10.3.1 虚拟化

云计算需要虚拟化支持，虚拟化使得审计复杂。审计师们看到的不再是物理设备，而是软件实例或设备的抽象。即使在网络层，也是基于软件的虚拟交换机和路由器负责云环境的数据传输。审计不像在传统环境中那样是查找和列举房间中的有形设备的简单问题，这使得审计师很难识别审计范围内的所有机器。最多可通过访问一个管理控制台来查看环境。这至少给不熟悉云计算的人造成混乱和困难。

CCSP 专家需要理解虚拟化云环境的控制机制。虚拟化带来一个基于云计算技术的知识库，这让不熟悉云技术的审计师感到困惑。一个实例是审计对虚拟机管理程序(Hypervisor)的访问。审计师可看到云管理员的账户，但由于云管理员可能居住在不同国家，审计师无法与他们直接对话。

10.3.2 审计范围

审计范围清单包括元素、参与方和系统。范围必须在审计开始前确定以便于涉及各方(审计师、被审计组织、用户等)理解审计范围和深度，需要持续多久，什么资源会被利用或影响。

在云计算环境里，定义审计范围(Scope)也可能面临挑战。是对云服务提供商的基础设施、平台或涉及的应用系统进行审计？取决于你使用的服务模型，审计范围可以有很多种形式。例如，如果你只是把云服务提供商作为 SaaS 供应商，那么审计范围应该包括底层的基础设施吗？许多供应商甚至提供这些服务的第三方审计以满足需求，因此，其他审计师们可专注于特定领域(那就是服务提供商的审计师来审计数据中心的硬件，客户的审计师审计应用和业务)。

此外，审计范围可能会(也可能不会)被限制在地理或多样的地缘边界上。审计师在特定国家的限制下，可能仅对 IaaS 进行审计。取决于具体约定，任何超出这些边界的事物都可能不在审计范围之内。

10.3.3 差距分析

一旦审计完成，审计结果应该展示出组织哪里目前合规和哪里没有合规。差距分析是异同点的综合评述，在这些组织还没有符合标准或者法规的领域。差距分析的目的是为了帮助决定如何达到预期(完全合规)。

通常，最佳的方法是审计师不参与如何弥补差距的推荐措施的实施。也就是说审计师不会推荐特别的技术、系统、产品用于合规。因为这可能导致利益冲突(审计师参与了业务将会导致审计师违反独立性原则)。而且，组织内被影响的部门也应该不参与差距分析。相反地，目标部门以外的人员应该做复审，因为他们更有可能提供公平的观点和建议。

10.3.4　限制审计范围声明

如果审计师认为组织没有披露足够的信息、文件和权限给审计师执行成功和公平的审计，审计师可以发布一个"范围限制"声明或者修订审计报告和结果。这表明，任何被审计方如果组织希望隐瞒一些要素资料去审计，那么审计师可以感觉到对目标组织没有提供有效的专业评价。

例如，被 Ostrich, Inc.雇用的审计师，做 PCI-DSS 合规审计。Ostrich 的管理层提供了一个审计范围，这个范围没有允许审计师审核销售网点的系统，然而在采购过程中，这个系统包含用户信用卡信息。因为 PCI -DSS 要求，持卡人数据要从最初收集时就得到保护，审计师认为，以专业的审计师观点，了解销售网点系统是很有必要的。这决定了 Ostrich 在收集数据的过程中是否采用了安全方法，是否符合标准。当审计师完成审计报告时，审计师会发布一个"保留意见"，解释这个报告是不充分的，在审计师的评估下，相对公平和完整地提交评价。审计师也可以发布一个"拒绝发表意见"，用来说明审计报告并不完整，并且不应该被完全采纳。

许多通用的审计标准和审计机构，例如，美国会计师协会(AICPA)对于审计鉴证(SSAE)和保险业务国际标准(ISAE)的声明要求审计师记录审计范围限制条件，这个事实上会影响审计的质量。

10.3.5　策略

策略是战略目标和高管层目标的表达和体现，并且在机构的信息安全理念中扮演完整的角色。有组织结构的安全策略旨在减少暴露和丢失财务数据的风险，以及将诸如声誉损失这类损害最小化。在企业环境中，可看到的其他一些典型策略包括信息安全策略、数据分级和使用策略、可接受的使用，以及其他许多关于软件、恶意软件的策略。此外，CCSP 专家应该熟悉灾难恢复策略、业务连续性策略、供应商管理策略、外包策略、事件响应策略和取证策略。就像前面提及的，所有这些策略是对管理层战略目标的表达，用于管理和维护组织的风险概况。

在云计算中，我们看到对于诸如访问控制、数据存储及恢复等策略的更多强调已经就位，这个云租户可能只有表面上的控制。很多其他的适用于传统 IT 环境的策略(例如硬件管理，存储设备的人员访问等)在云环境下可能行不通，因为客户没有控制云中这方面的控制权限。相反地，那是云供应商的职责范围。然而，一些策略，组织希望在迁移到云上后能够使更多的时间和资源在上面，包括远程访问，密码管理，加密，以及如何职责分离和管理(尤其是管理员职责的分离和管理)。

10.3.6　不同类型的审计报告

内部审计是由组织内的员工执行的审计。银行通常有一个内部审计部门，定期执行内部审查，针对运营风险以及诸如员工是否遵守策略这样的事项进行评估。他们也会实施 GLBA 审计，以确保满足与信息安全计划相关的所有 FDIC 规章。

内部审计弱于外部审计的部分原因如下。

- 一旦引发其他问题，会倾向于拖延。
- 从事审计的人可能缺乏经验。
- 因害怕报复，迫于压力不去揭露安全问题。

外部审计几乎像内部审计一样实施审计。外部审计更独立，因为审计师和组织之间有更大的隔离性。与对个别业务部门(如财务或 IT)的内部审计相比，外部审计一般会包含整个审计领域，因此外部审计更彻底。

10.3.7　审计师的独立性

审计师的独立性的理念可以追溯到 SOX 法案之前，但是 SOX 法案严格地强化了这一需求。在美国，对于审计师和组织机构，这产生了一个深远的影响。

审计师保持足够的客观，并且不被其他劝说或利益诱惑所影响是必要的。审计师必须公正地反映真实的和准确的关于目标环境或者组织的报告。审计人员不应与审计的结果或组织的成功有经济利益关系，审计人员也不应与客户实体有个人互动，如果这些关系可能影响审计人员或其报告。

10.3.8　AICPA 报告和标准

美国注册会计师协会(American Institute of Certified Professional Accountants，AICPA)在美国代表注册会计师(CPA)这个职业。他们是一个大型的强有力组织，为大多数会计和信息安全审计业务负责。他们设立标准、指南和框架，并为我们所称的服务组织审计和报告业务设立标准。AICPA 创建和颁布通用会计准则(Generally Accepted Accounting Practices，GAAP)，审计师和会计师在职业中都需要遵守这个准则。

现行的 AICPA 审计标准新标准，SSAE 18，概述了审计报告的三大家族：SOC1、SOC2 和 SOC3。

上述标准、指南和报告构成评估一个组织控制框架的安全性和可靠性的基础，并有助于确认该组织的业务风险水平。他们就恰当分离与分割的有效性给出报告。

作为一名 CCSP 专家,如果你的组织正在考虑云迁移并且你不得不从潜在的供应商中选择,你通常可以信赖第三方审计报告,作为你的尽职调查(解释你已经在选择可信的供应商这个事情上做出了努力)的资料。作为客户,这不太可能允许你执行自己的审计、实地考察、审核供应商控制。这就是为什么(ISC)² 觉得对于你来说熟悉及理解 SOC 报告很重要。

报告的第一类称为 SOC1,仅检查公司财务报告。它是一个仅有检查组织财务报告控制的审计。对于一个云客户以想决定供应商是否是合适的目的来说,SOC1 是没有用的。该报告并不告知数据保护、配置弹性或云客户需要了解的其他任何元素。SOC1 为满足投资者和监管者的需求而设计,这两类人关注对象的财务健康状况。再次重申和强调:SOC1 并不服务于信息安全或 IT 安全目的。

SOC2 报告审查安全性和可用性,处理完整性、机密性或隐私相关的控制措施。这是云客户与 IT 安全从业者最多使用的报告,云客户可用它确定云服务提供商的合适性。SOC2 报告有类型 I 和类型 II(TypeI 和 Type II)两种。SOC 2 类型 I 仅报告在特定时间的设计过程控制。也就是说,审计核查组织选定的控制措施,但不是他们实施的或者控制措施确切如何工作的。对于云客户来讲,SOC2 类型 I 报告是有趣的,但是,同样也是无用的。

另一方面,SOC2 类型 II 是真正彻查目标的内部控制,包括它们在一段时间(通常是几个月)内如何实施以及功效如何。SOC2 类型 II 是云客户的金矿。使客户能了解云服务提供商的安全态势和整体安全项目。遗憾的是,虽然云客户希望看到提供商的 SOC 2 类型 II 审计报告,提供商可能并不愿意共享它,即使这样做是正当的。SOC2 类型 II 非常详细,包含云服务提供商环境中所实施的实际安全控制的大部分信息,可能成为竞争对手的完美攻击路线图。这就是云服务提供商不愿意发布 SOC2 类型 II 的原因。

然而,当前的行业趋势是为云服务提供商和云客户创建一个愉快的中间地带。许多云服务提供商向云客户提供 SOC2 类型 II 报告,但前提是云客户需要签署保密协议,且在提供商给出报告前由云服务提供商审查该客户的信誉。这是将云服务提供商的安全态势给予云客户的恰当保证;从另一方面讲,也是给予云服务提供商的保证,确保他们的安全方法和技术不会泄露给心怀恶意的人。

SOC3 报告则纯粹为公众服务,仅向公众展示正式认可,而非共享有关审计活动、控制有效性、调查结果等任何具体信息。它仅是来自审计师的证明,证明其实施了审计而且目标对象成功通过了审计。它不包含细节和实质信息。更多云服务提供商更愿意披露 SOC3 报告而非任何一种 SOC2 报告,而这正是 SOC3 设计的用途。作为对可信性的准确反映或在选择供应商时出于尽职调查的目的,它不是一个有用或可靠的工具。

10.4 小结

如前所述，国际法、标准和规章使得云计算领域更加复杂，有时还难以理解。ISO 与 IEC 还有 OECD 在美国以外的绝大部分国家和地区，发布了信息安全和隐私领域事实上的标准。在美国，审计师们仍旧主要工作在 GLBA、PCI-DSS 和 HIPAA 等标准和法规上。代理机构和政府主体制定这些标准和法规，使得难以获得一致的标准。然而这正是 CCSP 安全专家的责任：理解所有这些挑战，以便为云客户和云服务供应商的架构、策略和管理提供可靠建议。

10.5 考试要点

基本理解 ISO 和 ISO/IEC 相关标准(如 ISO 27001)。ISO 标准不是法律，而是全球专家一起开发的可供操作的标准。许多国家和联盟(如欧盟)基于 ISO 相关标准制定政策。

熟悉和基本掌握美国的安全和隐私标准、法规和法律。这包括合同性及监管性规章、标准和框架，如 PCI、HIPAA、SOX 和 GLBA。你应该知道它们之间的不同。例如，PCI 是合同性标准而非法律。而 HIPAA 和 GLBA 是联邦法律，对于审计中发现的问题，将予以罚款或发布禁令。

清晰理解电子发现的相关问题。这包括法庭证据、证据保管链以及在云环境中收集取证面临的挑战。因为地理和地缘政治的分散性，在云环境里尝试电子发现会遇到很大挑战。

理解审计流程。理解基本的审计概念(如内部审计和外部审计)，以及审计中独立性的差异和重要性。内部审计协助内部运营，可靠性低；而外部审计独立性更强，可更彻底地找出可能对组织有风险的敏感问题。

熟悉 PII 的基本定义。熟悉 PII 的基本定义、合同性 PII、监管性 PII、特定国家的法律，以及它们的差异。理解敏感和非敏感 PII 的差异(使用直接标识和间接标识)。此外需要知道，虽然 PII 可能是非敏感的，当与其他非敏感信息组合在一起时，可能变为敏感的 PII。

10.6 书面实验题

在附录 A 中可以找到答案。

1. 描述法律、条例和标准的主要区别。
2. HIPAA 都有哪些规则，它们为什么不同？
3. 描述 SOC 1、SOC 2 及 SOC 3 报告之间的主要区别。

10.7　复习题

在附录 B 中可以找到答案。

1. 在电子发现过程中必须收集_____。

    A. 电子邮件

    B. 与法律要求相关的任何内容

    C. 在特定时间段内创建的所有文档

    D. 任何有助于取证的内容

2. 法律控制指的是_____。

    A. 符合与云环境相关的法律法规的控制

    B. PCI DSS

    C. ISO 27001

    D. NIST 800-53r4

3. _____与云取证无关。

    A. 分析　　　　　　　　　　　B. 电子发现

    C. 证据保管链　　　　　　　　D. 合理辩证

4. _____不是合同性 PII 的组件。

    A. 处理范围　　　　　　　　　B. 使用分包商

    C. 数据位置　　　　　　　　　D. 数据价值

5. _____是监管性 PII 的关键组件的最佳例子。

    A. 应该实施的项目　　　　　　B. 强制的违约报告

    C. 分包商的审计权　　　　　　D. PCI DSS

6. _____与隐私无关。

    A. 病历　　　　　　　　　　　B. 个人爱好

    C. 生日　　　　　　　　　　　D. 参与交易

7. _____是外部审计的最大优点。

    A. 独立性　　　　　　　　　　B. 监管

    C. 更便宜　　　　　　　　　　D. 更好的结果

8. 以下哪一部法律来源于审计实践缺乏独立性?

    A. HIPAA　　　　　　　　　　B. GLBA

    C. SOX　　　　　　　　　　　D. ISO 27064

9. 以下哪一种报告已不再使用?

    A. SAS 70　　　　　　　　　　B. SSAE 18

    C. SOC 1　　　　　　　　　　D. SOC 3

10. 以下哪一种报告与财务控制审计最一致？
    - A. SOC 1
    - B. SOC 2
    - C. SOC 3
    - D. SSAE 18

11. ＿＿＿＿是 SOC 3 报告的主要目的。
    - A. 绝对的保证
    - B. PCI/DSS 合规
    - C. HIPAA 合规
    - D. 正式认可

12. ＿＿＿＿创建和维护 GAAP。
    - A. ISO
    - B. ISO/IEC
    - C. PCI Council
    - D. AICPA

13. 金融行业哪一部法规阐述安全和隐私事务？
    - A. GLBA
    - B. FERPA
    - C. SOX
    - D. HIPAA

14. ＿＿＿＿不是高度监管环境的例子。
    - A. 健康医疗
    - B. 金融服务
    - C. 批发商或经销商
    - D. 公众公司

15. 以下哪一个 SOC 报告子类型表示一个时间点？
    - A. SOC 2
    - B. 类型 I
    - C. 类型 II
    - D. SOC 3

16. 以下哪一个 SOC 报告子类型表示一段时间跨度？
    - A. SOC 2
    - B. SOC 3
    - C. SOC 1
    - D. 类型 II

17. 遗忘权利指的是＿＿＿＿。
    - A. 不再缴税的权利
    - B. 抹去犯罪历史
    - C. 清除数据所有者的数据的权利
    - D. 遮蔽

18. ＿＿＿＿是颁布 SOX 法案的原因。
    - A. 较弱的董事会监管
    - B. 缺乏独立审计
    - C. 不佳的财务控制
    - D. 以上都是

19. GLBA 的关键组件是＿＿＿＿。
    - A. 遗忘权利
    - B. 欧盟数据指令
    - C. 信息安全大纲
    - D. 审计权

20. ＿＿＿＿与 HIPAA 控制无关。
    - A. 管理控制
    - B. 技术控制
    - C. 物理控制
    - D. 金融控制

第11章 法律与合规(第二部分)

本章旨在帮助读者理解以下概念

本章将继续讨论云计算中法律和合规等方面的挑战。云计算的全球化、去中心化的特性导致了很多安全问题，需要我们全力保护云客户的隐私，以满足合规要求以及保持安全的计算环境。

本章将介绍实施有效的风险管理、风险指标和实施一个有效的风险管理计划所用到的策略，还将讨论外包、合同管理和服务水平协议(SLA)。

11.1　多样的地理位置和司法管辖权的影响

正如第 10 章所讨论的那样，云计算的去中心化、地缘差异带来了诸多挑战。包括：
- 数据的处理、存储和计算可能发生在不同地区
- 难以对数据参与者进行评估
- 难以对数据存储位置进行定位

法律方面的挑战很大程度上源于云的设计原则。因为云是去中心化的，往往跨越县、州甚至国界，云计算资源也时刻不断地分配和重新分配，所以很难确定云环境中特定资产的具体控制和管理措施。

注意：某些国家(如欧盟)对互联网服务提供商(ISP)的"透明度"有规定，互联网服务提供商(ISP)必须避免对任何特定客户提供优惠的价格或在线访问权，或者在这样做时必须公开发布说明/规范。因此，如果你的组织与位于欧洲的 ISP 协商有特别优惠的价格或服务时，根据法律，该价格或服务的详细信息必须成为公开记录。你也可以找到欧盟的法律，具体链接如下所示：https://eur-lex.europa.eu/legal-content/EN/TXT/HTML/?uri=CELEX:32015R2120&rid=2。

数据跨境传输是导致云客户遵守法律法规最困难的原因。如前一章所述，每个司法管辖区域都有自己的司法体系，不同司法体系之间可能差异很大，而且司法管辖区域可以重叠。县包含于市，市包含于州，州包含于国家，司法体系之间可能也有相互矛盾的指导条款。尤其是在 IT 行业，法规和指南条款总是不断变化的。立法者和标准组织正在不断努力去满足和解决新技术带来的要求和问题，并努力理解如何使用这些技术。相关法律的变幻莫测不仅影响云客户如何遵守这些法律规定，还会影响云服务提供商如何应对这些规定。

云客户和云服务提供商对组织进行治理时，必须考虑所有这些法律规定，以便在识别和确认云环境中法律风险和责任的基础上，进行合理的运作和运营。

注意：不要混淆监管和企业治理的概念是很重要的。监管是地区和国家的法律和法规强制管理；企业治理是组织的相关方和其他相关方与企业高级管理层的关系。

11.1.1 策略

一个组织的策略(Policy)是组织治理和风险管理计划的基本要素之一。策略依据各种标准和指导方针来指导组织在可承受的风险范围内运作。策略实际上也定义或表达了组织的风险承受能力。

在组织开始创建策略前，必须要识别相关方。这个能够确保在风险容忍表达上涉及正确的人。这里可能包括：

- 业务部门领导
- 董事会
- 投资者
- 监管机构

这些群体的观点、看法和选择会影响组织接受风险的意愿和能力，但大多数这些利益相关方不会直接参与制定组织策略。例如，监管机构不会(或不应该)帮助起草组织策略，但监管机构及其制定的要求决定了一个组织如何承担风险，以及允许组织承担哪些风险。监管者表面上代表立法者行事，反过来也代表公众(因为公众选择了这些立法者)表达对组织风险的看法。

假设组织提供一种新产品，但创建该产品的风险可能导致每月有一名员工死亡。如果潜在利润足够高，组织可能愿意承担这种风险；如果薪酬足够高，员工可能也愿意承担这种风险，但监管机构可能并不赞成以人的生命为成本的产品。因此组织的风险偏好必然受到监管条例的限制。

 注意：有时，危及生命的决策并不一定是不道德或罪恶的。在过去一百多年里，深海捕鱼一直是美国最致命的职业之一，尽管抗议和厌恶因获得食物而付出生命的潜在危险，消费者也没有因此停止购买海鲜。从事商业捕鱼的渔民选择冒着生命危险去赚钱，甚至可能享受他们的工作。监管机构对该行业有合理的安全要求，同时消费者享受着他们的海鲜。

一旦利益相关方的意见得到充分确定，组织就可以开始为安全运营制定所需的策略。对于任何云计算议题或项目，识别和确定利益相关方是取得成功的关键。但也需要克服一些挑战，以便有效地参与其中。

例如，策略必须具有足够的可塑性，以应对不断变化的商业机会、需求和运营。从传统环境迁移到云环境是一个很贴切的例子。一般来说，组织在传统环境下已有适当的策略，体现组织已确定的风险和机会。但由于云环境中的风险和机会与传统环境大相径庭，因此在迁移到云环境前必须重新审查策略、指导方针和利益相关方的意见等，以制定新策略。

不同司法管辖区域的法律多样性和独特性使得利益相关方对云服务的管理变得相当复杂。组织起草方针时，必须考虑云服务提供商可能存储、传输和处理数据的每个司法管辖区域以及所有最终用户可能驻留的区域的法律。后一部分特别麻烦。因为当一个组织在云端运营时，假定潜在客户基于互联网，这意味着组织的客户的司法管辖权是整个地球。

制定符合全球所有国家司法管辖权范围要求的策略是不可能的，因为管辖权或不同国家的利益会有大量冲突。因此，策略发布工作的关键是确定：哪些司法管辖权的要求最可能对组织运营产生影响、大多数最终客户驻留在哪里、大部分云计算功能在哪里部署等。这是一个较小规模的成本收益分析，而不只是确定组织是否有执行某一功能的风险偏好，这部分工作将用来确定哪些法律法规和监管机构将最可能影响组织，以及哪些对组织的策略影响最大。

毫无疑问，在召集云计算主题专家(如 CCSP 专家)起草组织的云运营策略时，法律顾问将提供宝贵意见。法律顾问们擅长识别、理解和定制文件，这些文件可满足组织面临的众多司法管辖权的法律法规要求。

如前文所述，将召集云计算主题专家为组织制定特定策略。这些专家是组织内部员工或为此雇用的外部顾问，也可购买特定领域专家设计和起草的策略集合，然后由组织量身定制满足自身需求的策略。当组织正式确定云计算策略时，会要求 CCSP 专家提供意见和建议。

云计算主题专家起草策略后，必须将策略提交给决策者，即高级管理层和董事会。可能要求云计算主题专家解释策略的具体方面，阐述特定威胁和实际利益，并解释如何通过策略来应对这些风险。高级管理层必须理解这些策略草案，以便在接受这些策略(及其带来的风险和收益)时做出明智决定，或根据自己的意愿修改策略。最终，高级管理人员签署策略文件即代表策略被正式接受，而且董事会认可对策略的批准。

策略一旦正式接受，就必须在受策略影响的人群中公布和传播。企业环境中的沟通本身具有挑战性，云计算使得这种沟通变得更复杂。导致这种情况的可能原因是：IT 管理人员不在当地、云服务提供商与云客户之间的时区差异、云服务提供商拥有成千上万的其他云客户等。

与其他业务单位或部门的沟通也非常重要。所有内部和外部利益相关方应该及时了解有关策略和运营所带来的任何改变以及其他问题。以下是一些包含内部利益相关方的常见部门。

- 信息技术
- 人力资源
- 供应商管理

- 合规
- 风险管理
- 财务
- 运营

以下因素使得交流变得更加复杂:

- 不同行政人员
- 时区差异
- 忽视云计算模型和概念
- 对业务驱动因素理解不够
- 对组织风险偏好理解不够

与利益相关方讨论这些问题时要记住,利益相关方很可能并不理解 CCSP 专家掌握的云计算概念。因此,逐步采取措施,确保所有问题得到充分回答,使每个人都站在同一层面上,这是符合所有人最大利益的做法。CCSP 专家的职责是使利益相关方理解云计算的风险和收益,以便他们更好地基于事实做决策,而不是依赖于传闻和小道消息。

组织需要适当体现云计算范例的一些策略,如下。

- 信息安全策略(ISP)
- 可接受的使用策略
- 数据分级策略
- 网络和互联网安全策略
- 密码策略
- 反恶意软件策略
- 软件安全策略
- 灾难恢复和数据备份
- 远程和第三方访问
- 职责分离
- 事件响应计划
- 人员安全
- 身份和访问管理(IAM)策略
- 合规性
- 加密策略

有时云服务供应商将无法满足组织的内部策略要求。如果出现这种情况,必须将这些缺陷考虑在内,并作为内部治理风险的一部分加以管理(或者为了满足组织要求,是时候寻找云服务供应商的替代供应商了)。这将确保任何合同要素或服务水平协议不会违反组织策略,且不会使组织面临超出其风险承受水平的不合理风险。

11.1.2　云计算对企业风险管理的影响

云计算如今已将计算、存储和网络服务商品化。为应对这种变化，企业风险管理也发生了变化。云客户和云服务提供商均聚焦于风险管理和云计算带来的挑战是极为重要的。云客户(作为数据所有者)最终负责确保控制的有效性，但数据存储、安全性和风险管理需要云客户和云服务提供商合作实现。

在详细探讨风险管理前，需要熟悉一些与风险相关的术语。

关键风险指标(Key Risk Indicator，KRI)　是组织用来通知管理人员如果对于运营发生不良影响时的测量指标。KRI 通常涉及分析人员和管理层选择因素的算法和评级系统，是为应对组织日益增长的风险而创建的早期预警系统。

注意： KRI 是具有前瞻性的，与关键绩效指标(KPI)相比，帮助组织理解风险或已经发生了影响业务的事件。

风险偏好/容忍度(Risk Appetite/Tolerance)　体现了组织如何看待风险。高级管理层决定组织能够承担的风险程度，这通常是基于与风险相关的感知收益的数量。法规和其他外部因素(例如：合同)也可以影响组织风险偏好。

风险概况(Risk Profiles)　组织的风险概况是对组织所面临风险的综合分析。风险概况应包括对组织所从事的各种活动的调查、公众对组织的看法、可能影响组织的即将制定或生效的法律法规、组织所在国家的稳定情况等。

11.1.3　管理风险的选择

管理风险的一部分包括知道想要做什么。面对风险，组织始终有 4 个选择。
- 风险规避(Risk Avoidance)
- 风险接受(Risk Acceptance)
- 风险转移(Risk Transference)
- 风险缓解(Risk Mitigation)

下面将具体探讨每个选项。

1. 风险规避

风险规避不是一种处理风险的方法，而是一种针对特定风险的成本收益分析的反应。如果一个组织面临的潜在风险成本远超可能的收益，组织可能选择不参与会导致风险的活动。这是消除特定风险唯一可靠的方法：不执行高风险的活动。

例如，如果活动是在海上运包裹，风险包括潜在成本，如溺水、将包裹浸在海水中使其变得毫无价值、损失包裹和船舶等。潜在好处是所收获的 5 美元运费回报。组织有充分的理由认为该回报不值得冒险，从而不选择远洋运输业务。此时，可以说该组织进行了风险规避。

2. 风险接受

风险规避的对立面是风险接受。在审查某项活动的潜在利益和风险时，如果组织认定风险微乎其微，而回报巨大，则可能选择接受该项活动涉及的风险，不加任何额外考虑来推进活动。

使用先前的例子，如果组织确定在海上运输包裹的风险很低，可忽略不计(例如，有足够的历史记录表明过去 10 年在类似路线上没人溺水，没人丢失船只或包裹)，而回报是显而易见的(获得 5 000 美元运费，而不是 5 美元)，那么组织不需要考虑其他任何因素就采取行动。这是接受风险。

可回顾本章前面讨论的一些概念，如果活动预测的风险在组织的风险偏好之内，那么组织可选择接受风险。

3. 风险转移

风险转移是一种不接受所有风险情况下的处理方式。在风险转移时，组织会找其他人承担某项活动的潜在风险，组织只需要承担其中一小部分风险。

基本上，想到风险转移时，都会想到一个词：保险。组织可为最坏的结果支付保费，以避免最坏结果导致的成本。

回顾上一节的例子：如果组织为运输包裹的任务购买保险，那么遇到最坏的情况时(有人被淹死，船只沉没，失去了包裹，失去了运费回报)，甚至遇到离奇的风险时(船只受到大鲨鱼的袭击，船员及包裹一起被吞掉)，可要求保险公司按比例理赔。如果公司获得 5 000 美元的运费，那么可购买 500 美元的保险，条款是在运输失败或者丢失包裹时可获得足够多的赔偿，以安慰客户(包裹的寄件人)，以及收回组织的运输成本(执行活动所发生的费用，如租船、雇用人员等)。也可以有额外的支出在识别出来的额外的风险事件中(船只受到大鲨鱼的袭击，船员及包裹一起被吞掉)。鉴于风险被附加的保险所承担，因购买保险而减少后的利润(运费减去保险费用，即 4 500 美元，而不是全额的 5 000 美元)可能是组织可以接受的。

4. 风险缓解

风险管理的最后一个选择就是风险缓解，这是大多数安全从业人员主要从事的日常工作。风险缓解通过使用控制和对策将风险降至可接受的水平。也就是说，组织实施了控制措施，将已知风险降至该组织的风险偏好范围内。

使用前面的例子，为降低海上运输包裹涉及的风险，可能实施的控制措施包括将包裹放在防水容器中、在包裹上粘贴跟踪装置、为运输包裹的船舶配备防撞传感器等。当组织已经确定重要风险并恰当控制风险时，组织可确定运送包裹这项业务具有足够大的成功机会。

关于风险缓解有两点需要注意，如下所示。

- 不可能消除风险。不要相信任何人所说的"零风险"或"绝对安全"。即使对业务功能进行了所有可能的控制，仍存在一定程度的风险。我们称这种风险为"残余风险"。如果实施控制措施后的剩余风险属于组织的风险偏好范围，那么组织可能选择执行该功能。如果剩余风险超过了组织的风险偏好，则说明控制不足或业务风险过大。

- 控制成本必须低于业务流程的潜在收益，否则该活动无利可图或得不偿失。换句话说，永远不要在一辆价值 5 美元的自行车上配备 10 美元的锁。

选择降低风险时，组织可考虑使用多类控制措施。在安全领域，我们通常将控制分为三类：物理性、技术性和管理性。

物理性控制限制对资产的物理访问，或减少物理事件的影响。物理性控制的例子包括门锁、数据中心的防火设备、栅栏和警卫。

技术性控制也称逻辑性控制，是从各方面增强 CIA 三要素(机密性、完整性、可用性)的控制手段，通常以电子方式在系统内运行。可能的技术控制包括数据加密、限制用户权限的访问控制列表，以及系统活动的审计跟踪和日志记录。

管理性控制措施提供某种安全方面的过程和活动(必定不是物理性或技术性控制)。例如：人员背景调查、规划的日常日志审查、强制休假、全面强大的安全策略和程序、业务流程设计、消除单点失败以及实施适当的职责分离。

将几类控制结合起来是提供纵深防御(又称分层防御)的好方法。也就是说，为访问或获取受保护的资产，任何恶意行为者不仅要面对多重控制，还要面对多种控制类型，需要具备多种技能才能得逞。可以这样想：如果只用锁具保护资产，即使我们给外部入口、内部的门和装有敏感资产的保险柜都装了锁，实际上入侵者只需要备有撬锁技能就能获取该敏感资产。不同的是，如果我们将锁具的使用与警卫定期巡逻、入侵传感器的部署和资产加密等保护措施相结合，那么入侵者对敏感资产进行未授权访问或窃取时，不仅需要撬锁，还需要耍诡计、隐身以及解密等多种技能才能获得这些资产。

注意：将各种风险管理方法结合起来是一个好做法。例如，一个组织可实施风险控制来缓减风险，同时购买保险来转移风险，然后在考虑残余风险时接受风险。唯一不能与其他选项组合的管理选项是风险规避，因为规避风险意味着不使用这个业务功能或不执行这项活动，也就没什么风险可以被缓解、转移或接受。

11.1.4 风险管理框架

存在众多的风险管理框架，以帮助企业开发健全的风险管理实践并加以管理。然而，为了 CCSP 考试目的，我们将只讨论 ISO 31000:2018、NIST SP800-37 以及欧盟网络与信息安全机构(ENISA)框架。

1.ISO 31000:2018

ISO 31000:2018 是一个国际标准，侧重于设计、实施和审查风险管理流程和实践。该标准指出，正确实施的风险管理流程可用于：

- 创造和保护价值
- 整合组织过程
- 成为决策过程的一部分
- 明确解决不确定的问题
- 制订一个及时的、系统的结构化风险管理计划
- 确保风险管理计划基于最佳的可用信息
- 根据组织的业务需求和实际风险量身定制
- 考虑人文因素
- 确保风险管理计划是透明和可兼容的
- 创建一个动态的、不断迭代的、能适应变化的风险管理计划
- 促进组织持续改进和提高

要了解更多信息，请访问 www.iso.org/iso/home/standards/iso31000.htm。

2. NIST SP 800-37

NIST SP 800-37 是风险管理框架(RMF)的实施指南。这是风险管理框架全面持续地处理所有组织风险的方法。RMF 取代了旧的"认证和认可"模式(即具有特定时长的循环检查)。RMF 很大程度上依赖于自动化解决方案的使用、风险分析和评估，并根据这些评估实施控制、持续监控和改进。

组织可使用 NIST SP 800-37 实施 RMF 指南。尽管 NIST 标准是为美国联邦政府开发的，但已开始被许多领域接受为最佳实践。例如，美国的公司可使用 NIST 模型和出版物来开发信息安全计划、风险管理计划和风险管理实践。NIST 出版物和标准切合实际，得到专家们的广泛认可，而且是免费的。美国国内的私营部门或非营利机构都可以方便地使用 NIST 模型及其出版物。

记住，这些文件不像 ISO/IEC 标准那样得到全球市场的认可。因此，如果组织在美国境外开展业务，可能需要更详细地研究其他标准。一些海外公司甚至不会和美国公司做生意，除非对方满足并证明其获得了 ISO 标准的认证。

要查看 SP 800-37 的免费副本及其他许多 NIST 文档，请访问 https://csrc.nist.gov/publications/detail/sp/800-37/rev-2/final。

3. ENISA 评估框架

ENISA(欧盟网络与信息安全机构)评估框架可被视为 NIST 在欧洲的对应框架。这是欧洲开发的标准和框架。尽管在欧洲范围内得到广泛认可，但它并不像 ISO 标准那样被全球接受。

ENISA 负责制定"云计算：信息安全的收益、风险和建议"。它确定了组织应该考虑的 35 种风险类型，进一步确定基于可能性和影响的八大安全风险。

- 治理的缺失
- 绑定
- 隔离失败
- 合规风险
- 管理接口失败
- 数据保护
- 恶意的内部人员
- 不安全或不完整的数据删除

有关 ENISA 的更多信息，请访问 www.enisa.europa.eu。

11.1.5　风险管理指标

为了解控制机制和策略是否有效，确定风险管理指标非常重要，它们将反映组织计划的有效性。为此，组织可使用风险记分卡，为组织参与的活动的风险标记相应分值。例如，可能看起来像这样：

5. 极高

4. 高

3. 中

2. 低

1. 很低

需要定义每个级别，以充分描述风险。例如，一些极高的数字(数字 5)可能造成无法挽回的声誉和经济损失，而高的数字(数字 4)只可能造成一些可恢复的声誉和财务损失。有些公司甚至将这些量化，使每个级别都有实际的美元金额。例如：

- **极高** 损失≥10 万美元
- **高** 损失≥5 万美元，但<10 万美元

11.1.6 合同和服务水平协议(SLA)

用于建立、定义和执行云服务提供商与云客户之间关系的最重要文件是合同和服务水平协议(SLA)。合同详述双方的责任,约定了服务的内容以及为保证这些服务的安全性、完整性和可用性需要完成的事项。SLA 是一个包含具体数字指标的列表,用于确定提供者是否在每个执行期间充分满足合同条款。

也许这两个文件最重要的关系是,如果在某个合同执行期间云服务商没有达到 SLA 中的某个指标,合同中规定了对云服务提供商的处罚方式。例如,如果执行期限为一个月,且 SLA 包含一个 "每月停机时间不超过 5 秒" 指标,而云服务供应商在十二月有 6 秒的停机时间,那么合同应允许云客户扣除当月付费,而不中断计划中 1 月份的持续服务。这是对供应商不能满足客户需求的一种惩罚,是通过合同建立的保障,并定期执行。

我们先来看云服务供应商和云客户之间的合同中可能展示的一些基本组成部分和活动。

- 可用性
- 性能
- 数据的安全和隐私
- 日志和报告
- 数据位置
- 数据格式和结构
- 可移植性
- 识别和解决问题
- 变更管理
- 争议调解
- 退出策略选项
- 组件活动
- 正常运行时间保证(达到 99.999%)
- 处罚(针对消费者和提供者)
- 处罚排除(不适用处罚的情况)
- 暂停服务
- 云服务提供商的责任
- 数据保护要求
- 灾难恢复
- 安全建议

可以看到，服务细节相当全面。如果 CCSP 专家或云客户未仔细审查合同细节来履行 "应尽职责"，组织可能陷入混乱。根据组织的需要，在合同中需要考虑许多因素。

另一方面，服务水平协议将为合同中列出的绩效目标指定具体值。从可能的合同项列表中抽样，相关 SLA 可能包含如下详情。

- 云客户将随时访问用户账户和数据；对于由云服务提供商造成的中断，每季的服务中断时间不得超过 24 小时。
- 如果云客户和云服务提供商之间传输的数据量不超过 40GB/h，则按定义的价格收费；对于超出该数额的部分，将按合同标准费率表中的约定收取额外费用。
- 对于云客户提出的服务问题，云服务供应商需要在 3 小时内通过电子邮件或电话直接响应。

虽然合同和 SLA 都可能包含数值，但 SLA 将明确包含用于确定是否满足日常性能目标的数值指标。

客户在制定和谈判合同和 SLA 时，必须考虑与业务需求相关的所有情况和风险。假设云服务提供商承诺任意一个季度的停机时间不超过 24 小时，这看起来相当公平。但是，如果客户是一个在线零售商，他们在感恩节后一天的业务量占全年业务量的30%，而停机时间正好全部在这一天，虽然停机时间仍在 SLA 范围内，但可能彻底毁掉业务。

关注 SLA 中交付项目的质量也很重要。例如，连通和可用是一回事，如果服务器运行缓慢，则客户端的反应会滞后。如果带宽缓慢或时好时坏，那么消费者的体验会受影响。因此，在 SLA 中，还必须充分解决这些服务质量问题。下面列举一些例子：

- 可用性
- 中断时间
- 能力指标
- 性能指标
- 存储设备指标
- 服务器能力指标
- 实例启动时间指标
- 响应时间指标
- 完成时间指标
- 平均切换时间
- 存储能力
- 服务器可扩展性

注意：云安全联盟(CSA)创建了一个关于网络安全威胁信息的年度报告，并指定一些有趣的名称。2013 年的报告名为 *The Notorious Nine*，2016 年的报告名为 *The Treacherous 12*，名称都与当年发现的云计算威胁(或威胁组)数量有关，旨在让人们了解云计算威胁的普遍存在性。这与 OWASP 十大威胁排行榜一样，OWASP 列出互联网应用程序暴露的十大威胁。

11.2   业务需求

在制定任何类型的云计算服务合同前，组织应评估多个事项。首先以帮助企业实现长期目标为宗旨，提出引进云服务提供商的理由。组织应该有合理理由来决定是否使用云服务提供商，并确定选择哪个云服务提供商。不能仅因为看起来有吸引力，或者竞争对手正在做，就做出这个决定。

作为尽职工作的一部分，对于业务的云计算解决方案，有很多条款需要考虑。或许不是所有业务部门都需要参与决策。如果变化对有些部门只有很小的影响甚至没什么影响，他们就不需要参与。这就是所谓的范围界定，界定为受云计算影响的部门或者业务单元。

评估云计算解决方案的另一个重要方面是法律的合规性。组织必须调查监管机构对云计算解决方案的期望，并确定因采用云计算解决方案给组织带来的法律方面的影响。

最后，组织必须密切关注灾难恢复或服务中断等情况的相关成本，以及组织所能承受的成本。诸如恢复时间目标(Recovery Time Objective，RTO)、恢复点目标(Recovery Point Objective，RPO)和最大允许停机时间(Maximum Allowable Downtime，MAD)等指标对于决定选择哪个云计算解决方案都至关重要。基于风险状况，组织必须能够承受一定的服务中断，因为这些中断必定会发生；知道自己如何应对以及云服务提供商如何应对是非常重要的。

11.3   云计算外包的合同设计与管理

在外包合同的设计与管理中，必须加以适当治理。对合同和合同管理的深入了解非常重要，大型企业往往由单个部门来管理合同。CCSP 专家有责任确保这些合同管理人员理解其所管理合同的详细信息，从而使组织不必承担不必要的风险。

适当治理的一个例子是增加合同更新频率；应该至少每年更新一次(否则会出现问题)。发生争议时如何解决也是一个重要因素。

合同的另外两个重要因素是数据可移植性和云服务提供商的绑定。云服务提供商的绑定指无法摆脱某个云服务提供商，通常是由于不利的合同条款或技术限制导致的。

数据可移植性是云客户希望拥有的特性，以避免绑定。数据可移植性用来描述将数据从一个云服务提供商转移到另一个(或放弃云服务提供商，回到传统企业环境)的容易程度。数据的可移植性越高，云服务提供商绑定的可能性越小。

如果组织选择停止与云服务提供商开展业务，将如何处理组织的数据？数据是否可导出？是否可迁移到另一个云服务平台？数据是否以某种通用格式存在，以便在迁移后继续使用？如果组织和云服务提供商之间的争议尚未解决，是否有合理的时间迁移数据？一旦组织放弃了云服务提供商提供的平台，其数据会发生什么变化？组织或云服务提供商是否使用"加密擦除"之类的技术对数据进行充分删除？在管理外包合同时，这些问题都是重要的考虑因素。

11.4　确定合适的供应链和供应商管理流程

在讨论云计算领域的供应链和供应商管理时,需要将信息安全风险作为考虑因素。例如，可用性可能被整个云供应链影响。

- 云运营商(云客户与云提供商之间的互联网服务提供商)
- 云平台提供商(提供云服务使用的操作系统的供应商)
- 应用提供商(提供云服务使用的软件的供应商)

组成供应链的这些可能都是不同的实体。如果其中任何一方由于某种原因变得不可用或资源访问有问题，组织也会遇到问题。这些是与供应链管理相关的风险，必须予以处理。

为充分了解存在的风险,首先必须理解 SLA 的内容以及提供商履行 SLA 的能力。

11.4.1　通用标准保证框架

通用标准保证框架(ISO/IEC 15408-1:2009)是另一项国际标准，旨在为供应商的安全声明提供保证，并为评估安全声明建立一个共同标准。

主要目标是确保客户购买的安全产品经过独立第三方测试者的全面测试，符合客户的要求。

有一点要记住，那就是产品的通用标准认证仅仅是合适供应商关于安全的声明的真实性，是否那些安全功能是适用的，是否符合行业最佳时间，或者对于特殊的用户/客户业务是否有效，或者是否符合法规要求。同样重要需要注意的是，任何产品的配置必须匹配认证测试时的要求，否则产品可能无法满足组织的安全需求。

有关通用标准和 ISO/IEC 15408-1:2009 的更多信息，请访问 www.iso.org/iso/catalogue_detail.htm?csnumber=50341。

11.4.2 CSA STAR

CSA STAR(CSA Security, Trust, and Assurance Registry，CSA 安全、信任和保证注册库)计划于 2011 年启动，是为了响应市场对于云一致评估框架的需求而建立的。CSA STAR 项目被设计为对云客户提供独立水平的担保。它的保证基于 3 个层次，涵盖 4 个产品，并包含一系列以云计算为中心的控制目标。

CSA STAR 是主流云计算产品提供的安全控制登记，是为用户评估云供应商、安全服务商和咨询与评估服务公司，并且作为他们供应商管理之中尽职调查而设计的。

CSA STAR 包含以下两个组件。

CCM(Cloud Controls Matrix，云控制矩阵)是一个适用于云环境的安全控制和准则的列表，与其他控制框架(如 COBIT、ISO 标准和 NIST)进行交叉引用。用户可从 CSA 网址下载当前 CCM 副本，网址为 https://cloudsecurityalliance.org/artifacts/csa-ccm-v-3-0-1-11-12-2018-FINAL/。

CAIQ(Consensus Assessments Initiative Questionnaire，共识评估倡议问卷)是云提供商进行自评估的调查问卷。用户可从 CSA 下载当前 CAIQ 副本，网址为 https://cloudsecurityalliance.org/download/consensus-assessments-initiative-questionnaire-v3-0-1/。

用户还可通过以下网址，在 CSA 的 STAR 注册表中在线查看不同云提供商已填写的 CAIQ 和证书：https://cloudsecurityalliance.org/star/#_registry。

CSA STAR 计划还包括基于开放认证框架的 3 个级别。

第一级：自评估 要求根据 CSA 的 CAIQ 和/或 CCM，发布"应尽职责"评估结果。

第二级：CSA STAR 认证 要求发布和公布由独立第三方根据 CSA CCM 和 ISO 27001:2013 或 AICPA SOC 2 执行的评估结果。

第三级：CSA STAR 持续监测 要求发布由经过认证的第三方进行的持续监控的结果。

注意：CCM 已经发布了多个版本，最新的默认版本 CCM v3.0.1 是 2018 年 11 月生效的。

就像第 10 章讨论的 SOC 报告一样，这些级别代表了对框架的不同遵守程度。独立第三方评估人员的服务相当昂贵，只有在安全基础架构方面投入巨大的大型云服务提供商才能承担起这样的评估成本。

强烈推荐回顾 CSA CCM。不仅仅是基于学习目的的理解，更是因为在真实的 IT 环境中它非常有用。

11.4.3 供应链风险

评估供应链风险时，云客户应考虑灾难恢复和业务连续性。如果业务依赖的一个或多个云服务提供商出现问题,会给组织带来什么影响?

一些常见的供应链风险如下所示。

- 供应商的财务状况不稳定
- 单点失败
- 数据泄露
- 恶意软件感染
- 数据丢失

更普遍的风险是自然灾难。比如,云服务商的数据中心被如飓风或者地震这类自然灾害摧毁。

ISO 28000:2007 定义了一套适用于供应链各方的安全管理要求。然而,确保供应链中每个供应商满足和履行这些要求的责任,依然在云客户自己肩上。换句话说,如果云客户购买了可能以任何方式影响其终端用户的服务,云客户有义务确保云服务提供商同样遵从云客户向其终端用户所承诺的安全治理方式。ISO 28000:2007 也提供了与供应链风险相关的以下特定要素的认证。

- 安全管理策略
- 组织目标
- 风险管理实践
- 文件记载的实践和记录
- 供应商关系
- 角色、职责和权限
- 组织程序和流程

ISO 28000:2007 标准随着云计算提供商的普及在不断完善,将来很可能得到更广泛的运用。就像 STAR 认证一样,ISO 认证在一定程度上,向消费者保证数据和隐私的适当控制措施已经到位。

11.4.4 相关方的沟通管理

出于各种目的和理由,云服务商和云客户双方都必须为供应链中的各个业务合作伙伴建立起持久的、可靠的沟通线路。特别是如下所示的业务合作伙伴。

- **供应商** 必须和供应商进行清晰的沟通,以确保在运营过程中有充足数量和种类的资源/资产可用。在紧急情况下,特别是在资源的即时性/可用性至关重要(比如发电机的燃料,损坏系统的替换部件等)时,尤其如此。
- **客户** 客户可能是产品/服务的终端用户或者在供应链中接受产品/服务的业务。与客户的沟通对于管理预期(例如,通知客户服务故障),维护品牌知名度以及满足物流是必不可少的。同样,特别是在灾难期间,交付可能会延期或者中断。这同样也是法律要求的,在一些涉及隐私数据的情况下,一些司法管辖区,数据泄露发生时,法律要求需要发通知。

- **监管** 在受监管的行业中,由第三方决定组织开展业务的能力,与监管机构保持沟通是非常重要的。监管机构应了解组织可能不符合相关标准或规定的任何情况(如在灾难期间或犯罪后)。监管机构应随时了解事态发展、管理层正在考虑的潜在解决办法、在此期间使用的任何临时措施或补偿性控制,以及在恢复遵守规定之前的估计时间。

对于与供应链中所有各方的通信,强烈建议使用二级甚至三级通信能力,特别是在灾害情况下。(灾难发生时,不要指望电话还能工作。)

11.5 小结

本章讨论了一些涉及风险和风险管理的问题。研究了风险框架、合同、服务水平协议和认证,它们有助于让云客户确信合理的安全控制已到位,可以依赖他们的提供商。

11.6 考试要点

务必掌握本章讨论的模型、框架和标准,包括 ISO 标准、NIST 标准和 ENISA。

熟悉数据管理角色。确保了解各种数据角色以及每个角色的活动和责任。

全面了解 SLA 的所有要素。理解 SLA 如何应用于云计算。

了解 STAR 开放认证框架的 3 个级别。

11.7 书面实验题

在附录 A 中可以找到答案。

1. 访问 CSA 网站 https://cloudsecurityalliance.org/star/,阅读 CSA STAR 计划的详细说明。务必了解开放认证框架的 3 个级别。尝试确定至少 3 个满足要求的云服务提供商,并写下他们的名称。

2. 给出并描述至少两个主要的风险管理框架。

3. 指出评估 SLA 的至少两个重要因素。

11.8　复习题

在附录 B 中可以找到答案。

1. _____是 CSA STAR 计划的最低级别。

　　A. 持续监测　　　　　　　　B. 自评估

　　C. 混合　　　　　　　　　　D. 证明

2. _____是有效的风险管理指标。

　　A. CSA　　　　　　　　　　B. KRI

　　C. SLA　　　　　　　　　　D. SOC

3. 以下哪个框架专注于设计、实施和管理?

　　A. ISO 31000:2018　　　　　B. HIPAA

　　C. ISO 27017　　　　　　　 D. NIST 800-92

4. 以下哪个框架根据可能性和影响性确定前八大安全风险?

　　A. NIST 800-53　　　　　　 B. ISO 27000

　　C. ENISA　　　　　　　　　D. COBIT

5. CSA STAR 计划由 3 个级别组成。_____不是这些级别之一。

　　A. 自评估　　　　　　　　　B. 第三方评估认证

　　C. SOC 2 报告　　　　　　　D. 持续监测认证

6. 以下哪个 ISO 标准解决供应链中的安全风险?

　　A. ISO 27001　　　　　　　 B. ISO/IEC 28000:2007

　　C. ISO 9000　　　　　　　　D. ISO 31000:2018

7. _____不是风险管理框架。

　　A. NIST SP 800-37　　　　　 B. 欧盟网络与信息安全机构(ENISA)

　　C. 关键风险指标(KRI)　　　 D. ISO 31000:2018

8. 在风险水平上，_____是不可能的。

　　A. 限制风险　　　　　　　　B. 最大风险

　　C. 减少风险　　　　　　　　D. 零风险

9. _____不属于 ENISA 八大云计算安全风险的一部分。

　　A. 供应商绑定　　　　　　　B. 隔离失败

　　C. 不安全或不完整的数据删除　D. 可用性

10. _____是停止业务功能的风险管理选项。

　　A. 缓解　　　　　　　　　　B. 接受

　　C. 转移　　　　　　　　　　D. 规避

11. _____最能恰当地描述云运营商(cloud carrier)。

　　A. 负责向消费者提供云服务的个人或实体

　　B. 云提供商与云消费者之间提供云服务连接和传输的中介

    C. 负责保持客户云服务运行的人员或实体

    D. 负责通过互联网传输数据的个人或实体

12. 下列哪种处理风险的方法与保险最相关?

    A. 转移   B. 规避

    C. 接受   D. 缓解

13. 当与云服务提供商签订合同时,以下哪些组件是 CCSP 应审查的内容?

    A. 数据中心的物理布局   B. 提供者人员的背景调查

    C. 使用分包商   D. 冗余的上行链路移植

14. 以下选项中_____是 KPI 和 KRI 之间的区别。

    A. KPI 不存在了,已经被 KRI 取代了

    B. KRI 不存在了,已经被 KPI 取代了

    C. KRI 是前瞻性的,而 KPI 是回顾过去的

    D. KPI 和 KRI 是没有不同的

15. _____不是风险管理的方法。

    A. 包围   B. 缓解

    C. 接受   D. 转移

16. _____不是风险管理框架。

    A. Hex GBL   B. COBIT

    C. NIST SP 800-37   D. ISO 31000:2019

17. _____不适合纳入 SLA。

    A. 指定时段允许的用户账户数量

    B. 提供商和客户双方都有哪些人员负责和授权宣布紧急情况,并将服务转换到应急运行状态

    C. 允许云提供商和客户之间传输和接收的数据量

    D. 从正常操作转换到应急操作允许的时间

18. _____是云安全联盟 CCM。

    A. 各安全域中的云服务安全控制的列表

    B. 安全域层次结构中云服务安全控制的列表

    C. 云服务提供商的一系列监管要求

    D. 云服务提供商的一套软件开发生命周期要求

19. _____不是风险控制类型之一。

    A. 过渡性控制   B. 管理控制

    C. 技术控制   D. 物理控制

20. _____不是一个重要的内部利益相关方例子。

    A. IT 分析师   B. IT 总监

    C. 首席财务官   D. 人力资源总监

附录 **A** 书面实验题答案

第 1 章：架构概念

1. 云安全联盟(CSA)网站提供了很多有用的信息。请务必阅读指南 v4 文档，并查看所有有用的资源。

2. 答案会有所不同。以下是一些可能的回答。

- 企业可能担心由于云提供商的疏忽或恶意而导致未经授权的信息泄露。
- 企业可能会被云计算所提供的巨大成本节约的特点所吸引。
- 企业可能希望从烦琐的传统环境过渡到更加灵活和现代化的环境。

3. 3 种云计算服务模型是 IaaS、PaaS 和 SaaS，它们各自的优缺点包括(但不限于)以下几点。

- IaaS

优点：减少资本投入；增加冗余度。减少资本投入；增加 BC/DR(业务连续性和灾难恢复)的冗余；可扩展性。

缺点：安全性依赖云提供商；保留维护操作系统和应用程序的责任。

- PaaS

优点：可利用多种操作系统平台，特别适合于测试平台和软件开发目的；还包括 IaaS 的所有优点。

缺点：依赖云提供商更新操作系统；保留了维护应用程序的责任。

- SaaS

优点：云提供商负责所有基础设施、操作系统和应用程序；还包括 PaaS 的所有优点。

缺点：失去了所有管理控制；可能无法深入了解安全情况。

第 2 章：设计要求

1. 业务影响分析(BIA)工作表相当简单明了，使用起来很方便。

2. 在这个实验中，我选择了市场部，但任何部门或职能部门都可以进行分析。

3. 对于这个实验，我选择了由于任何和所有可能的原因造成的通用系统的损失。

4. 我的工作表，还在进行中，如图 A.1 所示。

Business X - Fashion Clothing

Ready Business.

Business Impact Analysis Worksheet

Department / Function / Process　　Marketing

Operational & Financial Impacts

时间间隔	运维影响	财政影响
从失效时间开始	最终用户损失	到2千万美元
贸易展览会后>72小时	分销商的损失	到1千万美元
	市场份额的损失	到1千万美元

Timing: Identify point in time when interruption would have greater impact (e.g., season, end of month/quarter, etc.)

Duration: Identify the duration of the interruption or point in time when the operational and or financial impact(s) will occur.
- < 1 hour
- >1 hr. < 8 hours
- > 8 hrs. <24 hours
- > 24 hrs. < 72 hrs.
- > 72 hrs.
- > 1 week
- > 1 month

Considerations (customize for your business)
Operational Impacts
- Lost sales and income
- Negative cash flow resulting from delayed sales or income
- Increased expenses (e.g., overtime labor, outsourcing, expediting costs, etc.)
- Regulatory fines
- Contractual penalties or loss of contractual bonuses
- Customer dissatisfaction or defection
- Delay executing business plan or strategic initiative

Financial Impact
Quantify operational impacts in financial terms.

ready.gov/business

图 A.1　业务影响分析表

第 3 章：数据分级

1. NIST 指南很有帮助，也很容易理解。NIST 指南中的附录 D.1 提供了一个方便的格式，你可以为你的设备使用。

2. 结果应该看起来像 800-88，D.1 中列出的例子。

加密擦除功能的示例说明。

(1) 制造/型号/版本/媒介类型：Acme 硬盘型号为 abc12345 版本 1+。介质类型为 Legacy 磁性介质。

(2) 密钥生成：采用 SP 800-90 中规定的 DRBG，验证[编号]。

(3) 介质加密：介质采用 AES-256 介质加密，密码块链(CBC)模式，如 SP 800-38A 所述。本设备已通过 FIPS 140 验证，证书[编号]。

(4) 密钥级别和封装：介质加密密钥在加密擦除过程中直接进行清除。

(5) 数据区域寻址：设备对 LBA 可寻址空间中存储的所有数据进行加密，预启动认证和变量区以及设备日志除外。设备日志数据在加密清除后，由设备保留。

(6) 密钥生命周期管理：当 MEK 在封装、解封装和重封装状态之间移动时，前一个实例将通过 3 次倒置覆盖进行清除。

(7) 密钥擦除技术：3 次传递，传递之间的模式是倒置的。

(8) 密钥代管或注入技术：设备不支持在擦除操作级别或以下的密钥代管或注入。

(9) 错误条件处理：如果存储设备在存储密钥的位置上遇到缺陷，设备会尝试重写该位置，加密擦除操作继续进行，如果其他操作成功，则向用户报告成功。

(10) 接口清晰: 设备具有 ATA 接口,支持 ATA Sanitize Device 功能集成了 CRYPTO SCRAMBLE EXT 命令和 TCG Opal 接口,能够通过加密擦除内容来对设备进行清除。这两个命令都应用了本节中描述的功能。

第 4 章: 云数据安全

1. 这份关于防止数据泄露的白皮书，只是 ISACA 提供的众多有用资源之一。有时间的时候一定要去查询其他的资源。

2. 比较好的回答如下所示。

根据 ISACA 关于 DLP 解决方案的白皮书，在实施 DLP 的过程中，可能会有以下操作风险。

DLP 工具设置不当。这一点相当明显。数据所有者，必须定义与组织数据相关的规则和类别，否则 DLP 解决方案将无法以预期的方式工作。事实上，配置不当的 DLP 工具实际上可能会通过增加无关的开销或响应大量的误报，最终损害 IT 环境。

范围不当的网络 DLP 模块。如果 DLP 解决方案没有针对组织的 IT 环境进行正确的范围划分，它可能会遗漏相当一部分网络流量，本应防止那些脱离组织控制的数据可能会因为工具根本没有检查，而被允许逃脱泄露。

过度报告和假阳性。见第一项，可疑数据的规则和特征必须由数据所有者正确设置，工具必须充分理解规则，只阻止那些不合法的数据，而不是阻止合法的流量。

与传统环境的冲突。对于任何一个新工具，包括 DLP,互操作性永远是一个问题。

影响 DLP 正常运行能力的基础设施进程变化。DLP 解决方案的规则和识别能力需要随着环境的变化而更新，不存在"一刀切"的 DLP 机制。

DLP 模块放置不当。见第二点;如果 DLP 工具放置在错误的网络位置，用来监控该流量，可能会错过可疑流量。

未检测到的 DLP 模块故障。像其他任何工具集一样，如果 DLP 机制没有得到适当的监控和维护，故障没有被发现，组织最终会有一种错误的安全感。

配置不当的目录服务。只有当环境中有足够的可追溯性来支持这项工作时，DLP 工具才能创建一个准确的审计链。

第 5 章: 云端安全

1. 如果可能的话，在做这个事情的时候一定要使用云提供商的实际合同。他们的宣传营销材料和合同之间可能会存在差异。如果以后你和云提供商之间出现了问题，合同具有法律约束力。

2. 答案会有所不同。一定要记录下你获得材料的网址，以便可以参考。另外，请记住，备份、价格和可移植性需求会因组织而异。没有一个放之四海而皆准的解决方案。

第 6 章：云计算的责任

1. 云安全联盟的 STAR 计划被广泛使用。你一定要充分了解 STAR。

2. 这是注册云提供商填写的调查问卷，包括他们如何处理安全的各个方面的信息。

3. 这是一份重要的文件。它告诉你很多关于云提供商如何提供服务的信息。请花一些时间考虑本文档中的信息意味着什么，特别是在你组织的需求背景下。

4. 注册处列出了各种云提供商，他们都已在 CSA 注册。

5. 如果你有时间，最好下载几份不同提供商的完整调查问卷，并进行比较。

6. 答案会有所不同。一个出色的回答会是这样的。

我选择审查[特定提供商名称]的[特定产品名称]。下面的 3 个问题引起了我的注意。

(1) 该提供商向客户收取恶意软件和漏洞扫描的费用。这些功能可能应该包含在服务价格中，而不是额外的费用。

(2) 提供商关于收集/创建客户元数据的回答很模糊，让人怀疑它收集了哪些关于客户行为的具体信息。客户拥有自己的虚拟机，提供商不访问或收集客户的数据。难道提供商真的不知道客户是如何使用服务的吗？

(3) 提供商是用 SSL 保障电子商务交易的安全，如果用 TLS 代替会更好。

第 7 章：云应用安全

1. 答案会有所不同。比较好的回答如下所示。

我使用微软的 Office 365，这是一个 SaaS。API 包括我的浏览器(Mozilla 的 Firefox)，以及运行各种 365 应用程序套件所需的任何插件；可以包括一些 Java 实现、微软自己的 Firefox 特定插件(Microsoft Office 2010、Silverlight 和 Windows Live Photo Manager)，以及用于将材料包含在 Office 工作产品中的任何其他多媒体 API(可能包括 Adobe Acrobat 的插件和 Google 的 Widevine 工具)。可能还有其他插件和附加组件，Firefox 在 365 运行时用来操作数据。

2. 云软件开发生命周期与其他 SDLC 极为相似。需要注意的几个主要区别是，检查安全的远程访问和强大的身份验证，这对开发在云上使用的应用程序具有非常重要的作用。

3. 答案会有所不同。云应用架构包括许多组件。这些包括但不限于以下内容。API、租户分离、密码学、沙箱和应用虚拟化。

4. 身份管理提供商将负责代表云客户配置、维护和重新配置身份等工作。这可能包括提供安全的远程访问、管理加密密钥和多个资源提供商的整合。

第 8 章: 运营要素

1. 答案会有所不同。可以如下这样回答。

作为理论样本使用的应用程序,是一个关于狗的信息数据库。主键是每只狗的 RFID 芯片号,其他所有字段将描述狗的特征,如体重、颜色、主人信息(包括联系数据,如电子邮件和家庭地址)等。组织(数据业主)是一家狗粮和玩具制造商,它利用这个数据库进行有针对性的营销(面向狗主群体)。组织的工作人员(用户群)通过门户网站访问数据库。

2. STRIDE 包括欺骗身份、篡改数据、抵赖、信息披露、拒绝服务和提升特权。使用这个模型可以帮助你快速识别许多可能的故障点。

3. 答案会有所不同。可以如下这样回答。

数据库可能受到这 3 种威胁。

篡改数据: SQL 注入。恶意用户(无论是内部还是外部)可能会尝试在数据字段中输入 SQL 命令,以此来破坏数据或影响整个系统。

控制: 应该包含字段验证,以便程序能够检测数据字段中的 SQL 命令,而且不接受它们。

信息披露: 狗主人的 PII。由于所有者的 PII 包含在数据库中(家庭住址),组织应减少个人信息被披露给未经授权方的可能性,包括组织的雇员,他们没有必要知道这些数据。

控制: 采用屏蔽/混淆技术,使未经授权的用户看不到这些特定字段中的个人信息内容,而是看到空白或 X。

拒绝服务: DDoS。由于对数据库的访问是通过网络进行的,因此对服务器的 DDoS 攻击会阻碍用户对数据的访问。

控制: 部署和使用强大的网络安全工具,如正确配置的路由器、防火墙和 IDS/IPS 系统,并确保所有互联网连接的冗余性(包括 DNS 节点)。

第 9 章: 运营管理

1. 答案会有所不同。可能的选择包括科勒、本田、康明斯、斯巴鲁和日立。

2. 答案会有所不同。请务必将你所选择的发电机的规格与你想象中的数据中心的假设负载以及 ASHRAE 标准进行比较。

3. 答案会有所不同。你应该使用列出的标准(负荷、价格、燃料消耗)来证明你选择首选发电机的理由。ASHRAE 指南根据设备的类型、使用时间和位置，对具体范围做了相当详细的规定。当你比较发电机时，重要的是要确定哪种指南最适用于你的设施，并考虑制造商关于影响其特定产品性能参数的环境范围的任何指南和建议。

第 10 章：法律与合规(第一部分)

1. 法律由立法机关制定，由政府执行。条例由政府机构制定，由政府执行。标准是对某些类型活动的规定模式；来源包括行业机构、认证实体或组织本身的内部准则。合同也可能导致强制合规，即使它们是自愿签订的。

2. HIPAA 现在包括一些规则，这些规则是为了解决一系列问题而制定的。最常被提及的两个规则是隐私规则和安全规则。隐私规则涉及保护患者数据(PHI)的必要性，安全规则涉及支持医疗组织中的 CIA 三要素。

3. SOC 1 报告只涉及财务报告活动，对 IT 安全从业者没有关系。SOC 2 描述的是 IT 安全控制，分为类型 1 和类型 2 两种。类型 1 涵盖了某个时间点的架构和控制框架设计，而类型 2 则是对一段时间内实际实施的控制进行审查的时间。SOC 3 报告只是证明已经执行了 SOC 2 报告中的一项，没有任何详细内容。

第 11 章：法律与合规(第二部分)

1. CSA STAR 计划和开放认证框架已被广泛采用。虽然许多云提供商符合其要求，但并非所有的云提供商都符合，确认这一点还是很重要的。

2. 答案会有所不同。可能包括 NIST 的 800-37(风险管理框架)、COSO 和 COBIT。

3. 答案会有所不同。可能包括吞吐量、每次使用价格、客户的业务驱动因素、BC/DR(业务连续性/灾难恢复)考虑因素、可移植性等。

附录 **B**

复习题答案

第 1 章：架构概念

1. B。编程即服务并不是一种常见的服务；其他的则在整个行业中普遍存在。

2. D。虚拟化允许可扩展的资源分配；宽带连接使用户可以从任何地方进行远程访问；加密连接允许安全的远程访问。智能集线器并未广泛用于云产品中。

3. A。服务级别协议(SLA)指定了云提供商将向客户交付什么内容的客观度量。

4. C。安全通常不是利润中心，因此受制于业务驱动；安全的目的是支持业务。

5. D。缺乏访问是可用性问题。

6. B。CASB 通常不提供 BC / DR / COOP 服务；那是云提供商提供的内容。

7. D。磁条卡上的数据通常不加密。

8. B。总体而言，风险可以减少，但永远不能消除；具体来说，云服务无法消除云客户的风险，因为客户在迁移后仍会承担许多风险。

9. B。备份仍然与以往一样重要，无论你的主要数据和备份存储在哪里。

10. D。玩家在自己家中拥有游戏机。玩家可以自行决定打开或关闭它，出售它或用锤子砸碎它。社区云的各个成员都可以根据自己的选择共享社区云的底层资源。在这种情况下，索尼、游戏制造商、游戏玩家和其他玩家都是社区的成员，并且都按照他们的选择共享不同的底层组件。

11. B。这是供应商解锁的定义。

12. B。这是一个胡扯的选项，是与事实不相干的。

13. C。根据大多数管辖区的现行法律，数据所有者应对导致未经授权披露 PII 的任何违规行为负责；这包括由合同方和外包服务造成的违约。数据所有者是云客户。

14. B。业务影响分析(BIA)旨在确定组织资产的价值并了解关键的路径和过程。

15. A。由于所有权和使用仅限于一个组织，因此这是一个私有云。

16. B。这是公有云模型的定义。

17. D。这是社区云模型的定义。

18. B。PaaS 允许云客户在包含任何所需 OS 的体系结构上安装任何类型的软件，包括要测试的软件。

19. C。SaaS 是最全面的云产品，云客户不需要太多投入和管理。

20. A。IaaS 提供的基本上是一个热/温灾难恢复(DR)站点，具有硬件、网络连接和实用程序，使客户可以构建任何类型的软件配置(包括选择操作系统)。

第 2 章：设计要求

1. B。当收集业务需求时，需要获得完整的资产清单，准确的资产价值评估，以及资产的关键性。但是收集到的信息并不能表明资产的有用性。

2. B。业务影响分析(BIA)不仅收集有助于评估 BC/DR 计划的重要性信息，也收集有助于评估风险和选择安全控制的资产评估信息(如避免出现给价值 5 美元的自行车配一把 10 美元的锁这种类似的情况)，还会有助于进行 BC/DR 计划的重要性信息，如哪些系统、数据和人员是连续维护所必需的。但是，需要 BIA 审查的资产信息已经收集完整，因此安全获取并不在其中。

3. D。在 IaaS 中，服务是裸机，用户需要安装操作系统和软件，并负责维护操作系统。

4. C。在 PaaS 中，云提供商需要提供设备、访问权限和操作系统。用户需要安装和维护应用程序。

5. B。SaaS 是客户仅提供数据的模型。在其他模型中，客户还提供操作系统或应用，或者两者都提供。

6. B。谈判完成后，各方的权利和义务会被整理为合同。RMF 有助于进行风险分析和环境设计。MOA/MOU(协议/谅解备忘录)是各方之间出于多种可能的原因形成的协议或谅解备忘录。BIA 通过确定资产的重要性和价值来帮助进行风险评估、DC / BR 工作和选择安全防护措施。

7. D。分层防御需要采用多样化的安全措施。

8. A。访问控制过程是一种行政控制。有时，过程会包含其他控制类型的元素(如在本例中，访问控制机制可能是技术控件，也可能是物理控件)，但是过程本身是管理性的。击键记录日志是一种技术控制(或如果是出于恶意而不是为了审计而进行的攻击)，门禁是一种物理控制，而生物身份认证是一种技术控制。这个问题比较有挑战性，因此，如果你第一次回答不正确，请不要沮丧。

9. A。防火墙是一种技术防护措施。防火柜和灭火器是物理防护措施，裁员是管理措施。

10. D。栅栏是物理控制措施。地毯和天花板属于建筑物的一部分。门不一定是物理防护措施，门锁才是物理防护措施。

读者可能认为门是一个潜在的答案，但最好的答案是栅栏；考试中可能会有多个正确答案，我们选择最合适的那个。

11. D。所有活动都应包含加密，配置文件格式不需要。

12. A。不需要改进默认账户，而是要删除它们。BCD 都是为加固设备而采取的措施。

13. B。更新系统并打补丁有助于加固系统。操作系统加密是一个干扰项，这会使系统或机器无法使用。使用摄像监控是一种安全控制措施，但不是用于加固设备。对员工进行背景调查有助于安全，但不适合加固设备。

14. A。同态加密有希望实现该目标。其他选项是与加密几乎无关的术语。

15. B。高级管理层决定组织的风险偏好。不存在第三方评估的情况。法律中，除特殊行业外，没有规定哪些风险是组织可以承受的。合同中不会标明组织可以承受哪些风险，但组织可以根据风险偏好来指导合同的制定。

16. C。这是残余风险的定义。

17. B。逆转风险不是处置风险的方法。

18. D。A、B、C 选项都是加固 BYOD 设备的方法。双人完整性验证是一个与主题无关的概念，如果实施的话，将要求组织在使用移动设备时所有人必须成对出现。

19. D。尽管其余选项都是保护设备安全的好方法，但我们无法删除所有管理员账户；设备需要通过管理员账户进行管理和维护。这种问题是考试中经常碰到的，每个问题和每个答案中的每个单词都很重要。

20. C。选项 C 是风险的定义。风险是无法避免的，可以被规避、缓解、降低并最小化，但无法完全阻止。风险可能是长期的，也可能是暂时的，但不能用这两个词来描述所有风险。

第 3 章：数据分级

1. B。所有其他方法都是有效的数据发现方法；基于用户的方法是一种转移注意力的方法，没有意义。

2. C。所有其他的可能都包含在数据标签中，但是通常不包括数据价值，因为它很容易频繁地变化，而且它可能不是我们想要的信息，也不需要向想知道的人透露。

3. B。所有其他的可能都包含在数据标签中，但不包括交货的供应商，因为在这种情况下，这是毫无意义的。

4. D。所有其他的可能都包含在数据标签中，但是多因素身份验证是用于访问控制的过程，而不是标签。

5. D。所有其他方法都是数据分析方法，但难以把握的多次迭代是毫无意义的，可以作为干扰项剔除。

6. B。在云配置中，数据所有者通常被称为云客户，数据是在云端处理的客户信息。云服务提供商只向客户提供租赁服务和硬件。云访问安全代理(CASB)代表云客户处理访问控制，而不直接接触生产数据。

7. C。在法律上，当定义数据处理器时，它指的是：数据处理器代表数据所有者或控制者存储、处理、移动或操作数据。在云计算领域，这就是云服务提供商。

8. B。无法通过删除数据来清理硬件。删除是一项操作，不会真正地擦除数据；它只是为了处理目的，删除指向数据的逻辑指针。烧录、删除和钻孔都可以用来充分破坏硬件，使得数据变得不可恢复。

9. D。除转移以外的所有要素都需要在每项策略中加以解决。转移不是策略因素。

10. B。我们对硬件设备没有实际的所有权、控制权，甚至没有访问权来拥有数据。所以物理破坏，包括熔化，不是一个选项。覆写是一种可能，但由于很难找到所有扇区和存储，因此这个过程变得复杂起来，这可能包含我们存储数据的区域，这大大增加了被覆盖时产生错误的可能性。加密碎片化是唯一的选择。冷融是一个干扰项。

11. A。版权是创造性作品的有形表现形式。列出的其他选项是后面其他问题的答案。

12. B。专利保护工艺(以及发明、新植物生命和装饰图案)。列出的其他选项是其他问题的答案。

13. D。本组织独有的机密销售和营销材料属于商业机密。列出的其他选项是其他问题的答案。

14. D。该组织独有的机密配方是商业机密。其他的选项是其他问题的答案。

15. C。描述品牌的徽标、符号、短语和配色方案都是商标。这里列出的其他选项是其他问题的答案。

16. C。DMCA 关于撤销通知的规定，允许版权持有人要求从网上删除可疑内容，并将举证责任推给发布者；这个功能已经被不明真相和过分热心的内容生产者滥用了。DMCA 没有收费减免。禁止解密程序，使 DeCSS 和其他类似的程序非法。木偶塑料是一个毫无意义的选项，是干扰项。

17. B。USPTO(美国专利商标局)受理、审查和批准专利。USDA(美国农业部)制定并执行农业法规。OSHA 是监督工作场所安全规定。SEC(证券交易委员会)是监管上市公司。

18. C。IRM 解决方案使用了除 DIP 交换有效性之外的所有这些方法，这是荒谬的。

19. D。美国没有一部单一的、包罗万象的个人隐私法；相反，美国通常按行业(HIPAA、GLBA、FERPA 等)来保护个人信息。比利时和所有欧盟成员国一样，遵守 GDPR。阿根廷的《个人数据保护法》和日本的《数据保护法》一样，都与欧盟法规相一致，用来保护个人信息。

20. B。IRM 工具应包括列出的所有功能，但不包括自动自毁功能，这个功能会对某些人造成伤害。

第 4 章：云数据安全

1. B。数据发现是一个术语，它用于描述根据特定的特征或类别识别信息的过程。其余的都是模糊数据的方法。

2. D。SIEM 不能增强任何性能；实际上，SIEM 解决方案可能会因为额外的开销而降低性能。

其他选项是 SIEM 实现的目标。

3. B。DLP 与弹性没有任何关系，弹性是环境根据需求扩大或缩小的能力。

其他选项是 DLP 实现的目标。

4. B。DLP 解决方案可以防止无意泄露。

随机化是一种模糊数据的技术，而不是数据的风险。

DLP 工具无法抵御自然灾害的风险或设备故障造成的影响。

5. A。DLP 工具可以识别违反组织策略的出站流量。

DLP 不会保护因性能问题或电力故障而造成的损失。DLP 解决方案必须根据组织策略进行配置，因此错误的策略将削弱而不是增加 DLP 工具的有效性。

6. C。AES 是一种加密标准。

链路加密是一种保护通信流量的方法。

使用一次性密码本是一种加密方法。

7. A。DLP 工具需要知道要监视哪些信息以及哪些信息需要分类(通常在数据创建时由数据所有者完成)。

DLP 在有或没有物理访问的情况下都可以实现。

USB 连接与 DLP 解决方案无关。

8. B。为了实现令牌化，需要两个不同的数据库：包含原始数据的数据库和包含映射到原始数据的令牌的令牌数据库。

拥有双因素身份验证很好，但不是必需的。

令牌化不需要加密密钥。

两个人分别持有密钥的一部分与令牌化没有关系。

9. D。数据遮蔽不能提供对特权用户的身份验证。

其他选项都是数据屏蔽的优秀用例。

10. A。DLP 可以与 IRM 工具结合用来保护知识产权；这两种工具都是为处理属于特殊类别的数据而设计的。

SIEM 用于监视事件日志，而不是实时数据移动。

Kerberos 是一种身份验证机制。

虚拟机管理程序用于虚拟化。

11. A。ITAR(国际武器贸易条例)是美国国务院的一个项目。

EAR(出口管理条例)是美国商务部的一个项目。

EAL(信息安全产品测评认证级别)是 ISO 系列标准的一部分。

IRM(信息版权管理)工具用于保护知识产权。

12. B。EAR(出口管理条例)是美国商务部的一个项目。

ITAR(国际武器贸易条例)是美国国务院的一个项目。

EAL(信息安全产品测评认证级别)是 ISO 系列标准的一部分。

IRM(信息版权管理)工具用于保护知识产权。

13. B。无论密钥长度如何，加密密钥都不应与它们所保护的数据一起存储。

不应对加密密钥进行分组(这样做会违反密钥实现其用途所必需的保密原则)。

密钥应基于随机(或伪随机)生成，且不具有任何依赖性。

14. D。除了需要多因素身份验证之外，其他选项都应该做。

多因素身份验证可能是密钥访问控制的一个元素，但它不是密钥管理的具体元素。

15. A。加密密钥的物理安全是一个值得关注的问题，但警卫或保险库并不总是必要的。

两个人分别持有密钥的一部分可能是保护密钥的好方法。

这个问题最好的答案是 A，因为它总是正确的，其余的选择则取决于具体情况。

16. D。在制定数据归档计划和策略时，应该考虑所有这些因素。除了选项 D，这是一个不相关选项。

17. B。其他选项是阶段的名称，但顺序不正确。

18. B。云访问安全代理(CASB)提供 IAM 功能。数据丢失、泄漏预防和保护是一系列用于减少未经授权泄露敏感信息的工具。

SIEM 是用来整理和管理日志数据的工具。

AES 是一种加密标准。

19. C。数据库以关系模式在字段中存储数据。

基于对象的存储将数据作为对象存储在卷中，并带有标签和元数据。

基于文件的存储是一种云存储架构，它在文件的层次结构中管理数据。

CDN 在靠近高使用/需求的物理位置部署用户经常请求的数据副本。

20. D。CDN 将数据存储在高需求位置附近复制内容的缓存中。

基于对象的存储将数据作为对象存储在卷中，并带有标签和元数据。

基于文件的存储是一种云存储架构，它在文件的层次结构中管理数据。

数据库以关系模式在字段中存储数据。

第 5 章：云端安全

1. D。弹性是云计算的好处，这种情况下，资源可按客户需求进行分配。混淆是一种隐藏完整原始数据集的技术，以免向不需要知道数据的人员暴露数据，或在测试中使用。对 CBK 来说，移动性并不是一个与其相关的术语。

2. D。这不是常规模型，也没有真正的优点。

3. B。背景调查是降低内部人员潜在威胁的控制措施；外部威胁不太可能涉及背景调查。

4. B。IRM 和 DLP 分别用于加强身份验证/访问控制和出口监控，实际上会降低可移植性而不是增强它。

5. A。双重控制对远程访问设备不适用，因为我们必须为每个设备分配两个人，这将降低效率。混合是一种鸡尾酒准备技巧，涉及粉碎成分。安全港是一个政策规定，允许通过一个替代方法而不是遵守主要指令来实现合规。

6. D。云服务提供商的经销商是一个营销和销售机制，不会影响云客户安全的操作依赖。

7. A。州的通知法和丢失专有数据/知识产权在云计算之前就存在；只有"无法转移责任"是新的。

8. A。IaaS 需要云客户安装和维护操作系统、程序和数据；PaaS 由客户安装程序和数据；在 SaaS 中，客户只上传数据。在社区云中，数据和设备所有者是分布式的。

9. C。NIST 提供了许多信息化指南和标准，但不专门针对某一组织。云服务提供商不会事先分析潜在的锁定/绑定。开源提供商可提供许多有用的东西，但不专门面向组织。

10. B。恶意软件风险和威胁不受云合同条款的影响。

11. C。DoS/DDoS(拒绝服务/分布式拒绝服务攻击)威胁和风险不是公有云模型所独有的。

12. B。加固边界设备有助于降低外部攻击的风险。

13. C。ISP 冗余是控制外部风险(而非内部威胁)的一种手段。

14. D。可扩展性是云计算的一个特点，允许用户根据需求增减服务，它不是应对内部威胁的手段。

15. C。利益冲突是一种威胁，而不是一种控制。

16. A。计量服务使得云客户最小化开支，只根据需要和实际使用支付费用；这与业务连续性/灾难恢复(BC/DR)无关。

17. C。加密销毁是减少数据残留风险的一种方法，而不是降低特权提升的方法。

18. B。攻击者喜欢类型 2 的管理程序，因为操作系统提供了更多攻击面和潜在漏洞。不存在类型 3 或类型 4 管理程序。

19. B。供应商锁定是因各种原因造成缺乏可移植性所导致的结果。遮蔽是一种对不需要知道原始数据集的用户隐藏原始数据集的方法。关闭不是一个有意义的术语。

20. C。软件开发人员常将安装后门作为一种手段，从而可在工作中对程序进行调整时避免执行整个工作流；他们经常有意或无意地在生产软件中留下后门。

第 6 章 云计算的责任

1. A。在 IaaS 中，云服务提供商仅拥有硬件并提供基础设施。云客户需要对操作系统、程序和数据负责。在 PaaS 和 SaaS 中，云服务提供商也提供操作系统。不存在 QaaS，这是一个干扰项。

2. D。尽管云服务提供商可能会共享列出的其他选项，但云服务提供商不会与云客户共享安全控制管理功能。安全控制是云服务提供商的专有职责。

3. B。云服务提供商和云客户之间的合同，通过使云服务提供商承担因疏忽或服务不足而产生的财务责任，来强化云客户的信任(尽管云客户对于所有泄露的信息仍负有法律责任)。法规很大程度上是让云客户承担责任。安全控制矩阵是确保遵守法规的一个工具。HIPAA 也是一个法规。

4. D。SOC 3 是最简明的，因此云服务提供商最可能将其发布出来。SOC 1 的类型 1 和类型 2 报告是关于财务的，与云客户无关。SOC 2 类型 2 报告的内容比较详细，云服务提供商一般会严密控制。因此答案 D 符合题意。

5. B。SOC 3 是最简明的，因此云服务提供商最可能将其发布出来。SOC 1 的类型 1 和类型 2 报告是关于财务的，与云客户无关。SOC 2 类型 2 报告的内容比较详细，云服务提供商一般会严密控制。因此答案 B 符合题意。

6. D。审计师对目标组织的成功应保持公正；咨询会造成利益冲突。

7. B。加固操作系统意味着使其更安全。限制管理员访问、关闭未使用的端口、关闭和删除不必要的服务和库都可能使操作系统更安全。但删除防病毒代理会让系统变得不那么安全。应该添加防病毒代理，而不是删除。

8. C。实时视频监控无法提供有意义的信息，也不会增进信任。其他所有项都可以。

9. B。云客户不能代表云服务提供商进行管理。其余的都是可能的选择。

10. B。SOC 2 涉及 CIA 三元组。SOC 1 用于财务报告。SOC 3 只是审计师出具的认可证明。没有 SOC 4。

11. C。SOC 2 涉及 CIA 三元组。SOC 1 用于财务报告。SOC 3 是审计师出具的认可证明。没有 SOC 4。

12. C。云服务提供商可能与云客户共享审计和性能日志数据。云服务提供商一般不会共享其他任何选项，因为它们透露了太多关于云服务提供商安全程序的信息。

13. A。云客户是数据的拥有者，因此总能访问这些数据。无论模型如何，云客户不可能拥有对安全控制的管理权限。云客户可能对用户权限有管理控制的能力，也可能没有。在 IaaS 模型中，云客户仅对操作系统有管理权限。

14. D。安全性始终由业务需求驱动，并依赖于业务需求。虚拟化引擎不影响安全控制，而虚拟机管理程序的情况则取决于类型和实现。SLA 不驱动安全控制，它们会驱动性能目标。

15. B。云客户目前一直对数据丢失或泄露承担法律责任，即使由于云服务提供商的疏忽或恶意行为造成数据丢失，也同样如此。

16. A。对于攻击者来说，物理布局和站点控制措施的信息是非常有用的，所以，这些信息是非常机密的。其他选项都是干扰项。

17. B。开源软件向大众公开，常经过大量不同评审者的检查。数据库管理软件不存在比其他软件进行更多或更少审查的说法。生产环境中的所有软件都应当是安全的，这并非本题的有效区别项。专用软件仅限于由软件开发办公室内的人员审查，范围小，减少了潜在评审者的数量。

18. D。防火墙使用规则集、行为分析和/或内容过滤，以确定哪些流量是允许的。防火墙不应使用"随机"标准，因为这样的限制可能影响生产。

19. C。蜜罐用来吸引攻击者，但不会透露任何有价值的东西。蜜罐不应该使用原始数据、生产数据或敏感数据。

20. C。漏洞评估只能通过定义好的规则来检测已知漏洞。一些恶意软件是已知的，如编程缺陷。另一方面，零日攻击是未知的，直到攻击者发现漏洞并发起攻击后才为人所知，因此不会被漏洞评估发现。

第 7 章 云应用安全

1. B。其他答案都是 SOAP 方面的内容。

2. B。其他答案都是软件开发可能涉及的阶段。

3. D。其他答案都是 STRIDE 模型的各个方面。

4. A。SAST 涉及源代码审查，通常被称为白盒测试。

5. B。这是身份认证的定义。

6. C。选项 A 和 B 也正确，但 C 更通用，涵盖了前两者。D 不正确，因为沙箱不用于生产环境。

7. B。选项 A 和 C 也正确，但 B 涵盖了 A 和 C，是最佳答案。D 不正确，我们不希望未经授权的用户获得访问权限。

8. A。在一个可信的第三方联合模型中，每个成员组织将审批任务外包给受信任的第三方。这使得第三方成为身份提供方(签发和管理联合组织中所有用户的身份)，各成员组织是依赖方(经第三方批准共享资源的资源提供者)。

9. B。选项 A 不正确，它是一个特定应用的安全元素，指的是 ANF，而非 ONF。C 是正确的，但不如 B 完整。D 表明框架仅包含"一部分"组件；而 B 描述的是"所有组件"，是更好的答案。

10. C。REST 和 SOAP 是构建 API 的两种常用方法。尽管 SOAP 基于 XML，但 SOAP 更准确。其他两个答案不用于构建 API。

11. B。记住，ONF 与 ANF 是一对多关系。每个组织都有一个 ONF 和多个 ANF(每个应用都有一个)。因此，ANF 是 ONF 的一个子集。

12. B。选项 C 也正确，但不如 B 全面。A 和 D 不正确。

13. B。选项 B 是对该标准的描述；其他都不是。

14. D。这是威胁建模的定义。

15. A。我们不用 DAM 替代加密或遮蔽；DAM 对这些选择进行了加强，但不是替代。我们通常不把数据库交互视为客户端-服务器模式，因此 A 是最佳答案。

16. D。WAF 工作在 OSI 模型的第 7 层。

17. D。选项 D 最通用、最准确，是最佳答案。

18. C。其他答案描述的都是 SOAP。

19. C。DAST 需要一个运行时环境。所有测试都需要钱，因此 A 是不正确的。划分和膨胀在这种情况下没有意义，只是干扰。

20. B。物理沙箱创建了一个与生产环境完全隔离的测试环境。

第 8 章：运营要素

1. A。UI 的数据中心冗余评级系统有 4 个层级，1 级最低，4 级最高。

2. C。其他答案都是干扰选项。

3. D。开发团队不应该参与他们自己开发软件的测试，因为他们带来了个人偏见和对应用程序的预先了解，也因为独立的视角更有帮助。

所有其他答案都可以作为测试团队的一部分。

4. A。抵赖是 STRIDE 模式的一个要素，其他答案都不是。

5. C。弹性不是 STRIDE 模型的要素，其他答案都是。

6. B。团队建设的成果和 SAST 无关，其他答案都是 SAST 的特征。

7. D。二进制文件检测和 DAST 无关，在我们的行业中，它并不是一个真正意义上的术语(尽管它可以解释为一种代码审查，但与 SAST 更相关一些)。

其他答案都是 DAST 的特征。

8. A。击键记录不是安全 KVM 设计的特征。实际上，安全 KVM 组件应该降低击键记录的可能性。其他答案都是安全 KVM 组件的特征。

9. C。紧急出口冗余是唯一可以在任何级别数据中心中找到的特征。其他答案列出了仅在特定层中找到的特征。

10. B。无论数据中心的级别或用途如何，安全设计的重点都应始终将健康和人身安全放在首位。

11. B。奇偶校验位和磁盘条带化是 RAID 实现的特征。云爆发是可扩展云托管的一个特性。数据分散使用奇偶校验位，而不是磁盘条带；相反地，它使用数据块和加密。SAN 是一种数据存储技术，但并不关注弹性。

12. A。交叉培训通过确保人员能够执行基本任务来减少应急能力的损失，即使他们主要不是以全职身份分配到这些职位。计量使用对云客户来说是一个好处，可以确保支付的价值，但不具有弹性。HVAC 温度测量和高架地板的正确安放有助于优化组件性能，但实际上与弹性无关。这是一个很难回答的问题，做这道题时，还可以考虑有无其他正确答案。

13. C。更改法规不应导致可用性缺失。其他答案都导致了 DoS 中断。

14. B。UI 标准最高是 4 级。它是唯一适合生命关键型系统的层级。第 2 层级没有为支持医疗服务提供足够的冗余/弹性。并不存在 8 级或 X 级。作为一个应试技巧，假设医院的所有系统都将迁移到云上对答题是有帮助的，除非另有说明。按理说有些医院系统不需要第 4 层级，但由于题中不包含这些细节，因此适用最宽泛的阅读方式。

15. D。许多数据中心的位置通常远离大都市地区，这可能会给寻找多个电力公司和 ISP 带来困难，因为这些地区通常没有多个供应商提供服务。费用通常不是一个问题，规模经济使成本作为定价结构的一部分可以接受。人员部署通常不会影响对这两种连接的访问。承载介质与寻找多个供应商的挑战无关，甚至也不是一个常见的行业术语。

16. D。除非是在动作电影中，天花板的高度不是安全需要考虑的问题。其他答案是在规划和设计数据中心时所应考虑的物理安全的所有方面。

17. B。Brewer-Nash 也被称为中国墙模型。

18. B。类型 II 的虚拟层基于主机操作系统来运行，这使得它们对攻击者很有吸引力，因为机器和操作系统都提供潜在的攻击载体。类型 IV 和汇聚不是与虚拟层相关联的术语。裸机虚拟层(类型 I)不太适合攻击者，因为它们提供的攻击面较少。

19. C。数据分散使用奇偶校验位、数据分块和加密；奇偶校验位和磁盘条带化是 RAID 实现的特征；云爆发是可扩展云托管的一个特性；SAN 是一种数据存储技术，但并不专注于弹性。

20. C。发电机需要燃料，而且燃料是易燃的。所有其他答案都不足以对人类安全构成明显威胁。

第 9 章：运营管理

1. C。全面测试将涉及组织中的每一项资产，包括所有人员。其他的影响较小，除了 D，它是转移注意力的。

2. A。桌面测试只涉及基本人员，不涉及生产资产。其他的会有更大的影响，除了 D，它是转移注意力的。

3. C。液态丙烷不会变质，这就避免了持续更新和重新储存丙烷的必要性，并可能使其更具成本效益。燃烧率与它的适用性无关，除非它与数据中心所有者选择的特定发电机有直接关系。各种相对的燃料价格都在波动。气味在这个问题只只是一个干扰项，没有任何意义。

4. B。组织中遭受挫折的员工和管理者会通过实施他们自己的、未经批准的对环境的修改来增加组织的风险。特定的时间间隔因组织而异。

5. B。低于最佳湿度的数据中心可以有较高的静电放电率。湿度与破坏或盗窃没有关系，倒置是一个毫无意义的术语，是干扰项。

6. D。UPS 的寿命仅够保存目前正在处理的生产数据。时间的确切数量将取决于许多变量，并且在不同的数据中心之间会有所不同。

7. C。在备用电池出现故障前，发电机应已接通电源。具体的时间在数据中心之间是不同的。

8. B。自动打补丁比手动打补丁更快更有效。然而，自动打补丁并不比手动打补丁便宜多少。手动打补丁由管理员监督,他们会比自动化工具更快地发现问题。噪声减少根本不是补丁管理的一个因素。

9. C。检查清单可以作为 BC/DR 活动的可靠指南,而且使用起来应该足够直接,非专家或没有受过 BC/DR 响应培训的人可以表面上完成必要的任务。手电筒和呼叫树在 BC/DR 行动中当然有用,但不是为了减少混淆和误解。控制矩阵在 BC/DR 操作期间是没有用的。

10. B。数据中心不遵循供应商指南可能被视为没有遵循适度谨慎的原则。法规、内部政策和竞争对手的行动都可能会影响执行更新和打补丁的决定,但这些并不一定会直接影响到适度的谨慎。这是一个困难的、微妙的问题,所有答案都是好的,但是选项 B 是最好的。

11. A。监管机构没有参与组织的 CMB;其余的都是。

12. D。打印池不是系统性能的指标;其余的都是。

13. B。虽然其他的答案都是从正常操作到维护模式的所有步骤,但我们不一定会启动任何增强的安全控制。

14. A。如果 CMB 接收到大量的变更请求,以至于可以通过修改基线减少请求的数量,那么这就是更改基线的一个很好的理由。其他原因都不应该涉及基线。

15. B。UPS 可提供线路调节,调整功率,使其对所服务的设备进行优化,平滑任何功率波动;它不提供任何其他列出的功能。

16. A。所有偏离基线的情况都应记录在案,包括调查和结果的细节。我们不强迫或鼓励偏差。据推测,我们已经意识到这种偏差,因此"透露"不是一个合理的答案。

17. A。基线中包含的系统越多,基线的成本效益和可伸缩性就越大。基线不处理漏洞或版本控制;这些分别由安全机构和 CMB 解决。法规遵从性可能(通常会)超出基线,并涉及不受基线约束的系统、过程和人员。

18. C。联合运营协议可以提供附近的搬迁地点,这样对组织自身设施和园区的干扰可以在不同的设施和园区中解决。UPS 系统和发电机并不局限于满足局部原因的需求。在 BC/DR 活动中,严格遵守适用的法规不能促进成本节约,通常也不是直接关注的问题。

19. D。正常的运行时间建议所有云数据中心级别需要准备 12 小时的发电机燃料。

20. C。BC/DR 套件有紧凑性的特点,可是发电机燃料太笨重,不能包含在套件中。所有其他项目都应包括在内。

第 10 章:法律与合规(第一部分)

1. B。电子发现必须收集和处理法律要求初始化的过程中的任何数据。

2. A。法律控制是那些设计用来符合与云环境相关的法律法规的控制,无论是本地的还是国际的。

3. D。合理辩证，在这里是一个诱导答案，与云取证不相关。

4. D。数据本身的价值与其是否是合同性 PII 的一部分无关，即使数据是有价值的。

5. B。强制的违约报告是监管型 PII 组件的最佳例子，其余答案一般认为是合同性 PII 的组件。

6. B。目前在世界各地，个人爱好不是隐私法律和合同的因素。

7. A。外部审计的主要优势基础是独立性。外部审计通常更独立，因此可以带来更多值得信赖的结果。

8. C。SOX 法案的通过，首先解决了审计的独立性、薄弱的董事会监督和审核发现透明性的问题。

9. A。SAS 70 曾是主要的用于财务的报告，而且常在云服务提供商场景下被滥用。SSAE 18 标准及后续的 SOC 报告是其继任者。

10. A。SOC 1 报告关注金融服务的相关控制。虽然 IT 控制是今天多数会计系统不可或缺的部分，但 SOC 1 的焦点在于财务系统相关的控制。

11. D。SOC 3 报告更像是一个证明而不是一个对于云服务提供商的相关控制的评估报告。

12. D。AICPA 是美国负责创建和维护通用会计准则的组织。

13. A。GLBA 应对的是金融安全和隐私，FERPA 应对的是教育行业数据保护，HIPAA 应对的是医疗行业，SOX 应对公开上市公司，在这里是个诱导答案。

14. C。批发商或者经销商是通常不被高度监管的，尽管他们的产品可能会受到监管。

15. B。SOC 类型 I 报告是围绕某个特定时间点(而非一段时间)报告的有效性。

16. D。SOC 类型 II 报告是围绕某一段时间(而非某个时间点)报告的有效性。

17. C。遗忘权利是指个人可以随时要求从服务提供商删除个人数据的权利。目前在 EU 开始尝试，但是在美国还不适用。

18. D。选项 A、B 和 C 都是导致 SOX 法案创立和通过的理由。

19. C。GLBA 最重要的方面是创建一个正式的信息安全大纲。

20. D。HIPAA 中没有提及金融控制。

第 11 章: 法律与合规(第二部分)

1. B。最低级别是一级，即自评估；二级是外部第三方认证；三级是持续监测计划。"混合"不是 CSA STAR 计划的一部分。

2. B。KRI 代表关键风险指标。KRI 帮助组织识别和认可改变风险。

3. A。ISO 31000:2018 专门关注设计、实施和管理。HIPAA 指医疗健康监管条例，NIST 800-92 是关于日志管理的标准，ISO 27017 是关于云环境中特定安全控制的标准。

4. C。ENISA 从可能性和影响的角度，识别出 8 个重要的信息安全风险。

5. C。SOC 2 报告不是 CSA STAR 计划的一部分。它是由 AICPA 开发的不同标准的审计报告。

6. B。ISO/IEC 28000:2007 适用于供应链的安全控制。这里的其他选项适用于另外的问题。

7. C。关键风险指标是有用的，但是它们不是框架。ISO 31000:2018 是一个国际标准，侧重于设计、实施和审查风险管理过程和实践。NIST SP 800-37 是风险管理框架(RMF)指南，是一种用全面、综合和持续的方式处理所有组织风险的方法。ENISA 云计算基于信息安全收益、风险和建议识别八大云安全风险。

8. D。没有零风险一说，所有其他答案都是干扰项目。

9. D。ENISA 中的八大云计算风险不包括可用性，尽管这可能是一个风险。

10. D。风险规避会停止业务流程，风险缓解采用控制来降低风险，接受风险涉及承担风险，转移风险通常涉及保险。

11. B。一个云运营商是在云提供商和云客户之间提供云服务连接和传输的中介。

12. A。风险转移通常涉及保险，风险规避会停止业务流程，接受风险涉及承担风险，风险缓解采用控制来降低风险。

13. C。使用分包商可能增加供应链的风险，应该谨慎考虑。信任云服务提供商对供应商(包括分包商)的管理对于信任云提供商很重要。因为现实中，客户不太可能被允许审查数据中心的物理设计或人员安全细节，云客户甚至不知道云提供商的数据中心的确切位置。"冗余的上行链路移植"是一个无意义的术语，用作干扰项。

14. C。关键风险指标尝试预测未来风险，而关键绩效指标检验已发生的事项。其余答案仅仅是干扰项。

15. A。包围是一个无意义的术语，和风险管理没有关系。其余的都与风险管理有关。

16. A。Hex GBL 指 Terry Pratchett 虚构的 Discworld 宇宙中的计算机设备。其他的是风险管理框架的工作。

17. B。角色和职责应该被包括在合同中，而不是 SLA 中；一个确定是否应该被包括在 SLA 中的好方法是确定是否有数据与其关联，就是其是否与数字关联。选项 B 中，元素涉及名字和角色而不是数值，因此 B 选项不必包含在 SLA 中。选项 A、C 与 D 用明确的数字定义，描述为事件/情况的发生频率等，恰恰是属于 SLA 的要素。

18. A。CSA CCM 是一个云服务安全控制清单，控制项被分组在不同的安全域中，而不是层次结构中。

19. A。过渡性控制不是一种服务典型控制的术语，其余的都是。

20. A。IT 分析师这个职位通常不为其他重要的利益相关方提供信息。然而，IT 主管是这样的角色。